iCourse·教

高等职业教育电类基础课新形态一体化教材

DIANJI TUODONG YU KONGZHI

电机拖动与控制

（第2版）

居海清　徐建俊　主编

高等教育出版社·北京

内容简介

本书以工学结合、项目引导、"教学做"一体化为编写原则，涵盖电机与拖动、工厂电气控制设备、电气控制电路的绘制三个方面，分为三相异步电动机及其拖动控制、典型机床电气控制系统分析与设计、变压器及其他类型电动机的运行与应用、电气控制电路的绘制四个模块，每个模块都由若干个项目和任务组成。每个项目和任务都由课程编写小组从企业生产实践选题，再设计成教学项目，试做后编入教材，实用性极强。

为了学习者能够快速且有效地掌握核心知识和技能，也方便教师采用更有效的传统方式教学，或者更新颖的线上线下的翻转课堂教学模式，本书配有微课、动画，学习者可以通过扫描书中的二维码进行观看。与本书配套的数字课程将在"智慧职教"（www.icve.com.cn）网站上线，读者可登录网站学习，授课教师可以调用本课程构建符合自身教学特色的SPOC课程，详见"智慧职教服务指南"。此外，本书还提供了其他丰富的数字化课程教学资源，包括教学课件、微课、动画、虚拟实训等教学资源，教师可发邮件至编辑邮箱1377447280@qq.com索取。

本书可作为高职、高专电气类和机电类专业的教材。

图书在版编目（CIP）数据

电机拖动与控制／居海清，徐建俊主编． -- 2版
． -- 北京 ：高等教育出版社，2020.9（2021.12重印）
ISBN 978-7-04-052972-2

Ⅰ．①电… Ⅱ．①居… ②徐… Ⅲ．①电机－电力传动－高等职业教育－教材②电机－控制系统－高等职业教育－教材 Ⅳ．① TM30

中国版本图书馆CIP数据核字(2019)第249080号

策划编辑	曹雪伟	责任编辑	曹雪伟	封面设计	李树龙	版式设计	徐艳妮
插图绘制	于 博	责任校对	刁丽丽	责任印制	刘思涵		

出版发行	高等教育出版社	网　址	http://www.hep.edu.cn
社　址	北京市西城区德外大街4号		http://www.hep.com.cn
邮政编码	100120	网上订购	http://www.hepmall.com.cn
印　刷	北京汇林印务有限公司		http://www.hepmall.com
开　本	889mm×1194mm 1/16		http://www.hepmall.cn
印　张	14.5	版　次	2016年9月第1版
字　数	420千字		2020年9月第2版
购书热线	010-58581118	印　次	2021年12月第3次印刷
咨询电话	400-810-0598	定　价	45.00元

本书如有缺页、倒页、脱页等质量问题，请到所购图书销售部门联系调换
版权所有 侵权必究
物 料 号 52972-00

智慧职教服务指南

基于“智慧职教”开发和应用的新形态一体化教材，素材丰富、资源立体，教师在备课中不断创造，学生在学习中享受过程，新旧媒体的融合生动演绎了教学内容，线上线下的平台支撑创新了教学方法，可完美打造优化教学流程、提高教学效果的“智慧课堂”。

“智慧职教”是由高等教育出版社建设和运营的职业教育数字教学资源共建共享平台和在线教学服务平台，包括职业教育数字化学习中心（www.icve.com.cn）、职教云（zjy2.icve.com.cn）、云课堂（APP）和MOOC学院（mooc.icve.com.cn）四个组件。其中：

· 职业教育数字化学习中心为学习者提供了包括“职业教育专业教学资源库”项目建设成果在内的大规模在线开放课程的展示学习。

· 职教云实现学习中心资源的共享，可构建适合学校和班级的小规模专属在线课程（SPOC）教学平台。

· 云课堂是对职教云的教学应用，可开展混合式教学，是以课堂互动性、参与感为重点贯穿课前、课中、课后的移动学习APP工具。

· MOOC学院择优严选上线一批职业教育MOOC，支持资源库课程、原创SPOC的便捷转化和快速发布，还可基于在线教育评价模型，认证在线学习成果，提供课程学习证书。

“智慧课堂”具体实现路径如下：

1. 基本教学资源的便捷获取

职业教育数字化学习中心为教师提供了丰富的数字化课程教学资源，包括与本书配套的微课、动画、PPT教学课件等。未在www.icve.com.cn网站注册的用户，请先注册。用户登录后，在首页或“课程”频道搜索本书对应课程“电机拖动与控制”，即可进入课程进行在线学习或资源下载。

2. 个性化SPOC的重构

教师若想开通职教云SPOC空间，可将院校名称、姓名、院系、手机号码、课程信息、书号等发至1377447280@qq.com，审核通过后，即可开通专属云空间。教师可根据本校的教学需求，通过示范课程调用及个性化改造，快捷构建自己的SPOC，也可灵活调用资源库资源和自有资源新建课程。

3. 云课堂APP的移动应用

云课堂APP无缝对接职教云，是“互联网+”时代的课堂互动教学工具，支持无线投屏、手势签到、随堂测验、课堂提问、讨论答疑、头脑风暴、电子白板、课业分享等，帮助激活课堂，教学相长。

前言

“电机拖动与控制”是作为高职、高专电气类和机电类专业开设的专业基础课程。本书结合“电机拖动控制系统运行与维护”课程改革和国家级精品资源共享课和在线课程建设成果，教材编写组由学校、企业、行业专家组成，针对相关专业岗位如从事维修电工、电机的拆装与维护、常用电机控制线路的制作与检修、机床电路运行与维护等典型工作任务的群体所需能力需求进行分析，比照维修电工国家职业标准，打破理论和实践教学的界线，将知识点和技能点融入项目和任务中。本书分为三相异步电动机及其拖动控制、典型机床电气控制系统分析与设计、变压器及其他类型电机的运行与应用和电气控制电路的绘制四个模块，每个模块都由若干个项目和任务组成，每个项目和任务都由具体的描述引入，并按照“知识学习、项目（或任务）实施、问题研讨、项目（或任务）拓展”四个阶段逐步讲解，在培养读者养成良好的学习习惯和科学的思维方法的同时，也更加适应工学结合、项目引导、“教学做”一体化的教学需求。

本书中的每个项目都由课程编写小组从企业生产实践选题，再设计成教学项目，试做后编入教材，重视职业技能训练，注重职业能力培养。同时，本教材加强新技术、新工艺、新方法、新知识的介绍，书中的电气图采用了最新发布的关于《电气简图用图形符号》的国家标准。

本书继承了国内教材内容结构清晰、表述精练的传统，同时在书的内容体例、图片和图示设计等方面充分借鉴了国内外优秀教材的特点，全书采用彩色印刷，图片尽量选取真实电气设备的照片，图文并茂，赏心悦目，使读者在阅读时产生一种亲切感。本书还借助现代信息技术，配套了数字课程网站，同时在书中的关键知识点和技能点旁插入了二维码资源标志。读者可以通过网络途径观看相应的动画、技能操作视频，并能在虚拟实训中接受电气设备的装配过程、典型电气控制线路的接线、运行和排故等技能训练，在帮助读者更好地理解和掌握知识和技能的同时，增加了学习“电机拖动与控制技术”的兴趣。

本次修订将原有配套的Abook数字课程全新升级为“智慧职教”（www.icve.com.cn）在线课程，依托“智慧职教教学平台”可方便教师采用“线上线下”翻转课堂教学模式，提升教师信息化教学水平。学习者可登录网站进行在线学习，也可通过扫描书中的二维码观看微课视频，书中配套的教学资源可在智慧职教课程页面进行在线浏览或下载。

本书由“电机拖动控制系统运行与维护”国家级精品资源共享课主要负责人淮安信息职业技术学院居海清副教授和南京信息职业技术学院徐建俊教授担任主编。居海清、徐建俊共同编写模块一，居海清、赵冉冉共同编写模块二，刘乔、关士岩共同编写模块三，赵冉冉、于建明共同编写模块四。全书由淮安信息职业技术学院研究员、高级工程师成建生担任主审。江苏清江电机制造有限公司大电机公司总经理马砚芳高级工程师、彭波高级工程师在本书编写过程中提供了大量的电气设备的视频、图片素材，并给予指导，在此谨致以衷心的感谢。

由于作者水平有限，书中疏漏之处在所难免，欢迎各位读者批评指正。

编者

2019年9月

目录

绪论

1. 电机拖动与控制在国民经济中的作用

电能是现代最常用且极为普遍的一种二次能源。电能具有许多优点，由于其生产、传输、控制和使用都比较方便，且效率较高，因而广泛应用于工业、农业、交通运输、信息传输及日常生活中，极大地推动了技术的进步和生产力的发展。

电机是与电能的生产、传输和使用有着密切关系的电磁机构。例如，将自然界的一次能源如水能、热能、风能、原子能等转换为电能就需要用发电机，它是电厂的主要电气设备。为了经济地使用和分配电能就需要用变压器，它是电力系统的主要电气设备。而其他行业大量使用各种电动机作为原动机，用以拖动各种机械设备，这称为电力拖动。在军事、信息和各种自动控制系统中，则应用大量的控制电机作为检测、执行、计算等元件。在医疗、文教和日常生活中，电机的应用也十分广泛。

随着电机及电力拖动技术的发展，其控制技术也迅速发展。特别是随着数控、电力电子、计算机、网络等技术的发展，电力拖动也正向自动控制系统——无触点控制系统、计算机控制系统迈进。

2. 课程的性质和任务

“电机拖动与控制”是电气类、机电类等相关专业的一门专业基础课，在专业的整个课程体系中起着承上启下的作用。与它密切相关的先行课程是“电路基础”，它所服务的后续课程是“电力电子技术”“工厂供电”“自动控制与系统”等课程。

微课：电机拖动与控制简介

本课程的任务是使学生掌握相关的基本理论，学会电机控制的基本实现方法与维修技能，能借助计算机及相关软件来进行该课程的学习，最后形成较高的专业技术应用能力。

3. 学习本课程应掌握的基本电磁理论

（1）载流导体在磁场中受力

带有电流的直导线放在磁场中将受到磁场力的作用。力的方向由左手定则确定。让磁力线穿过掌心，若四指的指向为导体中电流的方向，则拇指的指向即为导体的受力方向。

（2）电磁感应定律

导体切割磁力线时，导体中会产生感应电动势。感应电动势的方向由右手定则确定。让磁力线穿过掌心，若拇指所指方向为导体在磁场中的运动方向，则四指的指向即为导体中感应电动势的方向。

4. 课程教学方法建议

① 实施“四个嵌入”模式的课程体系改革。

“将中高级电工、电气 CEAC 培训体系嵌入学历教育体系，将职业资格的认证体系嵌入课程体系，将行业标准嵌入课程标准，将企业方化嵌入课程培育环境”。保证教学要求与岗位技能要求对接，保证专业课程内容与职业标准对接。

② 充分发挥数字化资源的作用，构建自主学习型课程。

充分利用数字化资源，设计好课程的“第二课堂”，实施“翻转式”教学，通过课堂思考题和咨询、学习、交流等教学环节激发学生自主地利用数字化资源收集信息，去发现问题、分析问题和解决问题。数字化资源的使用是实施“翻转式”教学的有力保障，让课堂变成老师与学生之间、学生与学生之间互动的场所，激发学生的学习兴趣，提升学生自主学习的能力，将课堂教学推向更高的层次。

③ 构建“双师”型课程教学团队，培养学生的职业能力和职业素养。

课程教学团队应由专任教师和兼职教师构成。本课程与行业联系较为紧密，专任教师主要负责课程的主要知识点和技能点的讲解及课堂组织；兼职教师主要负责企业行业规范要求、员工职业素养、现场电气设备维护和新技术的教学。

④ 多样化的考核方式，常规化的“技能竞赛”，实现以赛促教，以教促学。

依据课程不同阶段的特点，遵循考核规律和全程化的原则，可构建一个将理论知识考核与实践技能考核相结合、过程性考核与结果性考核相结合、多种考核方式（笔试、实操与面试）相结合、课程评价标准与职业标准相结合的考核模式。课程中以“技能竞赛”的形式组织实操考核，模拟维修电工技能考核形式，切实推进教师、学生对“能力培养、习惯养成”的重视，充分调动教与学的积极性。

模块一
三相异步电动机及其拖动控制

三相异步电动机与其他各种电动机相比，因其结构简单、制造方便、运行可靠、价格低廉等一系列优点，在各行各业中应用最为广泛。对于初学者来说，理解复杂的电动机拖动理论比较困难。本模块将“三相异步电动机的拖动理论”与“继电器－接触器控制系统的分析与实现”两部分有机融合，围绕“电机拖动的原理到具体控制方法的实现”这条主线，使读者思路更加连贯。本模块通过前两个项目“小容量三相异步电动机的拆装”和“三相异步电动机的单向起停控制与实现”先建立对三相异步电动机的内部结构和工作原理的认识，明确常用低压电器的结构、工作原理和选用，以及电气图的分类、绘制规则、阅读的基本方法，在此基础上通过项目3~6 深入研究三相异步电动机起动、反转、调速、制动等拖动方法，并采用继电器－接触器控制技术将相应的拖动方法一一实现。

项目 1　小容量三相异步电动机的拆装

【知识点】

- ☐ 三相异步电动机结构与工作原理
- ☐ 旋转磁场的产生与大小
- ☐ 异步电动机铭牌数据的含义
- ☐ 异步的含义
- ☐ 转差率的计算
- ☐ 三相异步电动机空载和短路试验

【技能点】

- ☐ 拆卸三相异步电动机
- ☐ 判别三相定子绕组的首尾端
- ☐ 对三相异步电动机进行通电前检查和试车检查

演示文稿：三相异步电动机的拆卸——内部结构、工作原理

任务 1　三相异步电动机的拆卸——内部结构、工作原理

【任务描述】

按照步骤对三相异步电动机进行拆卸，记录操作中的工艺要求，对拆卸后的三相异步电动机进行内部结构的认识，并分析其工作原理。

微课：三相异步电动机的构造与分类

笔 记

1. 任务实施

在拆卸前，应准备好各种工具，做好拆卸前的记录和检查工作，在线头、端盖、刷握等处做好标记，以便拆卸后的装配。中小型异步电动机的拆卸步骤如下。

（1）拆除电动机的所有引线。

（2）拆卸带轮或联轴器。先将带轮或联轴器上的固定螺钉或销子松脱或取下，再用专用工具“拉马”转动丝杠，把带轮或联轴器慢慢拉出。

（3）拆卸风扇或风罩。拆卸带轮后就可以把风罩卸下来，然后取下风扇上的定位螺栓，用锤子轻敲风扇四周，将其旋卸下来或从轴上顺槽拔出。

（4）拆卸轴承盖和端盖。一般小型电动机都只拆风扇一侧的端盖。

（5）抽出转子。对于笼型转子，直接从定子腔中抽出即可。

大部分常见的电动机，都可依照上述步骤，由外到内顺序拆卸，拆卸后的各部分结构如图 1-1 所示。对于有特殊结构的电动机来说，应依具体情况酌情处理。

动画：三相异步电动机的拆卸

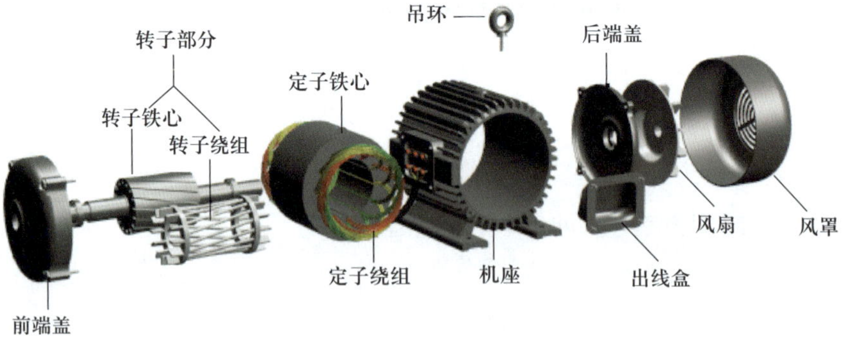

图 1-1
小型异步电动机的内部结构

当电动机容量很小或电动机端盖与机座配合很紧不易拆下时，可用锤子（或在轴的前端垫上硬木块）敲击，使后端盖与机座脱离，然后把后端盖连同转子一同抽出机座。

对三相笼型异步电动机进行拆卸时，可将相关情况记入表 1-1。

表 1-1　三相笼型异步电动机的拆卸训练记录

步骤	内容	工 艺 要 求
1	拆卸前的准备工作	1. 拆卸地点＿＿＿＿＿＿＿＿； 2. 拆卸前所作记号：（1）联轴器或带轮与轴的距离＿＿＿＿mm；（2）端盖与机座间记号做于＿＿＿＿方位；（3）前后轴承记号的形状＿＿＿＿＿＿；（4）机座在基础上的记号＿＿＿＿＿＿。
2	拆卸顺序	1. ＿＿＿＿＿＿；2. ＿＿＿＿＿＿； 3. ＿＿＿＿＿＿；4. ＿＿＿＿＿＿； 5. ＿＿＿＿＿＿；6. ＿＿＿＿＿＿。
3	拆卸带轮或联轴器	1. 使用工具＿＿＿＿＿＿＿＿； 2. 工艺要点＿＿＿＿＿＿＿＿ ＿＿＿＿＿＿＿＿＿＿＿＿。
4	拆卸端盖	1. 使用工具＿＿＿＿＿＿＿＿； 2. 工艺要点＿＿＿＿＿＿＿＿ ＿＿＿＿＿＿＿＿＿＿＿＿。

笔 记

续表

步骤	内容	工 艺 要 求
5	检测数据	1. 定子铁心内径______mm，铁心长度______mm； 2. 转子铁心外径______mm，铁心长度______mm，转子总长______mm； 3. 轴承内径______mm，外径______mm； 4. 键槽长______mm，宽______mm，深______mm。
6	拆卸绕组	1. 使用工具______； 2. 工艺要点______ ______。

2. 知识学习——三相异步电动机的基本结构

三相异步电动机主要由定子和转子两大部分组成，定子和转子之间是气隙，其结构如图 1-1 所示。

（1）异步电动机的定子

异步电动机的定子是由机座、定子铁心和定子绕组三部分组成。

① 机座：机座的作用主要是固定与支撑定子铁心，因此必须具备足够的机械强度和刚度。另外它也是电动机磁路的一部分。中小型异步电动机通常采用铸铁机座，并根据不同的冷却方式采用不同的机座形式。大型电动机一般采用钢板焊接机座。

② 定子铁心：定子铁心是异步电动机磁路的一部分，铁心内圆上冲有均匀分布的槽，用以嵌放定子绕组，如图 1-2 所示。为降低损耗，定子铁心用 0.5 mm 厚的硅钢片叠装而成，硅钢片的两面都涂有绝缘漆。

(a)定子　　(b)定子铁心冲片

图 1-2
异步电动机定子及铁心冲片

定子绕组。定子绕组是三相对称绕组，当通入三相交流电时，能产生旋转磁场，并与转子绕组相互作用，实现能量的转换与传递。

（2）异步电动机的转子

异步电动机的转子是电动机的转动部分，由转子铁心、转子绕组、转轴等部件组成。它的作用是带动其他机械设备旋转。

① 转子铁心：转子铁心的作用和定子铁心的作用相同。它也是电动机磁路的一部分。在转子铁心外圆均匀地冲有许多槽，用来嵌放转子绕组。转子铁心也是用 0.5 mm 的硅钢片叠压而成，整个转子铁心固定在转轴上。转子铁心冲片如图 1-3 所示。

② 转子绕组：三相异步电动机按转子绕组的结构可分为绕线式转子和笼型转子两种。根据转子的不同，异步电动机分为绕线式转子异步电动机和笼型异步电动机。绕线式转子绕组与定子绕组相似，也是嵌放在转子铁心槽内的对称三相绕组，通常采用 Y 形接法。转

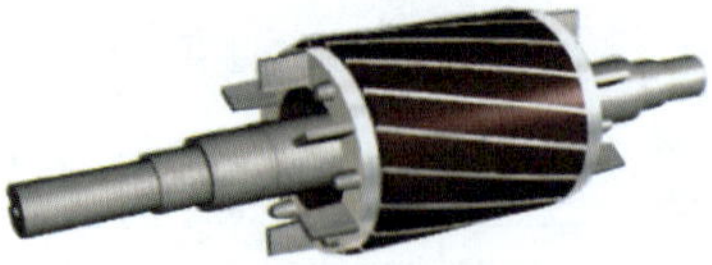

图 1-3
异步电动机转子及铁心冲片

(a)转子 (b)转子铁心冲片

子绕组的三条引线分别接到三个滑环上，用一套电刷装置与外电阻连接。一般把外接电阻串入转子绕组回路中，用以改善电动机的运行性能，如图 1-4 所示。笼型转子绕组与定子绕组大不相同，它是一个短路绕组。在转子的每个槽内放置了一根导条，每根导条都比铁心长，在铁心的两端用两个铜环将所有的导条短路。如果把转子铁心去掉，剩下的绕组形状像一个松鼠笼子，因此称为笼型转子，如图 1-5 所示。槽内导条材料为铜或铝。

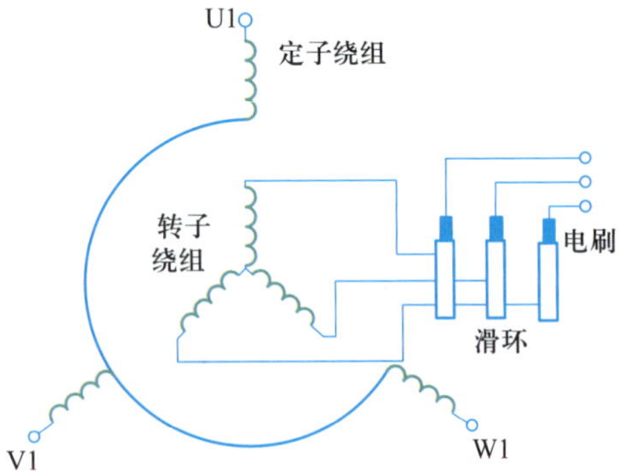

图 1-4
绕线式异步电动机转子绕组接线方式

(a)实物图 (b)示意图

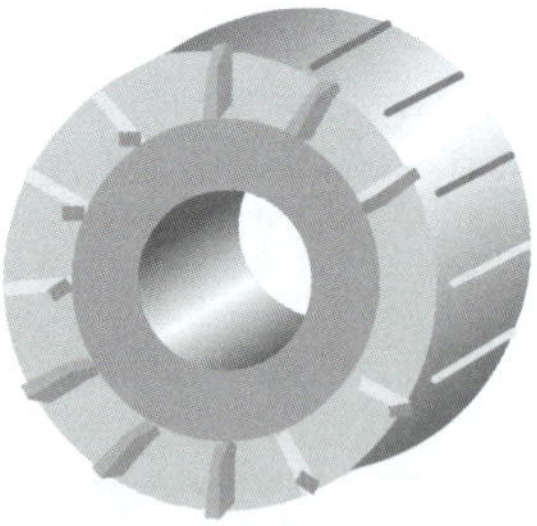

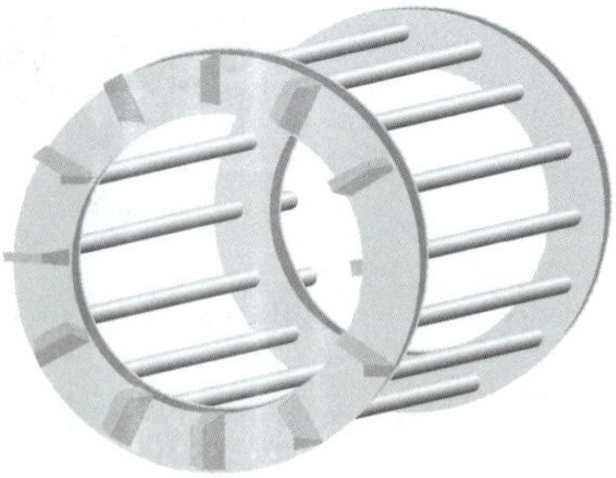

图 1-5
三相异步电动机的笼型转子结构示意图

(a)笼型转子 (b)笼型转子绕组

（3）气隙

异步电动机的气隙比同容量的直流电动机的气隙要小得多。中型异步电动机的气隙一般为 0.12~2 mm。

异步电动机的气隙过大或过小都将对异步电动机的运行产生不良影响。因为异步电动机的励磁电流是由定子电流提供的，气隙越大，磁阻越大，要求的励磁电流也越大，从而会降低异步电动机的功率因数。为了提高功率因数，应尽量让气隙小些，但也不能过小，否则装配困难，转子还有可能与定子发生机械摩擦。但是，从减少附加损耗及谐波磁动势产生的磁通来看，气隙大一点又有好处。

3. 问题研讨——三相异步电动机如何实现能量转换

（1）由电生磁——旋转磁场的产生

旋转磁场是一种极性和大小不变，且以一定转速旋转的磁场。理论分析和实践都证明，在对称三相绕组中流过对称三相交流电时会产生这种旋转磁场。

所谓三相对称绕组就是三个外形、尺寸、匝数都完全相同，首端彼此互隔 120°，对称地放置到定子槽内的三个独立的绕组，它们的首端分别用字母 U1、V1、W1 表示，末端分别用 U2、V2、W2 表示。由电网提供的三相电压是对称三相电压。由于对称三相绕组组成的三相负载是对称三相负载，每相负载的复阻抗都相等，流过三相绕组的电流也必定是对称三相电流。

对称三相电流的函数式表示为

$$\begin{aligned} i_U &= I_m \sin \omega t \\ i_V &= I_m \sin(\omega t-120^\circ) \\ i_W &= I_m \sin(\omega t+120^\circ) \end{aligned} \tag{1-1}$$

其波形图如图 1-6 所示。

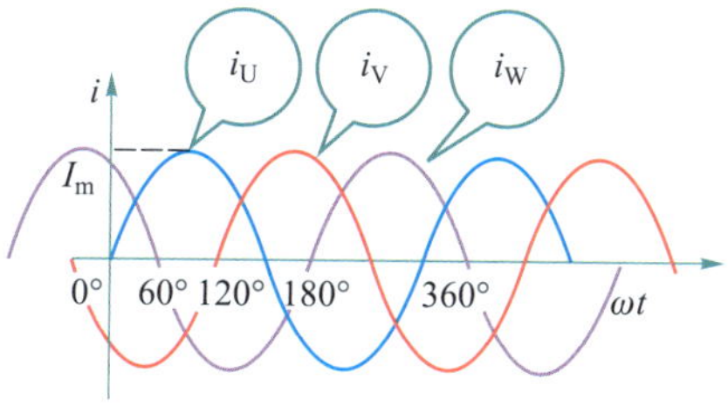

图 1-6
对称三相电流波形图

笔 记

由于三相电流随时间的变化是连续的，且极为迅速，为了能考察它所产生的合成磁效应，说明旋转磁场的产生，可以选定 $\omega t=0°$、$\omega t=60°$、$\omega t=120°$、$\omega t=180°$ 四个特定瞬间以窥全貌，如图 1-7 所示。同时规定：电流为正值时，从每相绕组的首端入、末端出；电流为负值时，从末端入、首端出。用符号⊙表示电流流出，用⊗表示电流流入。由于磁力线是闭合曲线，对它的磁极的性质作如下假定：磁力线由定子进入转子时，该处的磁场呈现 N 极磁性；反之，则呈现 S 极磁性。

微课：三相异步电动机的工作原理

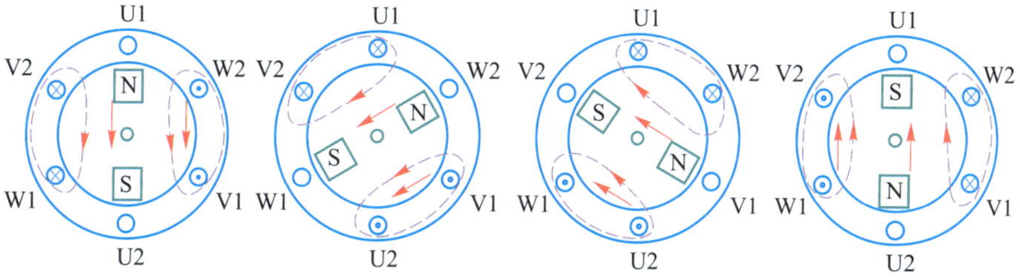

$\omega t=0°, i_U=0$,
磁场旋转 0°
（a）$\omega t=0°$

$\omega t=60°, i_W=0$,
磁场旋转 60°
（b）$\omega t=60°$

$\omega t=120°, i_V=0$,
磁场旋转 120°
（c）$\omega t=120°$

$\omega t=180°, i_U=0$,
磁场旋转 180°
（d）$\omega t=180°$

图 1-7
两极旋转磁场的产生

在 $\omega t=0°$ 这一瞬间，由电流瞬时表达式和波形图均可看出，此时：$i_U=0$，$i_V<0$，$i_W>0$

笔 记

将各相电流方向表示在各相绕组剖面图上，如图 1-7(a) 所示。从图 1-7(a) 可以看出，V2、W1 均为电流流入，W2、V1 均为电流流出。根据右手螺旋定则，它们合成磁场的磁力线方向是由右向左穿过定子、转子铁心，是一个二极（一对极）磁场。用同样方法，可画出 ωt=60°、ωt=120°、ωt=180° 这三个特定瞬间的电流与磁力线分布情况，如图 1-7 所示。

依次仔细观察图 1-7(a)、(b)、(c)、(d)，就会发现这种情况下建立的合成磁场既不是静止的，也不是方向交变的，而是如一对磁极在旋转的磁场。随着三相电流相应的变化，其合成的磁场按顺时针方向旋转。

注意，旋转磁场的旋转方向是由通入三相绕组中的电流的相序决定的。当通入三相对称绕组的对称三相电流的相序发生改变，即将三相电源中的任意两相绕组接线互换时，旋转磁场就会改变方向，它的转速为

$$n_1=\frac{f_1}{p}(r/s)=\frac{60f_1}{p}\ (r/min) \tag{1-2}$$

式中 f_1——交流电的频率（Hz）；

p——磁极对数。

用 n_1 表示旋转磁场的这种转速，称为同步转速。

（2）动磁生电——电磁感应定律的应用

图 1-8 所示为三相异步电动机的工作原理图。定子上装有对称三相绕组。定子接通三相电源后，即在定子、转子之间的气隙内建立了一个同步转速为 n_1 的旋转磁场。磁场旋转时将切割转子导体，根据电磁感应定律可知，在转子导体中将产生感应电动势，其方向可由右手定则确定。磁场逆时针方向旋转时，导体相对磁极为顺时针方向切断磁力线。转子上半边导体感应电动势的方向为“入”，用⊗表示；下半边导体感应电动势的方向为“出”，用⊙表示。因转子绕组是闭合的，导体中有电流，电流方向与电动势相同。

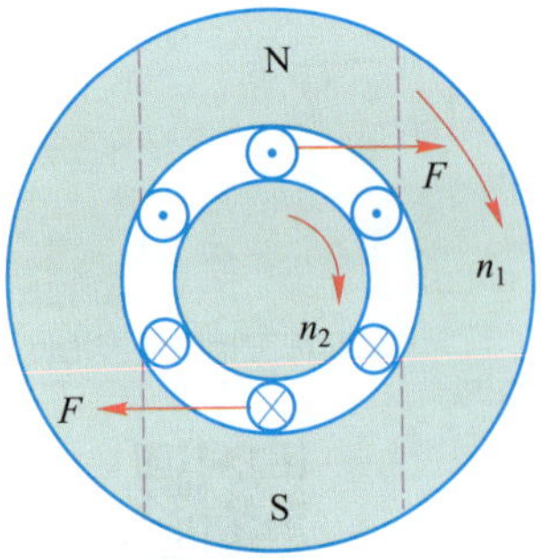

图 1-8
三相异步电动机的工作原理图

（3）形成电磁转矩——电磁力定律的应用

载流导体在磁场中要受到电磁力，其方向由左手定则确定，如图 1-8 所示。在转子导条上形成一个逆时针方向的电磁转矩，于是转子就跟着旋转磁场按逆时针方向转动。从工作原理上看，不难理解三相异步电动机为什么又叫感应电动机了。

综上所述，三相异步电动机能够转动的必备条件有两个：一是电动机的定子必须产生一个在空间内不断旋转的磁场；二是电动机的转子必须是闭合导体。

4. 任务拓展

① 拆卸定子绕组并寻找每组线圈的连接规律。

② 为什么交流电动机会采用不同的转子形式？

③ 现代交流电动机在结构上有何发展趋势？

④ 交流电动机在生产生活中有哪些典型应用？

任务 2　三相异步电动机的装配——铭牌、异步含义

演示文稿：三相异步电动机的装配——铭牌、异步含义

【任务描述】

完成一台小容量三相异步电动机的装配任务，并整理装配步骤和工艺要求，理解电机铭牌数据和“异步”的含义。

1. 任务实施

电动机的装配工序大致与拆卸顺序相反。装配时要注意清洁各部分零部件，定子内绕组端部、转子表面都要吹刷干净，不能有杂物。

① 定子部分。主要是定子绕组的绕制、连接、嵌放、封槽口、端部整形，和接线、绕组的绝缘浸漆、烘干处理等程序。

② 安放转子。安放转子时要特别小心，避免碰伤定子绕组。

③ 加装端盖。装端盖时，可用木锤均匀地敲击端盖四周，按对角线均匀对称地轮番拧紧螺钉，不要一次拧到底。端盖固定后，用手转动电动机的转子，转子应灵活、均匀、无停滞或偏轴现象。

④ 装风扇和风罩。

⑤ 接好引线，装好接线盒及铭牌。

思政小讲堂：学工匠精神，塑敬业之心

在重新装配三相笼型异步电动机时，可将相关情况记入表 1-2。

虚拟实训：三相异步电动机的装配

表 1-2　三相笼型异步电动机的装配训练记录

步骤	内容	工 艺 要 求
1	装配前的准备工作	1. 装配地点________； 2. 装配前的准备________。
2	装配顺序	1. ________；2. ________； 3. ________；4. ________； 5. ________；6. ________。
3	工艺要点记录	

微课：三相异步电动机的铭牌及参数计算

2. 知识学习——异步电动机的铭牌数据含义

异步电动机的机座上都有一个铭牌，铭牌上标有型号和各种额定数据。

（1）型号

为了满足工农业生产的不同需要，我国生产多种型号的电动机，每一种型号代表一系列电机产品。同一系列电机的结构、形状相似，零部件通用性很强，容量是按一定比例递增的。

型号是选用产品名称中最有代表意义的大写字母及阿拉伯数字表示的。例如，Y 表示异步电动机，R 代表绕线式，D 表示多速，如图 1-9 所示。

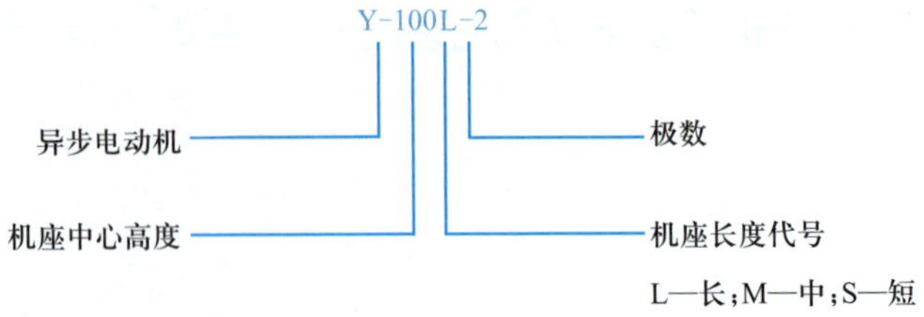

图 1-9
异步电动机型号的表示

国产异步电动机的主要系列如下。

Y 系列：全封闭、自扇风冷、笼型转子异步电动机。该系列异步电动机具有高效率、起动转矩大、噪声低、振动小、性能优良和外形美观等优点。

DO_2 系列：微型单相电容运转式异步电动机。广泛用作录音机、家用电器、风扇、记录仪表的驱动设备。

笔 记

（2）额定值

额定值是设计、制造、管理和使用电动机的依据。

① 额定功率 P_N：电动机在额定负载运行时，轴上所输出的机械功率，单位为 W。

② 额定电压 U_N：电动机正常工作时，定子绕组所加的线电压，单位为 V。

③ 额定电流 I_N：电动机输出功率时，定子绕组允许长期通过的线电流，单位为 A。

④ 额定频率 f_N：我国的电网频率为 50Hz。

⑤ 额定转速 n_N：电动机在额定状态下，转子的转速，单位为 r/min。

⑥ 绝缘等级：电动机所用绝缘材料的等级。它规定了电动机长期使用时的极限温度与温升。温升是绝缘允许的温度减去环境温度（标准规定为 40℃）和测温时方法上的误差值（一般为 5℃）。

⑦ 工作方式：电动机的工作方式分为连续工作制、短时工作制与断续周期工作制三类。选用电动机时，不同工作方式的负载应选用相应工作方式的电动机。

此外，铭牌上还标明绕组的相数、接法（接成 Y 形或△形）等；对绕线式转子异步电动机，还标明转子的额定电动势及额定电流。

（3）铭牌举例

以 Y 系列三相异步电动机的铭牌为例，Y90L-4 型三相异步电动机的铭牌表示如表 1-3 所示。

表 1-3 Y90L-4 型三相异步电动机的铭牌

三相异步电动机					
型号	Y90 L-4	电压	380 V	接法	Y
功率	1.5 kW	电流	3.7 A	工作方式	连续
转速	1 400 r/min	功率因数	0.79	温升	75℃
频率	50 Hz	绝缘等级	B	出厂年月	×年×月
×××电机厂	产品编号	重量	公斤		

笔 记

3. 问题研讨——为什么是“异步”电动机

转子的转向与旋转磁场的转向相同，但转子的转速 n 不能等于旋转磁场的同步转速 n_1，否则磁场与转子之间便无相对运动，转子就不会有感应电动势、电流与电磁转矩，转子也就根本不可能转动了。因此，异步电动机转子的转速 n 总是略小于旋转磁场的同步转速 n_1，即与旋转磁场“异步”地转动，所以这种电机称为“异步”电动机。若三相异步电动机带上机械负载，负载转矩越大则电动机的“异步”程度也越大。在分析中，用“转差率”这个概念来反映“异步”的程度。n_1 与 n 之差称为“转差”。转差是异步电动机运行的必要条件。

转差与同步转速之比称为“转差率”，用 s 表示为

$$s=\frac{n_1-n}{n_1} \tag{1-3}$$

转差率是异步电动机的一个基本参数。一般情况下，异步电动机的转差率变化不大，空载转差率在 0.005 以下，满载转差率在 0.02~0.06 之间。可见，额定运行时异步电动机的转子转速非常接近同步转速。

例 1-1：已知一台四极三相异步电动机转子的额定转速为 1 430 r/min，求它的转差率。

解：同步转速为

$$n_1=\frac{60f_1}{p}=\frac{60\times 50}{2}=1\ 500\ \text{r/min}$$

转差率为

$$s=\frac{n_1-n}{n_1}=\frac{1\ 500-1\ 430}{1\ 500}=0.047$$

例 1-2：已知一台异步电动机的同步转速 n_1=1 000 r/min，额定转差率 s_N=0.03，问该电动机额定运行时的转速是多少？

解：由 s 表示式可得

$$n_N=n_1(1-s_N)=1\ 000\times(1-0.03)=970\ \text{r/min}$$

4. 任务拓展

① 完成一台三相异步电动机的装配任务，其定子槽数 Z_1=24 槽，磁极数 $2p$=4，每槽匝数为 100 匝，单层，60° 相带，跨距采用短距式，绕组节距 y=5。

注释：相带指每极下每相绕组所占的宽度，用电角度表示；节距 y 指同一线圈两个有效边之间的跨距，以槽数或长度表示；节距小于极距（相邻两磁极间的距离）为短距式。

② 分析如何改变三相异步电动机的转向。

任务 3 三相异步电动机的检查——空载、短路试验、定子绕组首尾端判别

演示文稿：三相异步电动机的检查——空载、短路试验、定子绕组首尾端判别

【任务描述】

对三相异步电动机进行通电前检查和试车检查，记录相关检查数据，理解三相异步电动

机空载和短路试验的目的和方法，掌握定子绕组首尾端的判别方法。

1. 任务实施

（1）三相异步电动机通电前的检查

① 检查机械部分的装配质量。包括所有紧固螺钉是否拧紧，转子转动是否灵活、无扫膛、无松动，轴承是否有杂声等。

② 测量绕组的绝缘电阻。用兆欧表测量电动机各相绕组之间及每相绕组与地（机壳）之间的绝缘电阻。对于绕线式异步电动机还要测量转子绕组、集电环对机壳和集电环之间的绝缘电阻。测量前应首先对兆欧表进行检验，同时要拆除电动机出线端子上的所有外部接线、星形或三角形连接片。按要求，电动机每 1 kV 工作电压的绝缘电阻不得低于 1 MΩ。电压在 1 kV 以下、容量为 1 000 kW 及以下的电动机，其绝缘电阻应不低于 0.5 MΩ。

技能操作视频：空载电流的测量

③ 检查绕组的三相直流电阻。要求电动机的定子绕组、绕线式异步电动机转子绕组的三相直流电阻偏差应不小于2%。对某些只更换个别线圈的电动机，直流电阻偏差应不超过 5%，若出现短路、断路、接地现象等，需对故障进行处理。

（2）电动机的空载试车

空载试车的目的是检查电动机通电空转时的状态是否符合要求。按铭牌要求接好电源线，在机壳上接好保护接地线进行空载试车，具体内容与要求如下。

① 运行时检查电动机的通风冷却和润滑情况。电动机的通风是否良好，风扇与风扇罩应无相互擦碰现象，轴承应转动均匀、润滑良好。

技能操作视频：空载转速的测量

② 判断电动机运行音量是否正常。电动机运行音量应均匀，不得有嗡嗡声、擦碰声等异常声音。

③ 测量空载电流。在保证三相电压平衡的情况下，可以用配电柜上的电流表或钳形电流表检测空载电流。检测时应注意两个问题：一是空载电流与额定电流的百分比应在规定范围内；二是三相电流的不平衡程度，在 5% 左右即视为合格，若超过 10% 应视为不合格（即故障）。

④ 检查电动机温升是否正常。

可将电动机及运行中所检测有关数据记入表 1-4。

技能操作视频：绝缘电阻的测量

虚拟实训：三相异步电动机的检测

表 1-4 三相异步电动机检查的有关数据记录

<table>
<tr><td>铭牌额定值</td><td colspan="5">电压____V，电流____A，转速____r/min，功率____kW，接法____</td></tr>
<tr><td rowspan="8">实际检测</td><td colspan="2">三相电源电压</td><td colspan="3">U_{UV}____V，U_{VW}____V，U_{WU}____V</td></tr>
<tr><td colspan="2">三相绕组电阻</td><td colspan="3">U相____Ω，V相____Ω，W相____Ω</td></tr>
<tr><td rowspan="2">绝缘电阻</td><td>对地绝缘</td><td colspan="3">U相对地____MΩ，V相对地____MΩ，W相对地____MΩ</td></tr>
<tr><td>相间绝缘</td><td colspan="3">UV间____MΩ，VW间____MΩ，WU间____MΩ</td></tr>
<tr><td rowspan="2">三相电流</td><td>空载</td><td colspan="3">I_U____A，I_V____A，I_W____A</td></tr>
<tr><td>满载</td><td colspan="3">I_U____A，I_V____A，I_W____A</td></tr>
<tr><td>转速</td><td>空载</td><td>r/min</td><td>满载</td><td>r/min</td></tr>
</table>

2. 知识学习——三相异步电动机的空载试验、短路试验

微课：电动机的使用与维修

通过异步电动机的空载与短路试验，可以确定异步电动机的参数。

（1）空载试验

空载试验是指在额定电压和额定频率下，轴上不带任何负载时运行。其目的是测定异步电动机的空载电流 I_0 和空载功率 P_0，进而求得异步电动机的励磁阻抗 r_m 和 x_m，并分离出铁耗 P_{Fe} 和机械损耗 P_{mec}。异步电动机空载试验接线如图 1-10 所示。线路中将三相自耦调压器一次侧接至三相电源，二次侧接至异步电动机的定子三相绕组端。采用自耦调压器的目的：一是用来控制电动机起动时的冲击电流值；二是用来调节定子端电压在 $0.5\sim1.2U_N$ 之间，并测取对应的空载电流 I_0 与空载功率 P_0。试验时一般测取 6~8 组数据，可绘得 $I_0=f(U_1)$ 和 $P_0=f(U_1)$ 两条特性曲线，如图 1-11 所示。从空载特性曲线上求取额定电压下的空载电流与空载损耗。

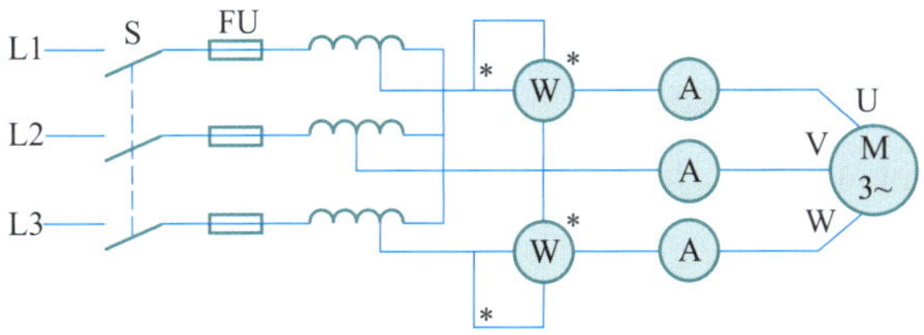

图 1-10
异步电动机空载试验接线图

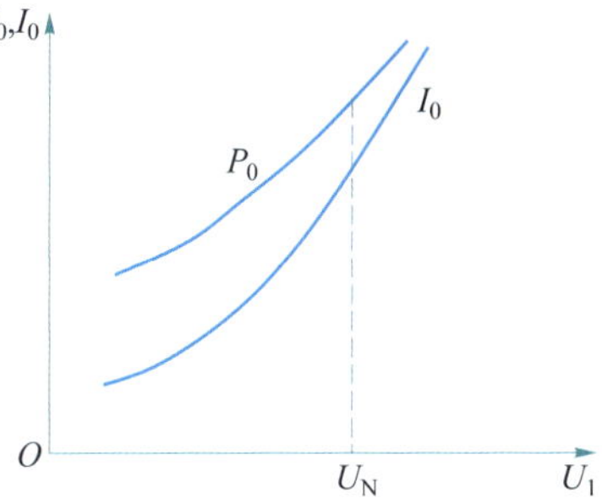

图 1-11
异步电动机的空载特性曲线

空载试验前，一般应先进行绝缘电阻检查与绕组直流电阻测定，试验时应注意三相电流是否对称。

空载时，输出功率 $P_2=0$。同时，因转子电流很小，转子铜耗 P_{cu2}、附加损耗 P_{ad} 可忽略不计，所以输入功率 P_1 近似等于铁耗 P_{Fe} 和机械损耗 P_{mec}。试验时应保证转速基本不变，再求取 $U_1=U_N$ 时的 P_{Fe} 值，再根据测得的 I_0 求取励磁参数。

（2）短路试验

短路试验是电动机在外施电压作用下处于静止状态，此时 $s=1$，$n=0$。因此短路试验必须在电动机堵转的情况下进行，故短路试验又称为堵转试验。短路试验的目的是测取异步电动机的短路阻抗，即定子、转子绕组的漏阻抗及短路特性。试验的接线如图 1-12 所示。

试验时，为了使短路电流不至于太大，应降低电压进行试验，一般在 0.4 U_N 以下。定子上加额定频率的三相对称电压，测得不同电压下的电流和功率，绘出短路特性曲线，找出对应额定电流的阻抗电压和功率。

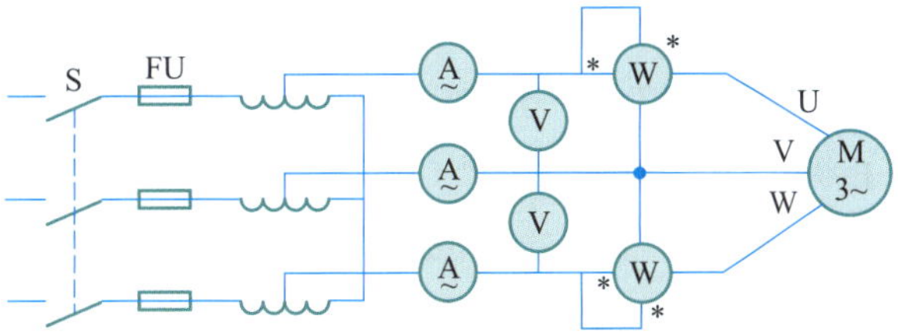

图 1-12
三相异步电动机短路试验接线图

笔 记

短路试验时，转子支路的阻抗远小于励磁支路的阻抗，试验电压很低，励磁支路的电流可以忽略不计，铁心损耗可以忽略不计，认为输入功率全部消耗在定子、转子的铜耗上。

短路参数计算为

$$|Z_{sh}|=\frac{U_{sh}}{I_{sh}};\qquad r_{sh}=\frac{P_{sh}}{3I_{sh}^2};\qquad x_{sh}=\sqrt{|Z_{sh}|^2-r_{sh}^2} \tag{1-4}$$

式中 I_{sh}——短路电流，常取 $I_{sh}=I_{1N}$；

U_{sh}——短路试验时定子相电压（$I_{sh}=I_{1N}$ 时对应的电压）；

P_{sh}——短路试验时定子输入功率。

异步电动机的短路特性指的是 $I_{sh}=f(U_{sh})$，$P_{sh}=f(U_{sh})$。由于短路试验时，外施电压低于额定电压值，为了顾及其实际运行现状，有关数据必须换算到额定电压时的量。

3. 问题研讨——如何判别三相异步电动机定子绕组首尾端

当电动机接线板损坏，定子绕组的 6 个线头分不清楚时，不可盲目接线，以免引起电动机内部故障，因此必须在分清 6 个线头的首尾端后才能接线。

（1）用 36 V 交流电源和灯泡判别首尾端

判别时的接线方式如图 1-13 所示，判别步骤如下。

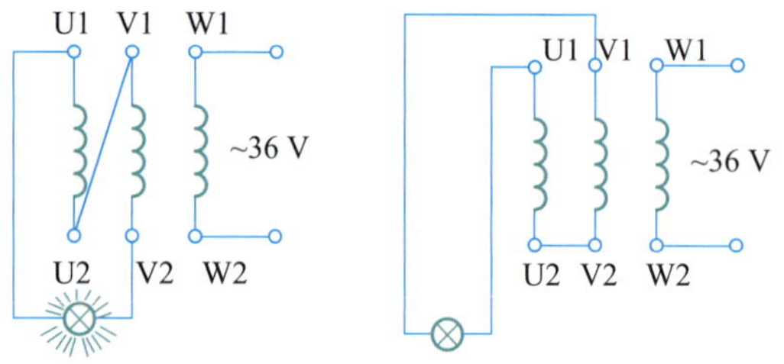

(a)灯亮　(b)灯不亮

图 1-13
用 36 V 交流电源和灯泡判别首尾端

① 用摇表和万用表的电阻挡分别找出三相绕组的各相两个线头。

② 先将三相绕组的线头分别任意编号为 U1 和 U2、V1 和 V2、W1 和 W2。并把 V1、U2 连接起来，构成两相绕组串联。

③ U1、V2 线头上接一只灯泡。

④ W1、W2 两个线头上接通 36 V 交流电源，如果灯泡发亮，说明线头 U1、U2 和 V1、V2 的编号正确。如果灯泡不亮，则把 U1、U2 或 V1、V2 中任意两个线头及其编号对调一下即可。

⑤ 再按上述方法对 W1、W2 两线头进行判别。

（2）用万用表或微安表判别首尾端

方法一：

① 先用摇表或万用表的电阻挡分别找出三相绕组各相的两个线头。

② 假设各相绕组编号为 U1 和 U2、V1 和 V2、W1 和 W2。

③ 按图 1-14 所示接线。用手转动电动机转子，如万用表（微安挡）指针不动，则证明假设的编号是正确的；若指针有偏转，说明其中有一相首尾端假设编号不对。应逐相对调

重测，直至正确。

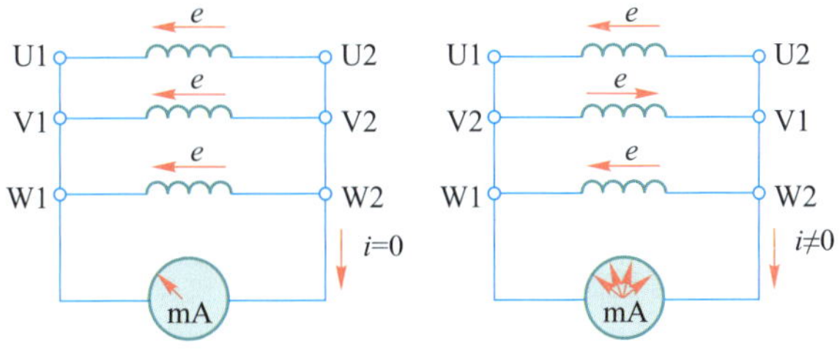

(a)　(b)

图 1-14
用万用表判别首尾端方法一

方法二：

① 先分清三相绕组各相的两个线头，并将各相绕组端子假设为 U1 和 U2、V1 和 V2、W1 和 W2，如图 1-15 所示。

② 观察万用表（微安挡）指针摆动的方向。合上开关的瞬间，若指针摆向大于零的一边，则接电池正极的线头与万用表负极所接的线头同为首端或尾端；如指针反向摆动，则接电池正极的线头与万用表正极所接的线头同为首端或尾端。

③ 再将电池和开关接到另一相的两个线头进行测试，就可以正确判别各相的首尾端。图 1-15 中的开关可以用按钮。

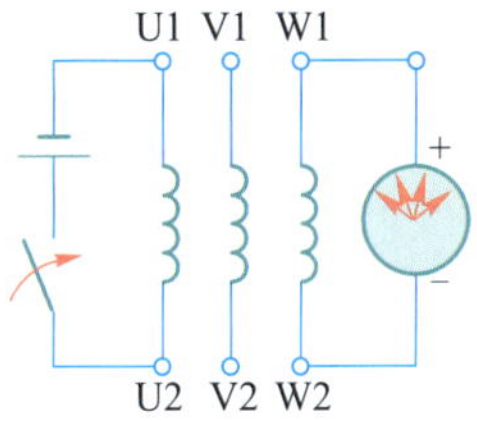

图 1-15
用万用表判别首尾端方法二

4. 任务拓展

① 对三相异步电动机进行空载试验和短路试验。

② 三相异步电动机如何进行选配?

③ 观看三相异步电动机常见故障动画，分析其造成此故障可能的原因。

项目 2　三相异步电动机的单向起停控制与实现

【知识点】

- □ 低压电器的分类、型号含义、产品标准及选用的要求
- □ 控制按钮、交流接触器、刀开关、组合开关、熔断器、热断电器的结构、符号、工作原理及选用
- □ 电气图的分类
- □ 三相异步电动机的单向点动和连动控制设计方法及原理
- □ 三相异步电动机的固有和人为机械特性
- □ 自锁的含义与作用

【技能点】

□ 使用万用表对常用低压电器进行质量检测

□ 绘制与阅读电气原理图

□ 按照电气原理图布局元器件、制作与调试单向起停控制电气线路

□ 排查单向起停控制电气线路常见故障

演示文稿：常用低压电器及电气图的认识

任务1 常用低压电器的检测——常用低压电器（SB、KM、QS、FU）及电气图认识

【任务描述】

在了解低压电器的分类、型号、产品标准及选用要求的基础上，掌握按钮、交流接触器、刀开关、组合开关、熔断器等基本低压电器的结构、图形符号、工作原理及选用要求，使用万用表对低压电器进行质量检测。

1. 知识学习——低压电器的基本知识

凡是能自动或手动接通和断开电路，以及对电路或非电路现象能进行切换、控制、保护、检测、变换和调节的元件，统称为电器。按工作电压高低，电器可分为高压电器和低压电器两大类。高压电器指额定电压为 3 kV 及以上的电器；低压电器指交流电压为 1 kV 或直流电压为 1.2 kV 以下的电器。低压电器是电力拖动自动控制系统的基本组成元件。

微课：初识低压电器

（1）低压电器的分类

低压电器种类繁多，包含以下几种分类方法。

1）按动作方式分类

① 自动电器：依靠本身参数的变化或外来信号的作用自动完成接通或分断等动作的电器，如接触器、继电器。

② 手动电器：用手直接操作来进行切换的电器，如刀开关、控制器、转换开关、按钮等。

2）按用途分类

① 控制电器：用于各种控制电路和控制系统的电器，如接触器、继电器、主令电器、控制器、电磁铁。

② 配电电器：用于电能的输送和分配的电器，如隔离开关、刀开关、熔断器、低压断路器。

另外，按执行功能的不同，电器可分为有触点电器和无触点电器。表 1–5 列出了常用低压电器的详细分类和用途。

笔 记

表 1-5　常用低压电器的分类和用途

种类	名 称	主要品种	用　途
配电电器	刀开关	负荷开关 熔断器式开关 板形刀开关	主要用于电路的隔离，也能接通和分断额定电流
	转换开关	组合开关 换向开关	用于两种以上电源和负载的转换，接通或分断电路
	低压断路器	塑壳式低压断路器 框架式低压断路器 限流式低压断路器 漏电保护开关	用于线路过载、短路或欠电压保护，也可用作不频繁接通和断开电路
	熔断器	无填料式熔断器 有填料式熔断器 快速熔断器 自动熔断器	用于电气设备的过载和短路保护
	接触器	交流接触器 直流接触器	用于远距离频繁起动和控制电动机，接通和分断正常工作的电路
控制电器	继电器	热继电器 中间继电器 时间继电器 电流继电器 速度继电器	主要用于控制系统，用作控制其他电器或做主电路的保护
	起动器	电磁起动器 降压起动器	主要用于电动机的起动和正反转控制
	控制器	轮控制器 主令控制器	主要用于电气设备中转换主电路或励磁回路的接法，完成换向和调速
	主令电器	按钮 限位开关 万能转换开关 微动开关	主要用于接通和分断控制电路
	变阻器	励磁变阻器 起动变阻器 频敏变阻器	用于发电机及电动机降压起动和调速
	电磁铁	起重电磁铁 牵引电磁铁 制动电磁铁	用于起重、操纵或牵引机械装置

（2）产品电气型号

目前国产低压电器均用汉语拼音字母及阿拉伯数字来表示产品型号，表示方法如图 1-16 所示。

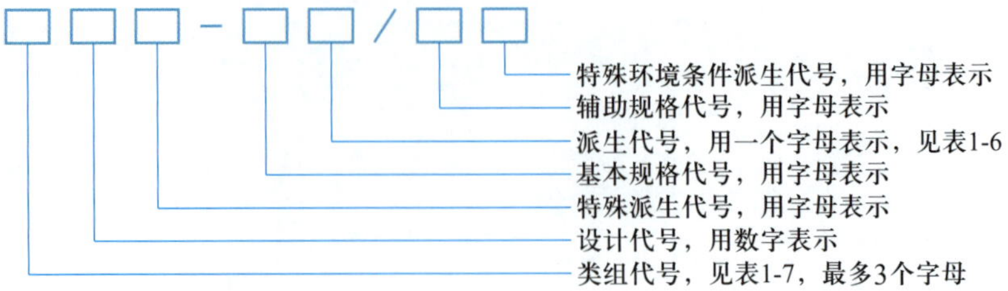

图 1-16
低压电器型号示意图

笔 记

表 1-6、1-7 列出了低压电器通用派生字母及类组代号的含义。

表 1-6 通用派生字母及其含义

派生字母	代 表 含 义	派生字母	代 表 含 义
A、B	结构设计稍有改进和变化	N	可逆、逆向
C	插入式	S	三相、双线圈、防水式、手动复位、三个电源、有锁住机构
E	电子式	M	灭磁、母线式、密封式
J	交流、防电、节电型	Q	防尘式、手车式
P	单相、电压、防滴式电磁复位、两个电源	L	电流的、漏电保护
K	开启式	F	高返回、带分励脱扣
H	保护式、带缓冲装置	X	限流
Z	直流、防震、正向、重任务、自动复位等	TH	湿热带，为热带产品号
W	失电压、无极性、无灭弧装置	TA	干热带，加在型号末

表 1-7 低压电器型号的类组代号

代号	H	R	D	K	C	Q	J	L	Z	B	M	A
名称	刀开关和转换开关	熔断器	低压断路器	控制器	接触器	起动器	控制继电器	主令电器	电阻器	变阻器	电磁铁	其他
A						按钮式		按钮				
C		插入式				电磁式			板形元件			触电保护器
D	刀开关						漏电			冲片元件		插座

续表

代号	H	R	D	K	C	Q	J	L	Z	B	M	A
名称	刀开关和转换开关	熔断器	低压断路器	控制器	接触器	起动器	控制继电器	主令电器	电阻器	变阻器	电磁铁	其他
G				鼓形	高压				带形元件			信号灯
H	封闭式负荷开关	汇流排式							管形元件			接线盒
J					交流	降压		接近开关				
K	开启式刀开关				真空			主令控制器				
L		螺旋式					电流			励磁		电铃
M		封闭管式	灭弧		灭弧							
P				平面	中频					频敏		
Q										起动	牵引	
R	熔断器式刀开关						热		非线性电力电阻			
S	转换开关	快速	快速		时间	手动	时间	主令开关	烧结元件	石墨		
T		有填料填封闭管式		凸轮	通用		通用	足踏开关	铸铁元件	起动调速		
U						油浸		旋钮		油浸起动		
W			框架式				温度	万能转换开关		液体起动	起重	
X						星三角		行程开关	电阻器	滑线式		
Y	其他	其他	其他	其他	其他	其他	其他		硅碳电阻元件	其他	液压	
Z	组合开关	自复	塑料外壳式		直流	综合	中间				制动	

笔 记

（3）低压电器的产品标准及选用

低压电器产品标准的内容包括产品的用途、适用范围、环境条件、技术性能要求、试验项目和方法、包装运输的要求等，可归纳为“三化、四统一”，即标准化、系列化、通用化，统一型号规格、统一技术条件、统一外形及其安装尺寸、统一易损零部件。它是制造厂制造及用户验收的依据。

正确选用低压电器的要求：选用合理，使用正确，技术和经济兼顾。选用的一般原则：安全原则、经济原则。

（4）常用低压电器介绍

1）按钮

动画：按钮的结构与工作原理

按钮是一种手动且可以自动复位和发号施令的主令电器。它只能短时接通或分断 5A 以下的小电流电路。由于它电流较小，不能直接操纵主电路的通断，而是在控制电路中发出“指令”去控制其他电器（如接触器、继电器），再由它们去控制主电路。它也可用于电气联锁等线路。

LA19-11 型按钮的外形及结构如图 1-17 所示，主要由按钮帽、复位弹簧、动断触点、动合触点、接线柱、外壳等组成。

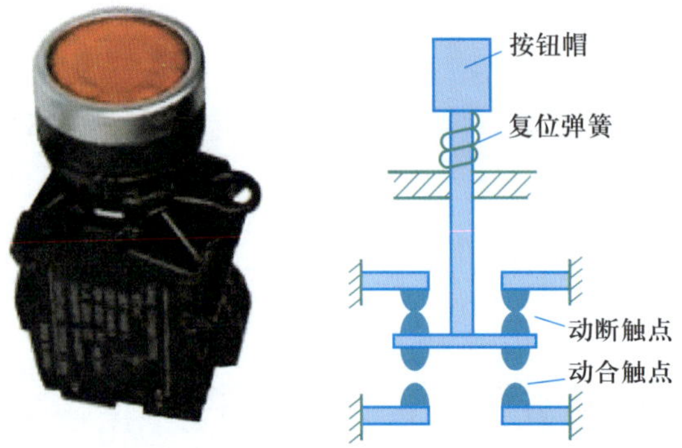

(a) 外形　(b)结构原理图

图 1-17
LA19-11 型按钮的外形及结构图

微课：按钮

由于按钮的触点结构、数量和用途不同，按钮又分为停止按钮（动断按钮）、起动按钮（动合按钮）和复合按钮（既有动断触点，又有动合触点）。图 1-17 所示按钮即为复合按钮，在按下按钮帽令其动作时，首先断开动断触点，通过一定行程后才接通动合触点；松开按钮帽时，复位弹簧先将动合触点分断，通过一定行程后动断触点才闭合。

常用的按钮有 LA2、LA18、LA19、LA20 等系列，其型号含义如图 1-18 所示。

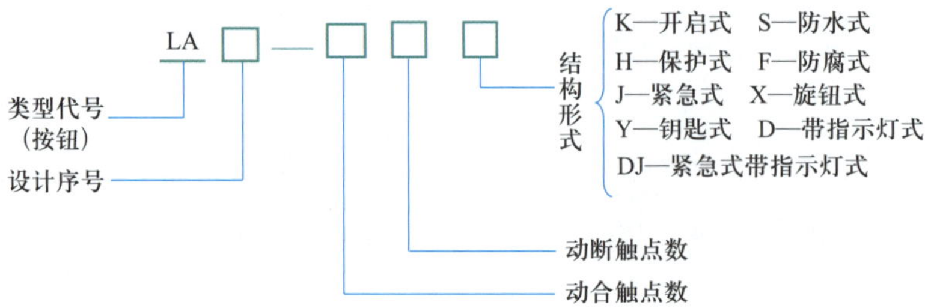

图 1-18
常用按钮的型号含义

按钮的图形符号及文字符号如图 1-19 所示。

(a) 动合触点　(b) 动断触点　(c) 复合触点

图 1-19
按钮的图形符号及文字符号

控制按钮的主要技术参数有规格、结构形式、触点对数、按钮颜色等。选择使用时应从使用场合、所需触点数及按钮帽的颜色等因素考虑。控制按钮的选用原则如下。

① 根据使用场合选择控制按钮的种类，如开启式、防水式、防腐式。

② 根据用途选择控制按钮的结构形式，如钥匙式、紧急式、带灯式。

③ 根据控制回路的需求确定按钮数，如单钮、双钮、三钮、多钮。

④ 根据工作状态指示和工作情况的要求选择按钮及指示灯的颜色。一般红色表示停止，绿色表示起动，黄色表示干预。

按钮的常见故障见表 1-8。

技能操作视频：按钮的检测

表 1-8　按钮的常见故障

序号	故障现象	故障原因		维修方法
1	按起动按钮时有被电麻感觉	按钮帽的缝隙钻进了金属粉末或铁屑等		清扫按钮，给按钮罩一层塑料薄膜
		按钮防护金属外壳接触了带电导线		检查按钮内部接线，消除碰壳
2	按停止按钮时不能断开电路	按钮非正常短路所致	铁屑、金属末或油污短接了动断触点	清扫触点
			按钮盒胶木烧焦炭化	更换按钮
3	按停止按钮后再按起动按钮，被控制电器不动作	停止按钮的复位弹簧损坏		调换复位弹簧
		起动按钮动合触点氧化、接触不良		清扫、打磨动、静触点

微课：交流接触器

2）接触器

接触器是一种用来频繁接通和断开交、直流主电路及大容量控制电路的自动切换电器。它具有低压释放保护功能，可进行频繁操作，实现远距离控制，是电力拖动自动控制线路中使用最广泛的电气元件。它因不具备短路保护作用，常和熔断器、热继电器等保护电器配合使用。接触器通常按电流种类分为交流接触器和直流接触器两类。

动画：交流接触器的结构认识

① 交流接触器的结构。

交流接触器的主要组成部分是电磁系统、触点系统和灭弧装置，其外形和结构如图 1-20 所示，图形及文字符号如图 1-21 所示。

虚拟实训：交流接触器的组装

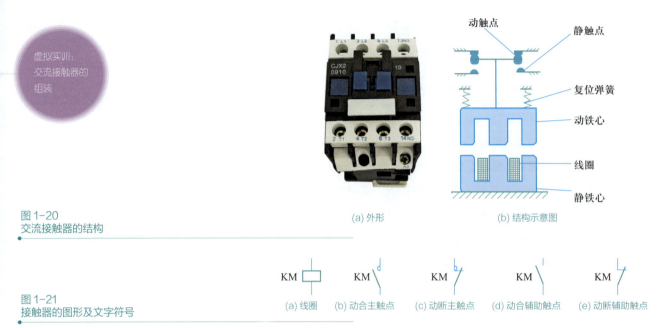

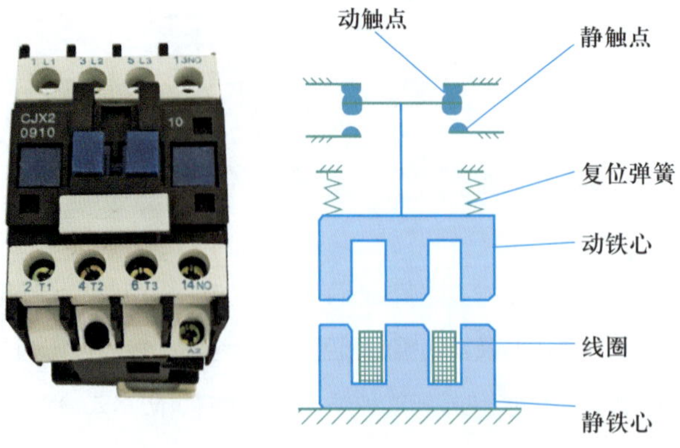

(a) 外形 (b) 结构示意图

图 1–20 交流接触器的结构

(a) 线圈 (b) 动合主触点 (c) 动断主触点 (d) 动合辅助触点 (e) 动断辅助触点

图 1–21 接触器的图形及文字符号

a. 触点系统。触点属于执行部件，按形状不同分为桥式触点和指形触点，如图 1–22 所示。交流接触器一般采用双断点桥式触点，它们中两个触点串于同一电路中，同时接通（或称闭合）或断开（或称分断）。触点按功能不同可分为主触点和辅助触点两类。主触点用于接通和分断电流较大的主电路，一般由接触面较大的动合触点组成；辅助触点由动合触点和动断触点组成，用于接通和分断电流较小的二次电路，还能起互锁和联锁作用。当接触器未工作时处于接通状态的触点称为动断（或称常闭）触点；当接触器未工作时处于断开状态的触点称为动合（或称常开）触点。

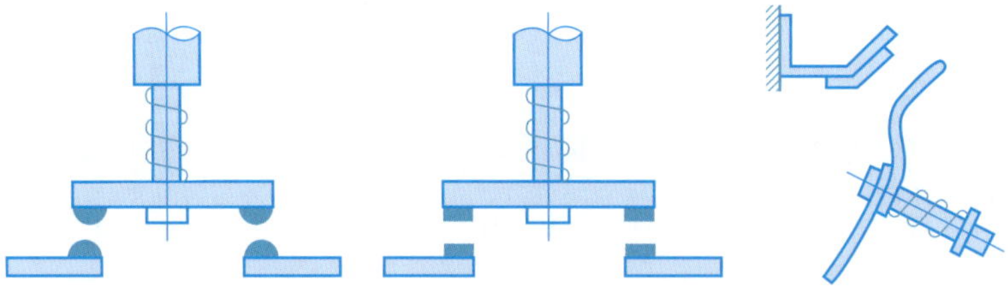

（a）点接触桥式 （b）面接触桥式 （c）线接触指式

图 1–22 触点的结构形式

b. 电磁机构。电磁机构是电气元件的感受部件，它的作用是将电磁能转换为机械能，并带动触点闭合或断开。它通常采用电磁铁的形式，由电磁线圈、静铁心（铁心）、动铁心（衔铁）等组成，其中动铁心与动触点支架相连。电磁线圈通电时产生磁场，使动、静铁心磁化，相互吸引。当动铁心被吸引向静铁心时，与动铁心相连的动触点也被拉向静触点，令其闭合，接通电路。电磁线圈断电后，磁场消失，动铁心在复位弹簧作用下，回到原位，并牵动动静触点，分断电路，如图 1–20 所示。电磁铁有各种结构形式，铁心常见的有 E 型和 U 型。

交流电磁铁中通过交变磁通，铁心中有磁滞损耗和涡流损耗，铁心和线圈都产生热量。

因此，交流电磁铁的铁心一般用硅钢片叠成以减小铁损，并且将线圈制成粗短形，由线圈骨架把线圈和铁心隔开，以免铁心的热量传给线圈使其过热而烧坏。

由于交流电磁铁的磁通是交变的，线圈磁场对衔铁的吸引力也是交变的。当交流电流过零时，线圈磁通为零，对衔铁的吸引力也为零，衔铁在复位弹簧作用下将产生释放趋势，这就使动、静铁心之间的吸引力随着交流电的变化而变化，从而产生振动和噪声，加速动、静铁心接触面积的磨损，引起结合不良，严重时还会使触点烧蚀。为了消除这一弊端，在铁心柱面的一部分嵌入一只铜环，称为短路环，如图 1-23 所示。该短路环相当于变压器二次绕组，在线圈通入交流电时，不仅线圈产生磁通，短路环中的感应电流也将产生磁通。短路环相当于纯电感电路，由纯电感电路的相位关系可知，线圈电流磁通与短路环感应电流磁通不同时为零，即电源输入的交流电流通过零值时，短路环感应电流不为零。此时，它的磁场对衔铁起着吸引作用，从而克服了衔铁被释放的趋势，使衔铁在通电过程总是处于吸合状态，明显减小了振动和噪声。所以短路环又叫减振环，它通常由铜、康铜或镍铬合金制成。

图 1-23
铁心上的短路环

笔 记

电磁铁的线圈按接入电路的方式可以分为电压线圈和电流线圈。电压线圈并联在电源两端，由于线圈匝数多、导线细、电流较小而匝间电压高，所以一般用绝缘性能好的漆包线绕制。电流线圈串联在主电路中，当主电路的电流超过其动作值时吸合。其电流值不取决于线圈的电阻或阻抗，而取决于电路负载的大小。由于主电路的电流一般比较大，所以线圈导线比较粗，匝数较少，通常用紫铜条或粗的紫铜线绕制。

c. 灭弧装置。交流接触器是通过触点的开、闭来通、断电路的，其触点在闭合和断开（包括熔体在熔断时）的瞬间，都会在触点间隙中由电子流产生弧状的火花，这种由电气原因造成的火花，称为电弧。触点间的电压越高，电弧就越大；负载的电感越大，断开时的火花也越大。在开断电路时产生电弧，一方面使电路仍然保持导通状态，延迟了电路的开断，另一方面会烧损触点，缩短电器的使用寿命。因此，要采取一些必要的措施来灭弧，容量较小（10 A 以下）的交流接触器一般采用双断口触点灭弧，容量较大（20 A 以上）的交流接触器一般采用栅片灭弧。

交流接触器有两种工作状态：得电状态（动作状态）和失电状态（释放状态）。如图 1-20（b）所示，接触器主触点的动触点装在与衔铁相连的绝缘连杆上，其静触点则固定在壳体上。在线圈得电后，线圈产生磁场，使静铁心产生电磁吸力，将衔铁吸合。衔铁带动动触点动作，使动断触点断开，动合触点闭合，分断或接通相关电路。当线圈失电时，电磁吸力消失，衔铁在反作用弹簧的作用下释放，各触点随之复位。

动画：
交流接触器
的工作原理

交流接触器有三对动合的主触点，它的额定电流较大，用来控制大电流的主电路的通断，还有两对动合辅助触点和两对动断辅助触点，它们的额定电流较小，一般为 5A，用来接通或分断小电流的控制电路。

② 交流接触器的型号含义。

常用的交流接触器有 CJ20、CJ40 系列。交流接触器的常用型号含义如图 1-24 所示。

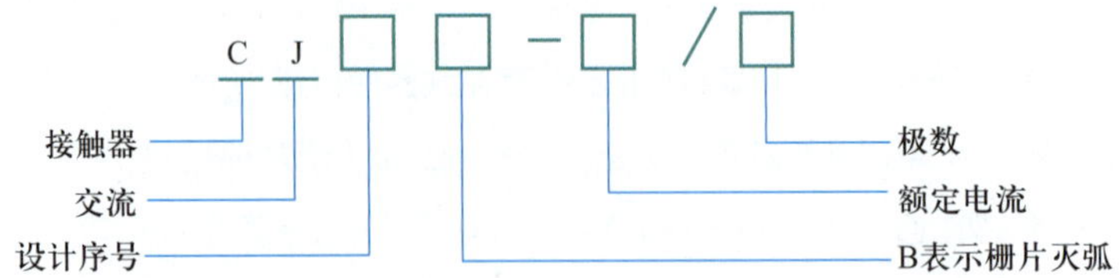

图 1-24
交流接触器的常用型号

笔 记

③ 交流接触器的选用原则。

a. 交流接触器选用时应注意以下几点。

根据用电系统或设备的种类和性质选择接触器的类型。一般交流负载应选用交流接触器，直流负载应选用直流接触器。如果控制系统中主要是交流负载，直流电动机或直流负载的容量较小，可都选用交流接触器，但触点的额定电流应大一些。

接触器的额定电压不得低于被控制电路的最高电压。

接触器的额定电流应大于被控制电路的最大电流。对于电动机负载有下列经验公式

$$I_N \geqslant \frac{P_N \times 10^3}{KU_N} \tag{1-5}$$

式中 I_N ——接触器的额定电流；

P_N ——电动机的额定功率；

U_N ——电动机的额定电压；

K ——经验系数，一般取 1~1.4。

接触器在频繁起动、制动和正反转的场合，一般按其额定电流降一个等级来选用。

选择接触器吸引线圈的电压。如果控制线路比较简单，所用接触器的数量较小，则交流接触器线圈的额定电压一般直接选用 380V 或 220V。如果线路比较复杂，使用电器又较多，为了安全起见，线圈额定电压可选低一些，这时需要加一个控制器。直流接触器线圈的额定电压有好几种，可以选线圈的额定电压和直流控制电路的电压一致。

此外，直流接触器的线圈是加直流电压，交流接触器的线圈是加交流电压。如果把直流电压的线圈加上交流电压，则因阻抗太大，电流太小，接触器往往不能吸合。如果把交流电压的线圈加上直流电压，此时 X_L=0 则因电阻太小，会烧坏线圈。

接触器的触点数量和种类应满足主电路和控制线路的要求。

b. 接触器的故障诊断与维修。接触器使用寿命的长短，不仅取决于产品本身的技术性能，而且与使用维护是否符合要求有很大关系。所以，在运行中应对接触器进行定期保养，以延长使用寿命和确保安全。

接触器检查与维修项目如下。

- 外观检查。看接触器外观是否完整无损，固定是否松动。
- 灭弧罩检查。取下灭弧罩仔细查看有无破裂或严重烧损；灭弧罩内的栅片有无变形或松脱，栅孔或缝隙是否堵塞；清除灭弧室内的金属飞溅物和颗粒。
- 触点检查。清除触点表面上烧毛的颗粒；检查触点磨损的程度，严重时应更换。
- 铁心的检查。铁心端面要定期擦拭，清除油垢，保持清洁；检查铁心有无变形。
- 线圈的检查。观察线圈外表是否因过热而变色；接线是否松脱；线圈骨架是否破碎。

技能操作视频：交流接触器的检测

- 活动部件的检查。检查可动部件是否卡阻；坚固体是否松脱；缓冲件是否完整等。

交流接触器的触点、电磁系统的故障及维修与前述的情况基本相同。除此之外，常见故障见表 1–9。

虚拟实训：交流接触器的检测

表 1–9　交流接触器的常见故障

序号	故障现象	故障原因	维修方法
1	触点熔焊	操作频率过高或选用不当 负载侧短路 触点弹簧压力过小 触点表面有金属颗粒突起或异物 吸合过程中触点停滞在似接触非接触的位置上	降低操作频率或更换合适型号 排除短路故障、更换触点 调整触点弹簧压力 清理触点表面 消除停滞因素
2	触点断相	触点烧缺 压力弹簧失效 螺钉松脱	更换触点 更换压力弹簧片 拧紧松脱螺钉
3	相间短路	逆转换接触器联锁失灵或误动作致使两台接触器投入运行而造成相间短路 接触器正反转转换时间短而燃弧时间又长，换接过程中发生弧光短路 尘埃堆积、潮湿、过热使绝缘损坏 绝缘件或灭弧室损坏或破碎	检查联锁保护 在控制电器中加中间环节或更换动作时间长的接触器 缩短维护周期 更换损坏件
4	线圈损坏	空气潮湿，含有腐蚀性气体 机械方面碰坏 严重振动	换用特种绝缘漆线圈 对碰坏处进行修复 消除或减小振动
5	起动缓慢	极面间间隙过大 电器的底板不平 机械可动部分稍有卡阻	减小间隙 修平电器底板 检查机械可动部分
6	短路环断裂	由于电压过高，线圈用错，弹簧断裂，以致磁铁作用时撞击过猛	检查并调换零件

3）刀开关

刀开关又称闸刀开关或隔离开关，是一种结构最简单且应用最广泛的手控低压电器，主要类型有负荷开关（如胶盖刀开关和铁壳开关）和板形刀开关。这里主要对胶盖刀开关（简称刀开关）进行介绍。刀开关又称开启式负荷开关，广泛用在照明电路和小容量（5.5 kW）、不频繁起动的动力电路的控制电路中。

动画：刀开关的结构

刀开关的主要结构如图 1–25 所示。

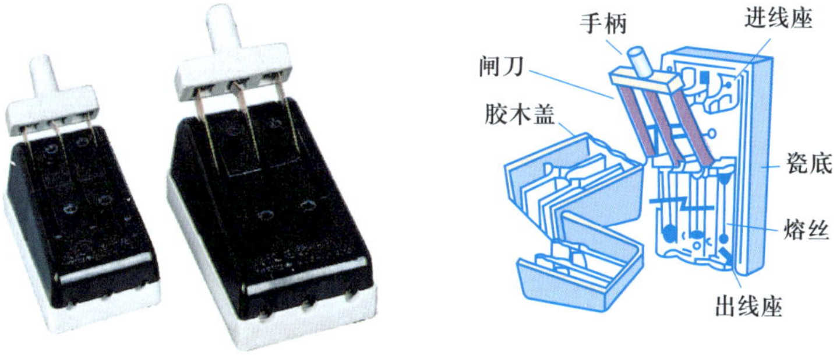

图 1–25
胶盖刀开关外形与结构图

安装刀开关时，瓷底应与地面垂直，手柄向上，易于灭弧，不得倒装或平装。倒装时手柄可能因自重落下而引起误合闸，危及人身和设备安全。

刀开关的型号含义如图 1-26 所示。

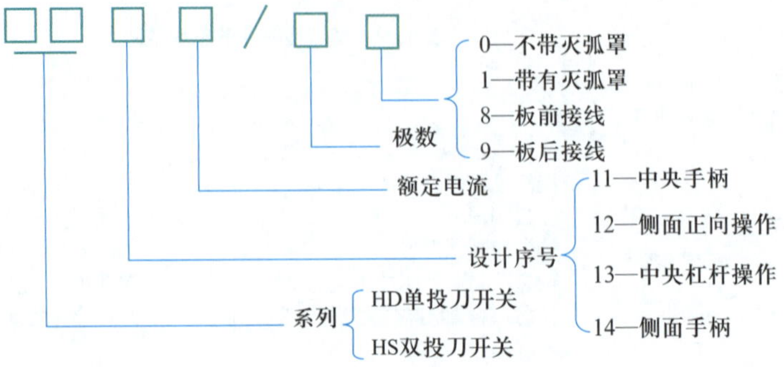

图 1-26
刀开关的型号含义

刀开关的图形符号及文字符号如图 1-27 所示。

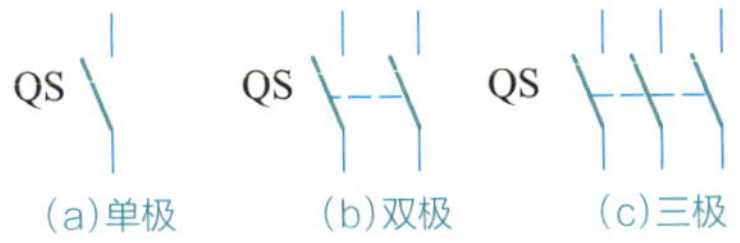

图 1-27
刀开关的图形及文字符号

刀开关的主要技术参数有额定电流、额定电压、极数、控制容量等。

刀开关一般根据其控制回路的电压、电流来选择。刀开关的额定电压应大于或等于控制回路的工作电压。正常情况下，刀开关一般能接通和分断其额定电流，因此，对于普通负载可根据负载的额定电流来选择刀开关的额定电流。对于用刀开关控制电动机时，考虑其起动电流可达 4~7 倍的额定电流，选择刀开关的额定电流，宜选为电动机额定电流的 3 倍左右。

在选择胶盖瓷底刀开关时，应注意是三极的还是两极的。

刀开关的常见故障及维修见表 1-10。

微课：刀开关

表 1-10 刀开关常见故障

序号	故障现象	故障原因	维修方法
1	开关触点过热或熔焊	刀片、刀座烧毛 速断弹簧压力不当 刀片、刀座表面氧化 刀片动、静触点插入深度不够 带负荷起动大容量设备，大电流冲击 有短路电流	修磨动、静触点 调整防松螺母 清除表面氧化层 调整操作机构 避免违章操作 排除短路点，更换大容量开关
2	开关与导线接触部位过热	连接螺钉松动，弹簧垫圈失效 螺栓过小 过渡接线，因金属不同而发生电化学锈蚀	紧固螺钉，更换垫圈 更换螺栓 采用铜铝过渡线
3	开关合闸后缺相	静触点弹性消失或开口过大，刀片与夹座未接触 熔丝熔断或虚接触 触点表面氧化或有尘污 进出线氧化，造成接线柱接触不良	修整静触点 更换熔丝，拧紧连接熔丝的螺钉 清除触点表面氧化物 清除氧化层
4	铁壳开关操作手柄带电	电源进出线绝缘不良 碰壳和开关地线接触不良	更换导线 紧固接地线

4）组合开关

组合开关又称转换开关。它实际上也是一种特殊的刀开关，只不过一般刀开关的操作手柄是在垂直安装面的平面内向上或向下转动，而组合开关的操作手柄则是平行于安装面的平面内向左或向右转动而已。组合开关多用在机床电气控制线路中，作为电源的引入开关，也可以用作不频繁地接通和断开电路、换接电源和负载，以及控制 5 kW 以下的小容量电动机的正反转和星三角起动。

HZ10 系列组合开关的外形与内部结构如图 1–28 所示。其内部有三对静触点，分别用三层绝缘板相隔，各自附有连接线路的接线柱。三个动触点相互绝缘，与各自的静触点对应，套在共同的绝缘杆上。绝缘杆的一端安装有操作手柄，转动手柄即可完成三组触点之间的开、合或切换。开关内安装有速断弹簧，用以加速开关的分断速度。

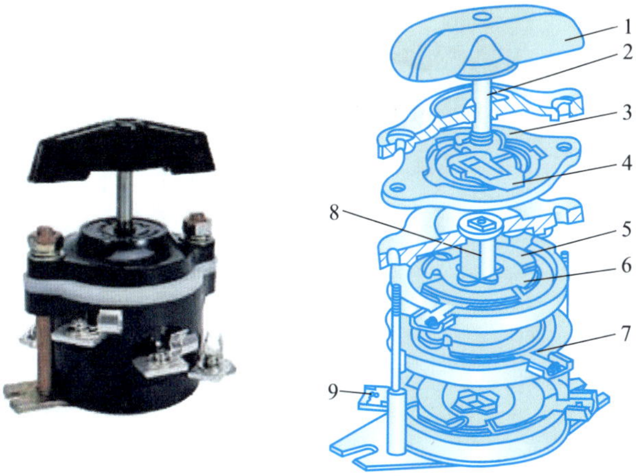

（a）外形图　　（b）内部结构

1—手柄　2—转轴　3—弹簧　4—凸轮　5—绝缘垫板　6—静触点
7—动触点　8—绝缘方轴　9—接线柱

图 1–28
HZ10 系列组合开关的外形与内部结构图

笔 记

微课：组合开关的结构与工作原理

组合开关型号的含义如图 1–29 所示。

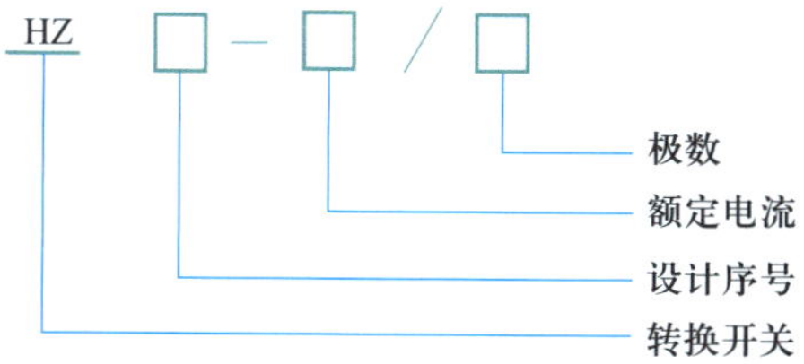

微课：组合开关的质量检测与选用

图 1–29
组合开关型号的含义

组合开关的图形符号及文字符号如图 1–30 所示。

（a）双极　　（b）三极

图 1–30
组合开关的图形及文字符号

如果组合开关用于控制电动机正反转，在从正转切换到反转的过程中，必须先经过停止位置，待电动机停止后，再切换到反转位置。组合开关本身不带过载和短路保护装置，在它所控制的电路中，必须另外加装保护设备。

转换开关应根据电源种类、电压等级、所需触点数和额定电流进行选用。转换开关在机床电气系统中多用作电源开关，一般不需要带负载接通或断开电源，而是在开车前空载接通电源，在应急、检修和长时间停用时应空载断开电源。转换开关可用于小容量电动机的起停控制。

笔 记

5）熔断器

熔断器是一种最简单有效的保护电器。在使用时，熔断器串接在所保护的电路中，作为电路及用电设备的短路和严重过载保护装置，主要起短路保护作用。

① 熔断器的结构与型号。熔断器主要由熔体（俗称保险丝）和安装熔体的熔管（或熔座）两部分组成。熔体由易熔金属材料铅、锡、锌、银、铜及其合金制成，通常做成丝状或片状。熔管是装熔体的外壳，由陶瓷、绝缘钢纸或玻璃纤维制成，在熔体熔断时兼有灭弧作用。常见熔断器的结构如图 1–31、图 1–32 所示。

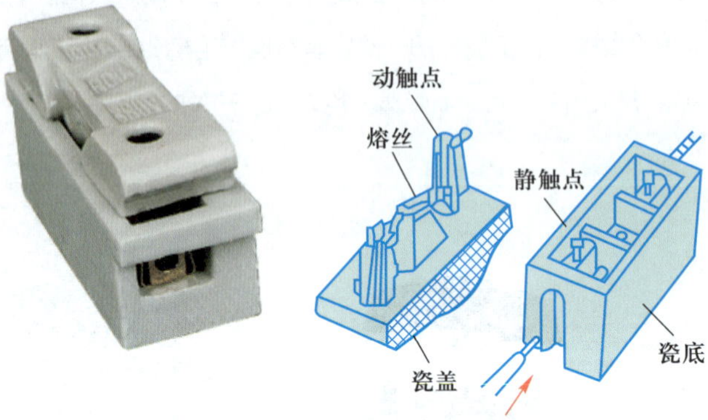

(a)外观图　(b)内部结构图

图 1–31
RC1 瓷插式熔断器的结构

微课：熔断器

动画：瓷插式熔断器的拆分

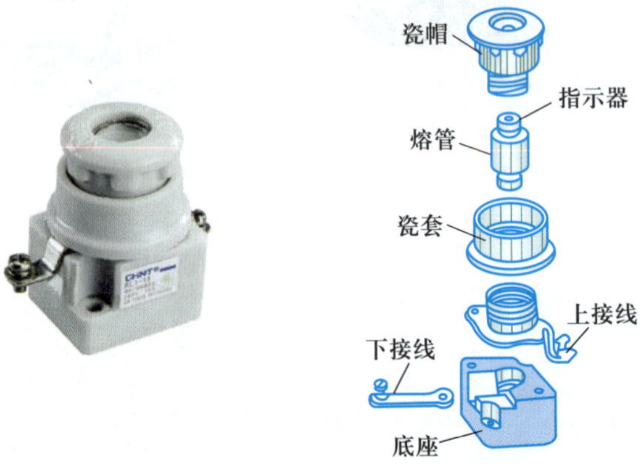

(a)外观图　(b)内部结构图

图 1–32
螺旋式熔断器的结构

熔断器主要包括插入式、螺旋式、管式等几种形式，使用时应根据线路要求、使用场合和安装条件选择。熔断器主要技术参数有额定电压、额定电流、熔体额定电流、额定分断能力等。其型号含义如图 1–33 所示。

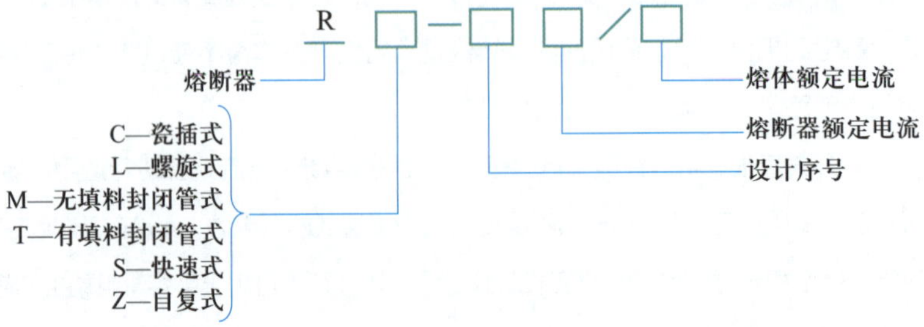

动画：螺旋式熔断器的拆分

图 1–33
熔断器的型号含义

熔断器的文字符号用 FU 表示，图形符号如图 1–34 所示。

图 1–34
熔断器的图形符号及文字符号

② 熔断器的使用方法。熔断器的熔体应与被保护的电路串联。当电路正常工作时，熔体允许通过一定大小的电流而不熔断。当电路发生短路或严重过载时，熔体中流过很大的故障电流，当电流产生的热量达到熔体的熔点时，熔体熔断，同时切断电路，从而实现保护目的。

电流通过熔体产生的热量与电流的平方和电流通过的时间成正比。因此，电流越大，则熔体熔断的时间越短。这称为熔断器的反时限保护特性。

熔断器在小截面处熔断且熔断部位较短，一般是因过负荷引起，而大截面部位被熔化无遗、熔丝爆熔或熔断部位很长，一般为短路引起。

③ 熔断器选用原则。对熔断器的要求是在电气设备正常运行时，熔断器不应熔断；在出现短路时，应立即熔断；在电流发生正常变动（如电动机起动过程）时，熔断器不应熔断；在用电设备持续过载时，应延时熔断。对熔断器的选用主要包括类型选择和熔体额定电流的确定。

笔 记

选择熔断器的类型时，主要依据负载的保护特性和短路电流的大小。例如，用于保护照明和电动机的熔断器，一般是考虑它们的过载保护。这时，希望熔断器的熔化系数适当小一些。所以容量较小的照明线路和电动机宜采用熔体为铅锌合金的 RC1A 系列熔断器，而大容量的照明线路和电动机，除过载保护外，还应考虑短路时分断短路电流的能力。若短路电流较小，可采用熔体为锡质的 RCIA 系列或熔体为锌质的 RM10 系列熔断器。用于车间低压供电线路的保护熔断器，一般是考虑短路时的分断能力。若短路电流较大，宜采用具有高分断能力的 RL1 系列熔断器。若短路电流相当大，宜采用有限流作用的 RT0 系列熔断器。

熔断器的额定电压要大于或等于电路的额定电压。

熔断器的额定电流要依据负载情况而选择。

a. 电阻性负载或照明电路。这类负载起动过程很短，运行电流较平稳，一般按负载额定电流的 1~1.1 倍选用熔体的额定电流，进而选定熔断器的额定电流。

b. 电动机等感性负载。这类负载的起动电流为额定电流的 4~7 倍，一般选择熔体的额定电流。

单台电动机选择熔体额定电流为电动机额定电流的 1.5~2.5 倍。

频繁起动的单台电动机选择熔体额定电流为电动机额定电流的 3~3.5 倍。

多台电动机要求如下

$$I_{FU} \geqslant (1.5\text{~}2.5)\, I_{NMAX} + \sum I_N \tag{1-6}$$

式（1–6）中　I_{FU}——熔体额定电流（A）；

I_{NMAX}——多台电动机中最大的额定电流（A）。

c. 为防止发生越级熔断，上、下级（供电干、支线）熔断器间应有良好的协调配合。为此，应使上一级（供电干线）熔断器的熔体额定电流比下一级（供电支线）大 1~2 个级差。

技能操作视频：熔断器的检测

笔 记

熔断器的常见故障及维修方法见表 1-11。

表 1-11　熔断器的常见故障及维修方法

序号	故障现象	故障原因	维修方法
1	误熔断	动触点与静触点（RC1型）、触片与插座（RM1型）、熔体与底座（RL1型）接触不良，使接触部位过热 熔体氧化腐蚀或安装时有机械损伤，使熔体截面变小，电阻增加 熔断器周围介质温度与被保护对象介质温度相差太大	整修动、静接触部位 更换熔体 加强通风
2	管体（瓷插座）烧损、爆裂	熔管里的填料洒落或瓷插座的隔热物（石棉垫）丢掉	安装时要认真细心，更换熔管
3	熔体未熔但电路不通	熔体两端接触不良	坚固接触面

2. 任务实施

使用万用表对低压电器的线圈、触点等进行检测，可将测试结果填入表 1-12。

表 1-12　低压电器检测记录表

序号	名称	型号规格	部位	常态阻值	质量
1	刀开关		动合触点		
2	组合开关		动合触点		
3	熔断器		熔体		
4	交流接触器		线圈		
			动合触点		
			动断触点		
5	热继电器		热元件		
			动合触点		
			动断触点		
6	按钮		动合触点		
			动断触点		

3. 问题研讨——什么是电气图

（1）电气图的基本认识

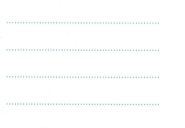

电气图是以各种图形、符号、图线等形式来表示电气系统中各电气设备、装置、元器件的相互连接关系的图。电气图是联系电气设计、生产、维修人员的工程语言，能正确、熟练

地识读电气图是从业人员必备的基本技能。

（2）电气图的符号

为了表达电气控制系统的设计意图，便于分析系统工作原理、安装、调试和检修控制系统，必须采用统一的图形符号和文字符号来表达。国家标准局参照国际电工委员会（IEC）颁布了一系列有关文件，如 GB4728—2005《电气图常用图形符号》。

（3）电气控制图的分类

由于电气控制图描述的对象复杂，应用领域广泛，表达形式多种多样，因此表示一项电气工程或一种电气装置的电气图有多种，它们以不同的表达方式反映工程问题的不同方面，但又有一定的对应关系，有时需要对照起来阅读。按用途和表达方式的不同，电气图可以分为以下几种。

① 电气系统图和框图。电气系统图和框图是用符号或带注释的框来概略表示系统的组成、各组成部分相互关系及其主要特征的图样，它比较集中地反映了所描述工程对象的规模。

② 电气原理图。电气原理图是为了便于阅读与分析控制线路，根据简单、清晰的原则，采用电气元件展开的形式绘制而成的图样。它包括所有电气元件的导电部件和接线端点，但并不按照电气元件的实际布置位置来绘制，也不反映电气元件的大小。其作用是便于详细了解工作原理，指导系统或设备的安装、调试与维修。电气原理图是电气控制图中最重要的种类之一，也是识图的重点和难点。

③ 电器布置图。电器布置图主要是用来表明电气设备上所有电气元件的实际位置，为生产机械电气控制设备的制造、安装提供必要的资料。通常电器布置图与电器安装接线图组合在一起，既起到电器安装接线图的作用，又能清晰表示出电器的布置情况。

④ 电器安装接线图。电器安装接线图是为了安装电气设备和电气元件进行配线或检修电器故障服务的。它是用规定的图形符号，按各电气元件相对位置绘制的实际接线图，它清楚地表示了各电气元件的相对位置和它们之间的电路连接，所以安装接线图不仅要把同一电器的各个部件画在一起，而且各个部件的布置要尽可能符合这个电器的实际情况。另外，不但要画出控制柜内部之间的电器连接，还要画出电器柜外电器的连接。

⑤ 功能图。功能图的作用是提供绘制电气原理图或其他有关图样的依据，它是表示理论的或理想的电路关系而不涉及实现方法的一种图。

⑥ 电气元件明细表。电气元件明细表是把成套装置和设备中各组成元件（包括电动机）的名称、型号、规格、数量列成表格，供准备材料及维修使用。

（4）电气原理图的识读与绘制

电气系统图中电气原理图应用最多，为便于阅读与分析控制线路，根据简单、清晰的原则，采用电气元件展开的形式绘制而成。它包括所有电气元件的导电部件和接线端点，但并不按电气元件的实际位置来画，也不反映电气元件的形状、大小和安装方式。

由于电气原理图具有结构简单、层次分明、适于研究和分析电路的工作原理等优点，所以无论在设计部门还是生产现场都得到了广泛应用。图 1-35 所示为某机床电气原理图。

笔 记

微课：初识电气图

笔 记

1）识读图的方法和步骤

阅读电气原理图时，要掌握以下几点。

① 电气原理图主要分为主电路和控制电路两部分。电动机的通路为主电路，接触器吸引线圈的通路为控制电路。此外还有信号电路、照明电路等。

② 原理图中，各电气元件不画实际的外形图，而采用国家规定的统一标准，文字符号也要符合国家规定。

③ 在电气原理图中，同一电器的不同部件常常不画在一起，而是画在电路的不同地方。同一电器的不同部件都用相同的文字符号标明。例如，接触器的主触点通常画在主电路中，而吸引线圈和辅助触点则画在控制电路中，但它们都用 KM 表示。

④ 同一种电器一般用相同的字母表示，但在字母的后边加上数字或其他字母以示区别，例如两个接触器分别用 KM1、KM2 表示，或用 KMF、KMR 表示。

⑤ 全部触点都按常态给出。对接触器和各种继电器，常态是指未通电时的状态；对按钮、行程开关等，则是指未受外力作用时的状态。

⑥ 原理图中，无论是主电路还是辅助电路各电气元件一般按动作顺序从上到下，从左到右依次排列，可水平布置或者垂直布置。

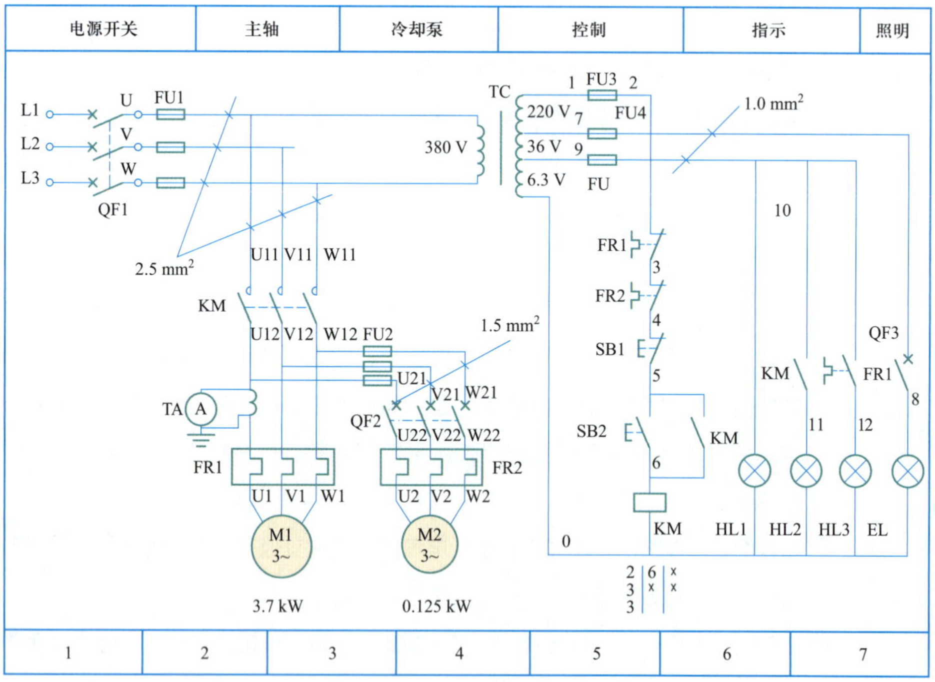

图 1-35
C620 型普通车床电气原理图

⑦ 原理图中，有直接联系的交叉导线连接点，要用黑圆点表示。无直接联系的交叉导线连接点不画黑圆点。

在阅读电气原理图以前，必须对控制对象有所了解，尤其对于机械、液压（或气压）、电配合得比较密切的生产机械，单凭电气线路图往往不能完全看懂其控制原理，只有了解了有关的机械传动和液压（气压）传动后才能清楚全部控制过程。

2）图面区域的划分

图纸下方的 1、2、3 等数字是图区编号，它是为了便于检索电气线路，方便阅读分析，避免遗漏而设置的。图区编号也可以设置在图的下方。

图纸上方的“电源开关”等字样表明对应区域下方元件或电路的功能，使读者能清楚地知道某个元件或某部分电路的功能，以利于理解全电路的工作原理。

3）符号位置的索引

符号位置的索引用图号、页次和图区编号的组合索引法，索引代号的组成如下。

电气原理图中，接触器和继电器线圈与触点的从属关系应用附图表示，即在原理图中相应线圈的下方，给出触点的图形符号，并在其下面注明相应触点的索引代号，对未使用的触点用“×”表明，有时也可采用上述省去触点的表示法。

对接触器 KM，附图中各栏的含义见表 1-13。

表 1-13　接触器附图各栏的含义

左栏	中栏	右栏
主触点所在图区号	辅助动合触点所在图区号	辅助动断触点所在图区号

对继电器，附图中各栏的含义见表 1-14。

表 1-14　继电器附图各栏的含义

左栏	右栏
动合触点所在图区号	动断触点所在图区号

4. 任务拓展

① 归纳本任务中常用低压电器的检测方法。

② 总结低压电器的选用原则与方法。

③ 总结复合按钮中动合触点与动断触点动作与复位的先后顺序。

笔 记

任务 2　单向点动控制与实现——线路制作方法、机械特性

演示文稿：单向点动控制与实现——线路制作方法、机械特性

【任务描述】

在掌握三相异步电动机的单向点动控制设计方法和原理的基础上，完成单向点动电气控制线路的制作与调试，并进一步理解三相异步电动机的固有和人为机械特性。

1. 知识学习——单向点动控制电路的设计与电气控制线路的制作方法

（1）单向点动控制电路的设计

微课：三相异步电动机的单向点动控制

用按钮和接触器组成的单向点动控制电动机转动的电气原理如图 1-36 所示。

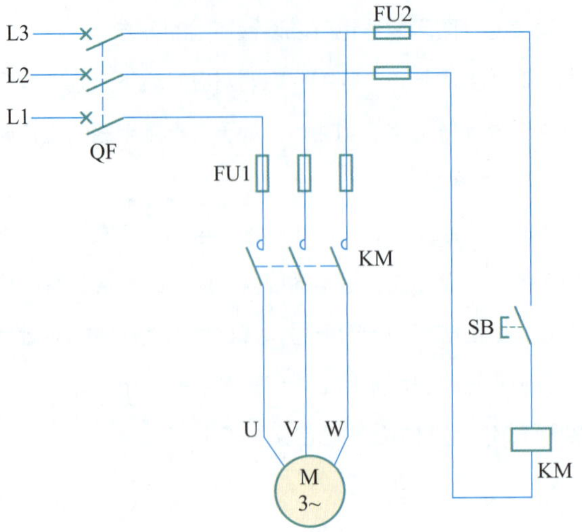

图 1-36
单向点动控制电气原理图

原理图分为主电路和控制电路两部分。主电路是从电源 L1、L2、L3 经电源开关 QF、熔断器 FU1、接触器 KM 的主触点到电动机 M 的电路，流过的电流较大。熔断器 FU2、按钮 SB 和接触器 KM 的线圈组成控制电路，接在线路 L3、L2 和 L1、L2 间，流过的电流较小。

主电路中电源开关 QF 起隔离作用，熔断器 FU1 对主电路进行短路保护，接触器 KM 的主触点控制电动机 M 的起动、运行和停车。由于线路所控制电动机只作短时间运行，且操作者在近处监视，一般不设过载保护环节。

当需要电路工作时，首先合上电源 QF，按下点动按钮 SB，接触器 KM 线圈通电，衔铁吸合，带动它的三对主触点 KM 闭合，电动机 M 接通三相电源起动正转。当 SB 按钮放开后，接触器 KM 线圈断电，衔铁受弹簧拉力作用而复位，带动三对主触点断开，电动机 M 断电停转。

这种只有按下按钮 SB 才起动运转，松开按钮 SB 就停转的控制电路称为点动控制。

（2）电气控制线路的制作方法

掌握电动机控制线路的制作方式，是学习电动机控制线路从电气原理图到电动机实际控制运行的关键。

1）分析电气原理图

电动机的电气原理图反映了控制线路中电气元件间的控制关系。在制作电动机电气控制线路前，必须明确电气元件的数目、种类、规格。根据控制要求，清楚各电气元件间的控制关系及连接顺序，分析控制动作，确定检查线路的方法等。对于复杂的控制电路，清楚它由哪些控制环节组成，分析环节之间的逻辑关系，注意电气原理图中应标注线号。从电源端起各相线分开到负载端为止，应做到一线一号，不得重复。

2）绘制安装接线图

原理图不能反映电气元件的结构、体积和实际安装位置。在具体安装、检查线路和排除故障时，只有依照接线图才行。接线图能反映元器件的实际位置、尺寸比例等。在绘制接线图时，各电气元件要按在安装底板（或电气柜）中的实际位置绘出；元件所占的面积按它的

笔 记

实际尺寸依统一比例绘制；同一个元件的所有部件应画在一起，并用虚线框起来；各电气元件的位置关系要根据安装底板的面积、长宽比例及连接线的顺序来决定，注意不得违反安装规程。另外还需注意以下几点。

① 电器安装接线图中的回路标号是电气设备之间、电气元件之间、导线与导线之间的连接标记，它的文字符号和数字符号应与原理图中的标号一致。

② 各电气元件上凡是需要接线的部件端子都应绘出，标上端子编号，并与原理图上相应的线号一致，同一根导线上连接的所有端子的编号应相同。

③ 安装底板（或控制柜内外）的电气元件之间的连线应通过接线端子板进行连接。

④ 走向相同的相邻导线可以绘成一股线。

绘制好的接线图应对照原理图仔细核对，防止错画、漏画，避免给制作线路和试车过程造成麻烦。

3）检查电气元件

为了避免电气元件自身的故障对线路造成影响，安装接线前应对所有的电器零件逐个进行检查。

① 外观检查。外壳是否完整，有无碎裂；各接线端子及紧固件是否齐全，有无生锈等现象。

② 触点检查。触点有无熔焊、粘连、变形、严重氧化锈蚀等现象；触点的动作是否灵活；触点的开距是否符合标准；接触压力弹簧是否有效。

③ 电磁机构和传动部件检查。动作是否灵活；有无衔铁卡阻、吸合位置不正常等现象；衔铁压力弹簧是否有效等。

④ 电磁线圈检查。用万用表或电桥检查所有电磁线圈是否完好，并记录它们的直流电阻值，以备检查线路和排除故障时参考。

⑤ 其他功能元件的检查。主要检查时间继电器的延时动作、延时范围及整定机构的作用；检查热继电器的热元件和触点的动作情况。

⑥ 核对各元器件的规格与图纸要求是否一致。

4）固定电气元件

按照接线图规定的位置将电气元件固定在安装底板上，元件之间的距离要适当，既要节省面板，又要便于走线和投入运行后的检修。

① 定位。用尖锥在安装孔中心做好记号，元件应排列整齐，以保证连接导线做得横平竖直、整齐美观，同时应尽量减少弯折。

② 打孔。用手钻在做好的记号处打孔，孔径应略大于固定螺钉的直径。

③ 固定。用螺钉将电气元件固定在安装底板上。

④ 安装附件认识。电气元件在安装时，要安装附件，在电气控制柜中元器件、导线的固定和安装时，常用的安装附件如下。

a. 走线槽：由锯齿形的塑料槽和盖组成，有宽、窄等多种规格，用于导线和电缆的走线，可以使柜内走线美观整齐，如图 1-37 所示。

b. 扎线带和固定盘：尼龙扎线带可以把一束导线扎紧到一起，根据长短和粗细有多种型号，如图 1-38 所示。固定盘上有小孔，背面有黏胶，它可以粘到其他屏幕物体上，用来配

笔记

微课：电气控制线路的制作与调试方法——以单向点动控制线路为例

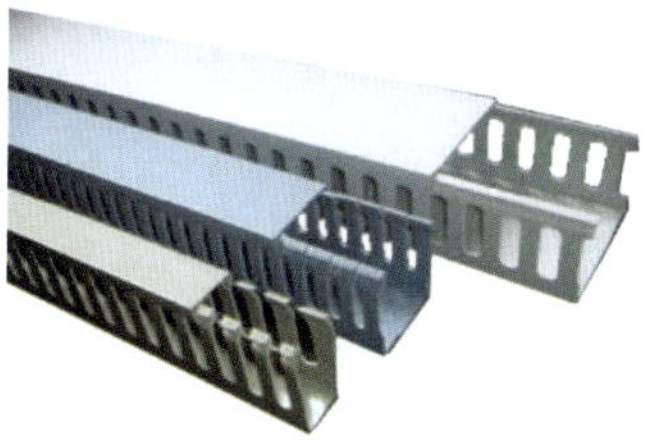

图 1-37
走线槽

思政小讲堂：走进实训室，你做好准备了吗？

扎线带。

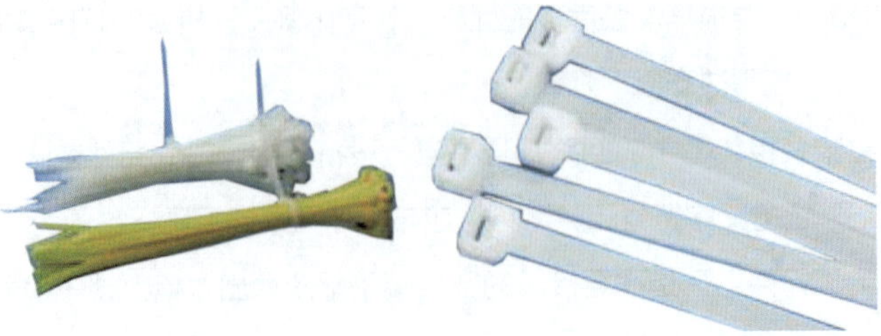

图 1–38
扎线带

c. 波纹管：用于控制柜中裸露出来的导线部分的缠绕，或作为外套保护导线，一般由 PVC 软质塑料制成。

d. 号码管：空白号码管由 PVC 软质塑料制成，可用专门的打号机打印上各种需要的符号或选用已经打印好的号码套在导线的接头端，用来标记导线，如图 1–39 所示。

图 1–39
号码管

图 1–40
接线插

e. 接线插、接线端子：接线插俗称线鼻子，用来连接导线，并使导线方便、可靠地连接到端子排或接线座上，它有各种型号和规格，如图 1–40 所示。接线端子为两端分断的导线提供连接，接线插可以方便地连接到它上面。现在新型的接线端子技术含量很高，接线更加方便快捷，导线直接可以连接到接线端子的插孔中，如图 1–41 所示。

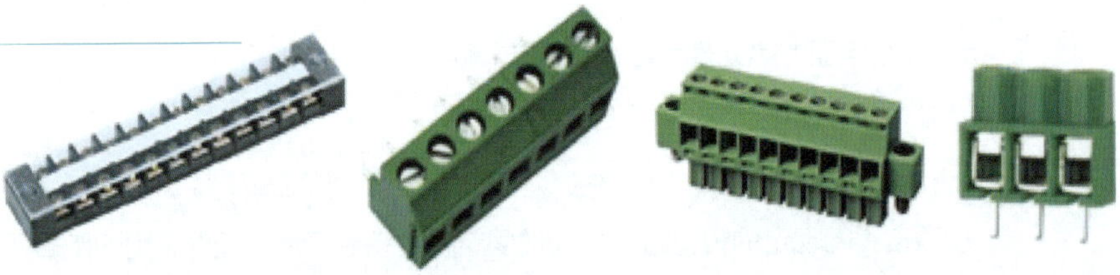

图 1–41
接线端子

f. 安装导轨：用来安装各种有卡槽的元器件，用合金或铝材料制成，如图 1–42 所示。

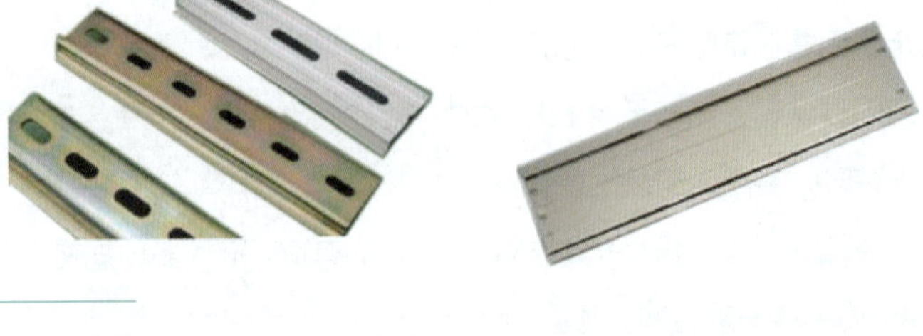

图 1–42
安装导轨

g. 热收缩管：遇热后能够收缩的特种塑料管，用来包裹导线或导体的裸露部分，起绝缘保护作用。

技能操作视频：剥线钳的使用

笔 记

5）照图接线

接线一般从电源端开始按线号顺序接线，先接主电路，后接辅助电路。

① 选择适当的导线截面，截取合适长度，剥去两端绝缘外皮。

② 走线时应尽量避免交叉。同一平面的导线应高低一致或前后一致，不能交叉。当必须交叉时，可水平架空跨越，但必须走线合理。走线通道尽可能少，按主、控电路分类集中，单层平行密排或成束，应紧贴敷设面，走线应做到横平竖直，拐直角弯。

③ 导线与接线端子或线桩连接时，应不压绝缘层、不反圈、露铜不大于 1mm，并做到同一元件、同一回路不同接点的导线间距离保持一致。

④ 将成型的导线套上写好的线号管，根据接线端子的情况，将芯线煨成圆环或直接压进接线端子。

⑤ 一个电气元件接线端子上的连接导线不得超过两根，每节接线端子板上的连接导线一般只允许连接一根。

⑥ 布线时，严禁损伤线芯和导线绝缘层。

⑦ 为了便于识别，导线应有相应的颜色标志。

a. 保护导线（PE）必须采用黄绿双色，中性线（N）必须是浅蓝色。

b. 交流或直流动力电路采用黑色，交流控制电路采用红色，直流控制电路采用蓝色。

c. 用作控制电路联锁的导线，如果是与外围控制电路连接，而且当电源开关断开仍带电时，应采用橘黄色，与保护导线连接的电路采用白色。

6）检查线路和试车

① 检查线路。制作好的控制线路必须经过认真检查后才能通电试车，以防止错接、漏接及电器故障引起线路动作不正常，甚至造成短路事故。检查时先核对接线，然后检查端子接线是否牢固，最后用万用表导通法来检查线路的动作情况及可靠性。

② 试车与调整。

a. 试车前的准备：清点工具；清除线头杂物；装好接触器的电弧罩；检查各组熔断器的熔体；分断各开关，使按钮、行程开关处于未操作状态；检查三相电源的对称性等。

b. 空操作试验：先切断主电路（断开主电路熔断器），装好辅助电路熔断器，接通三相电源，使线路不带负荷通电操作，以检查辅助电路工作是否正常。操作各按钮，检查它们对接触器、继电器的控制作用；检查接触器的自保、联锁等控制作用；用绝缘棒操作行程开关，检查它的行程控制或限位控制作用；检查线圈有无过热现象等。

c. 带负荷试车：空操作试验动作无误后，即可切断电源，接通主电路，然后再通电，带负荷试车。起动后要注意它的运行情况，如发现过热等异常现象，应立即停车，切断电源后进行检查。

d. 其他调试：如定时运转线路的运行和间隔时间，Y-△起动线路的转换时间，反接制动线路的终止速度等。应按照各线路的具体情况确定调试步骤。

2. 任务实施

（1）绘制安装接线图

安装接线图如图 1-43 所示。线路中的电源开关 QF、两组熔断器 FU1 和 FU2 及交流接

笔 记

触器 KM 装在安装底板上。为了接线美观，绘图时注意使 QF 及 KM 排在一条直线上。控制按钮 SB 和电动机 M 在底板外，通过接线端子板 XT 与安装底板上的电器连接。本书为了让初学者看清线路连接关系和便于练习，安装接线图中控制按钮 SB 均直接与电器相连，特此说明，后面不再赘述。

（2）检查与接线

1) 检查。检查是为了发现电气元件是否有异常，如有应及时检修或更换电气元件。检查内容主要有：检查刀开关三极触刀与静插座的接触情况；拆下接触器的灭弧罩，检查相间隔板，检查各主触点表面情况；按压其触点架观察动触点（包括电磁机构的衔铁、复位弹簧）的动作是否灵活；用万用表测量电磁线圈的通断，并记下直流电阻值；测量电动机每相绕组的直流电阻值，并作记录。

2) 固定电气元件。首先按照接线图规定的位置将电气元件摆放在安装底板上，各元件的安装位置应齐整、匀称、间距合理，以保证电路的美观整齐；然后再定位打孔，将各电气元件加以固定。

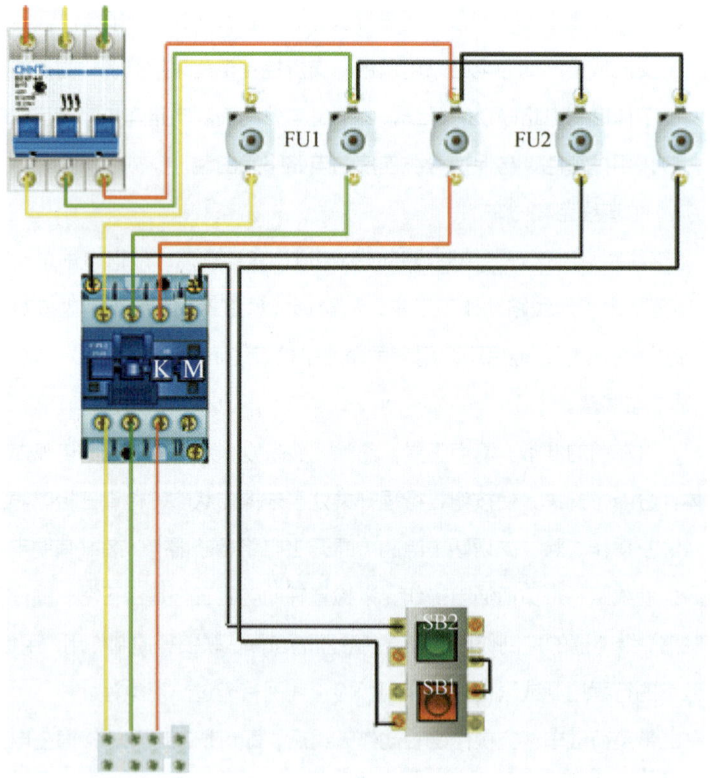

图 1-43
三相异步电动机单向点动控制线路安装接线图

3) 按图接线。接线应先接主电路，再接辅助电路。将三相电源线直接接入电源开关 QF 的上接线端子。主电路从电源开关的下接线端子开始，所用导线的横截面应根据电动机的工作电流来适当选取。导线准备好后，套上写好的线号管，接到端子上。接线应做到横平竖直，分布对称。电动机接线盒至安装底板上的接线端子板之间应使用护套线连接。注意做好电动机外壳的接地保护线。

辅助电路（对中小容量电动机控制线路而言）一般可以使用截面积为 1.5 mm^2 左右的导线连接。将同一走向的相邻导线并成一束，接入螺钉端子的导线先套好线号管，将芯线按顺时针方向围成圆环，压接入端子，避免旋紧螺钉时将导线挤出，排除虚接处。

微课：数字式万用表的使用

（3）试车

① 对照原理图、接线图逐线检查，防止错接、漏接。

② 检查所有端子接线的接触情况，排除虚接处。

③ 万用表检查。断开 QF，取下接触器的灭弧罩，以便用手动操作来模拟触点的分合动作，拔出 FU2 切除控制电路，测量主电路电源开关下端三相之间的电阻，结果均应该为断路（$R\to\infty$），若结果为短路（$R\to 0$），则说明所测量的两相之间的接线有短路问题，应仔细逐线检查。测量时电动机各相绕组值应较小，若 $R\to\infty$，则应排查断路点。

微课：指针式万用表的结构介绍

检查控制电路时，插好 FU2 的瓷盖，将万用表拨到 $R\times 10$ 或 $R\times 100$ 挡，万用表笔接电源开关下方控制电路所用的电源端，应测得断路；按下按钮 SB，应测得接触器 KM 线圈的电阻值。若有异常，可移动表笔，逐步缩小故障范围，这是一种快速可靠的探查方法。

④ 通电试车。完成上述检查后，清点工具，清理安装板上的线头杂物，检查三相电源电压。一切正常后，在指导老师的监护下通电试车。先进行空载试验，然后再进行负载试验。

a. 空载试验：先拆下电动机，再合上电源开关 QF，按下按钮 SB，接触器 KM 应立即动作；松开 SB，则 KM 立即复位。

b. 负载试验：若空载试验无误，切断电源，接好电动机，装好接触器的灭弧罩，可通电进行带负载试车。合上 QF，按下按钮 SB，接触器 KM 主触点吸合，电动机起动并运行；松开 SB，则 KM 立即复位，电机停转。

微课：指针式万用表测量电阻

在试车过程中，如出现接触器振动、发出噪声、主触点燃弧严重以及电动机“嗡嗡”响，不能起动等现象，应立即停车断电检查，排除故障后再重新试车。

3. 问题研讨——三相异步电动机有哪些机械特性

根据三相异步电动机的简化等效电路计算推导可得异步电动机的机械特性方程参数，表达式为

$$T=\frac{3p}{2\pi f_1}U_1^2\frac{\dfrac{r_2'}{s}}{\left(r_1+\dfrac{r_2'}{s}\right)^2+(x_1+x_2')^2} \tag{1-7}$$

式中　U_1—— 外施电源电压；

f_1—— 电源频率；

r_1, x_1—— 电机定子绕组参数；

r_2', x_2'—— 电动机转子绕组参数。

微课：指针式万用表测量交流电压

机械特性是指在一定条件下电动机的转速与转矩之间的关系，即 $n=f(T)$。因为异步电动机的转速 n 与转差率 s 之间存在一定的关系，异步电动机的机械特性往往多用 $T=f(s)$ 的形式表示，称 T-s 曲线，如图 1-44 所示。

微课：三相异步电动机的固有机械特性

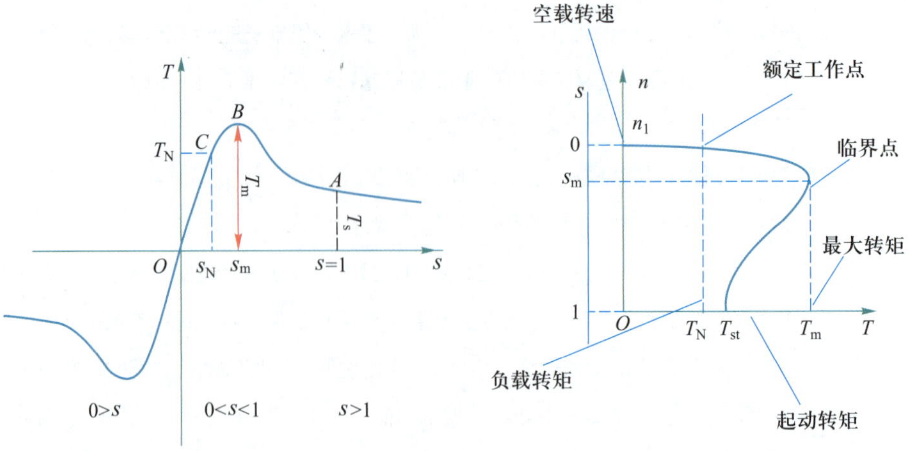

(a) T-s 曲线　　(b) n-T 曲线

图 1-44
异步电动机的机械特性曲线

笔 记

（1）固有机械特性

异步电动机的固有机械特性是指在额定电压和额定频率下按规定方式接线，定子、转子外接电阻为零时，T 与 s 的关系，即 $T=f(s)$ 曲线。

对曲线上几个特殊点分析如下。

① 起动点 A：电动机刚接入电网，但尚未开始转动的瞬间轴上产生的转矩称为电动机起动转矩（又称为堵转转矩）。只有当起动转矩 T_s 大于负载转矩 T_L 时，电动机才能起动。通常起动转矩与额定电磁转矩的比值称为电动机的起动转矩倍数，用 K_T 表示，$K_T = T_S / T_N$。它表示起动转矩的大小，是异步电动机的一项重要指标，对于一般的笼型电动机，起动转矩倍数 K_T 为 0.8~1.8。

② 临界点 B：根据式（1-7）可以看出，机械特性方程为一个二次方程，当 s 为某一数值时，电磁转矩有一最大值 T_m。由数学知识可知，令 $dT/ds = 0$，即可求得此时的转差率，用 s_m 表示，即

$$s_m=\frac{r_2'}{\sqrt{r_1^2+(x_1+x_2')^2}} \tag{1-8}$$

将式（1-8）代入式（1-7）求得对应时的电磁转矩，即最大电磁转矩值

$$T_m=\frac{3p}{4\pi f_1}U_1^2\frac{1}{r_1+\sqrt{r_1^2+(x_1+x_2')^2}} \tag{1-9}$$

将产生最大电磁转矩 T_m 所对应的转差率 s_m 称为临界转差率。一般电动机的临界转差率 s_m 为 0.1~0.2。在 s_m 下，电动机会产生最大电磁转矩 T_m。

电动机应工作在不超过额定负载的情况下。但在实际运行中，负载免不了会发生波动，就会出现短时间内超过额定负载转矩的情况。如果最大电磁转矩大于波动时的峰值，电动机还能带动负载，否则不行。最大转矩 T_m 与额定转矩 T_N 之比为过载能力 λ，它也是异步电动机的一个重要指标，一般 λ=1.6~2.2。

③ 同步点 O：在理想电动机中，$n=n_1$, $s=0$, $T=0$。

④ 额定点 C：异步电动机稳定运行区域为 $0<s<s_m$。为了使电动机能够适应在短时间过载而不停转，电动机必须留有一定的过载能力，额定运行点不宜靠近临界点，一般 $s_N=0.02\sim0.06$。

微课：三相异步电动机的人为机械特性

异步电动机额定电磁转矩 T 等于空载转矩 T_0 加上额定负载转矩 T_N，即 $T=T_0+T_N$，此时电机处于稳定运行状态；当 $T<T_0+T_N$ 时，电机减速；当 $T>T_0+T_N$ 时，电机加速。

因空载转矩比较小，有时认为稳定运行时，额定电磁转矩就等于额定负载转矩。额定负载转矩可从铭牌数据中求得，即

$$T_N=9550\frac{P_N}{n_N} \tag{1-10}$$

式中　T_N——额定负载转矩，N·m；

P_N——额定功率，kW；

n_N——额定转速，r/min。

（2）人为机械特性

人为机械特性就是人为地改变电源参数或电动机参数而得到的机械特性。三相异步电动机的人为机械特性主要有以下两种。

1）降低定子电压的人为机械特性

当定子电压 U_1 降低时，电磁转矩与 U_1^2 成正比地降低，则最大电磁转矩 T_m 与起动转矩 T_s 都随电压平方降低。同步点不变，临界转差率与电压无关，即 s_m 也保持不变。其特性曲线如图 1-45 所示。

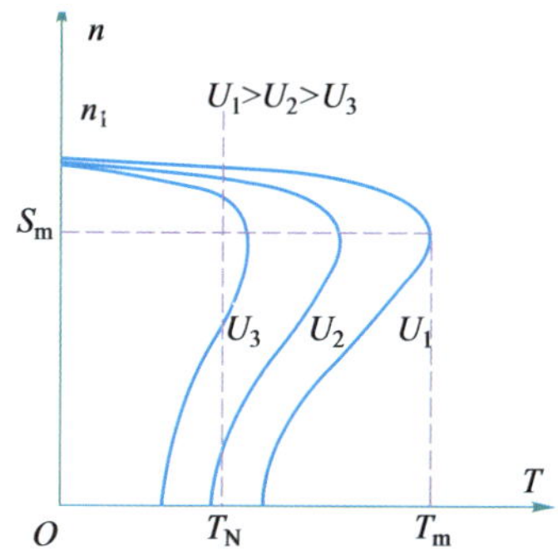

图 1-45
降低电压的人为机械特性曲线

2）转子串电阻的人为机械特性

此法适用于绕线式异步电动机。在转子回路内串入三相对称电阻时，同步点不变。s_m 与转子电阻成正比变化，而最大电磁转矩 T_m 因与转子电阻无关而不变，其机械特性如图 1-46 所示。

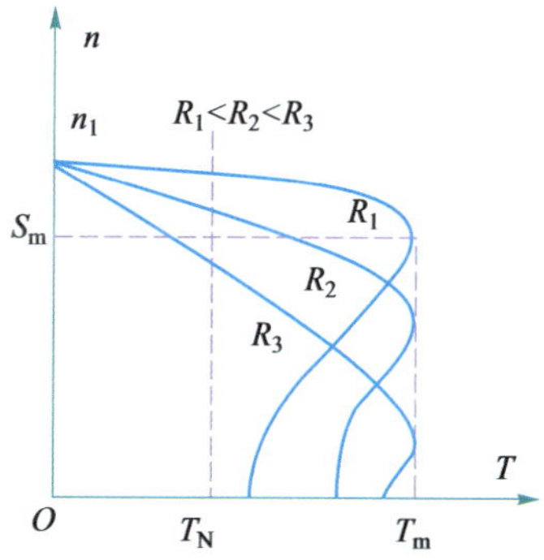

图 1-46
转子串电阻的人为机械特性

4. 任务拓展

① 设计与实现电动机的连续运行控制电路，要求有一个控制连续起动的按钮和一个停止按钮。

② 分析单向点动控制电路中产生下列故障的可能原因及其排查方法。

故障现象 1：当线路进行空操作时，按下 SB 后，接触器 KM 虽能动作，但衔铁剧烈振动，发出严重噪声。

故障现象 2：线路空操作试验正常，带负荷试车时，按下 SB 发现电动机“嗡嗡”响，不能起动。

③ 各种生产机械根据负载特性的不同大致可分为恒转矩负载、恒功率负载、通风机型负载等三类，自己查阅资料来认识生产机械的负载特性。

任务 3 单向连动控制与实现——热继电器及其与熔断器的区别

演示文稿：单向连动控制与实现——热继电器及其与熔断器的区别

【任务描述】

掌握热继电器的结构、符号、工作原理、选用与检测，理解单向连动控制原理，在此基础上完成单向连动电气控制线路的制作与调试，并解释热继电器与熔断器能否相互替代的问题。

1. 知识学习——新元器件和单向连动控制电路设计

微课：热继电器

（1）新元器件——热继电器

热继电器是一种利用电流的热效应原理工作的保护电器，在电路中用于电动机的过载保护。因电动机在实际运行中，常遇到过载情况。若过载不大，时间较短，绕组温升不超过允许范围，是可以的。但过载时间较长，绕组温升超过了允许值，将会加剧绕组老化，缩短电动机的使用寿命，严重时会烧毁绕组。因此，凡是长期运行的电动机必须设置过载保护。

动画：热继电器的拆分过程

热继电器的种类很多，应用最广泛的是基于双金属片的热继电器，其外形及结构如图 1-47 所示，主要由热元件、双金属片和触点三部分组成。热继电器的动断触点串联在被保护的二次回路中，它的热元件由电阻值不高的电热丝或电阻片绕成，串联在电动机或其他用电设备的主电路中。靠近热元件的双金属片，是用两种不同膨胀系数的金属碾压而成，为热继电器的感测元件。

(a) 外形

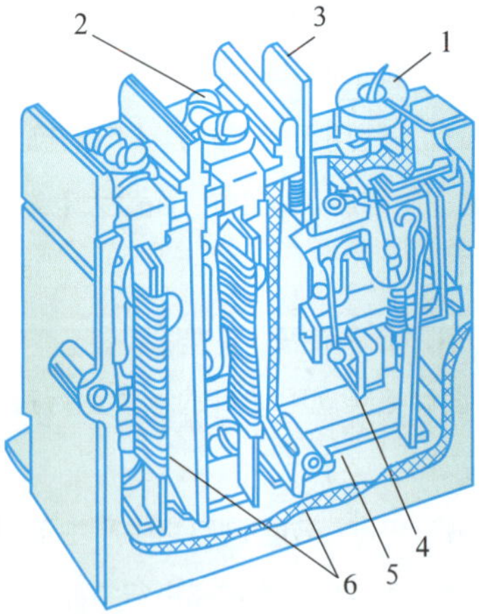

(b)结构图

1—电流整定装置 2—主电路接线柱 3—复位按钮 4—动断触点 5—动作机构 6—热元件

图 1-47 热继电器的结构图

热继电器的工作原理如图 1-48 所示。主双金属片与加热元件串接在接触器负载端（电动机电源端）的主回路中。当电动机正常运行时，热元件产生的热量虽能使双金属片弯曲，但还不足以使继电器动作。当电动机过载时，流过热元件的电流增大，热元件产生的热量增加，使双金属片产生的弯曲位移增大，主双金属片推动导板，并通过补偿双金属片与推杆将触点（即串接在接触器线圈回路的热继电器动断触点）分开，以切断电路保护电动机。

图 1-47 中的调节旋钮 1 是一个偏心轮，它与支撑件构成一个杠杆，转动偏心轮，改变它的半径即可改变补偿双金属片与导板的接触距离，从而达到调节整定动作电流的目的。此外，靠调节复位螺钉来改变动合静触点的位置使热继电器能工作在自动复位或手动复位两种工作状态。调成手动复位时，在故障排除后要按下复位按钮才能使动触点恢复到与静触点接触的位置。

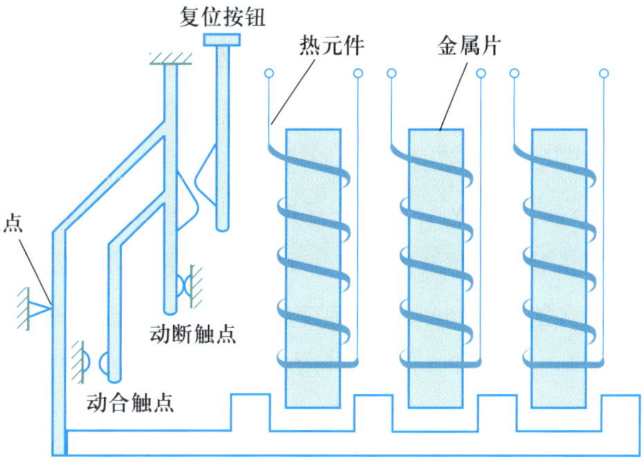

动画：热继电器的工作原理

图 1-48
热继电器的工作原理图

热继电器在保护形式上分为二相保护和三相保护两类。二相保护式的热继电器内装有两个发热元件，分别串入三相电路中的两相，常用于三相电压和三相负载平衡的电路。三相保护式热继电器内装有三个发热元件，分别串入三相电路中的每一相，其中任意一相过载，都会使热继电器动作。它常用于三相电源严重不平衡或三相负载严重不平衡的场合。

思政小讲堂：时光留痕，认真可敬

常用的热继电器有 JR20、JRS1、JR0、JR10、JR15、JR16 等系列。热继电器的型号含义如图 1-49 所示。

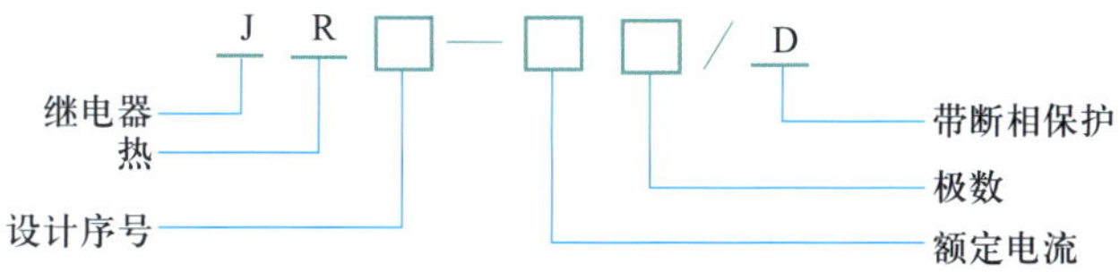

图 1-49
热继电器的型号含义

热继电器的图形符号及文字符号如图 1-50 所示。

（a）热元件　（b）动断触点

图 1-50
热继电器的图形符号

热继电器的主要技术参数有：额定电压、额定电流、相数、热元件编号、整定电流及整定电流调节范围等。热继电器的选用原则如下。

① 一般情况下可选用两相结构的热继电器。对于电网电压均衡性较差，无人看管的电动机、大容量电动机或共用一组熔断器的电动机，宜选用三相结构的热继电器。三相绕组作三角形接法的电动机，应采用有断相保护装置的三相热继电器作过载保护。

② 热元件的额定电流等级一般大于电动机的额定电流。整定电流是指热元件能够长期通过而不至于引起热继电器动作的电流值。热元件选定后，再根据电动机的额定电流调整热继电器的整定电流，使整定电流与电动机的额定电流基本相等。

技能操作视频：
热继电器的检测

虚拟实训：
热继电器的检测

③ 双金属片式热继电器一般用于轻载、不频繁启动的过载保护。对于重载、频繁启动的电动机则可用过电流继电器（延时型）作它的过载保护。因为热元件受热变形需要时间，故热继电器不能作短路保护。

④ 对于工作时间较短、间歇时间较长的电动机以及虽然长期工作但过载的可能性很小的电动机（如排风机），可以不设过载保护。

热继电器尽管选用得当，但使用不当时也会造成对电动机过载保护的不可靠。因此，必须正确使用热继电器。

热继电器本身的额定电流等级并不多，但其发热元件编号很多。每一种编号都有一定的电流整定范围，故在使用上应先使发热元件的电流与电动机的电流相适应，然后根据电动机实际运行情况再做上下范围的适当调节。

例如，对于 20 kW、380 V 的三相笼型电动机，其额定电流为 30A，根据电动机为连续工作制的特点，可选用 JRl6—60 型热继电器和 15 号发热元件（其电流整定范围为 28~45A）。先整定在 36A 挡上，若使用中发现电动机温升较高，而热继电器却延迟动作，说明整定电流过高，这时可旋动调整旋钮，重新将电流整定在 28A 挡上。

热继电器的检查与维修内容如下。

① 检查负荷电流是否和热元件的额定值相配合。

② 检查热继电器与外部连接点有无过热现象。

③ 检查与热继电器连接的导线截面是否满足要求，有无因发热而影响热元件正常工作的现象。

④ 检查继电器的运行环境温度有无变化，温度有无超过允许范围（–30~40℃）。

⑤ 检查热继电器动作情况是否正确。

⑥ 检查热继电器周围环境温度与被保护设备周围环境温度的差值，若超出 ±（15~25℃），应调换大一号等级的热元件（或小一号等级的热元件）。

热继电器的常见故障有热元件烧断、误动作和不动作。具体原因及维修见表 1–15。

表 1–15 热继电器常见故障及处理方法

序号	故障现象	故障原因	处理方法
1	误动作	整定值偏小 电动机起动时间过长 反复短时工作，操作次数过多 强烈的冲击振动 连接导线太细	合理调定整定值 从线路上采取措施，起动过程使热继电器短接 调换合适的热继电器 调换导线
2	不动作	整定值偏大 触点接触不良 热元件烧断或脱掉 运动部分卡阻 导板脱出 连接导线太粗	调整整定值 清理触点表面 更换热元件或补焊 排除卡阻，但不随意调整 检查导板 调换导线
3	热元件烧断	负载侧短路，电流过大 反复短时工作，操作次数过高 机械故障	排除短路故障及更换热元件 调换热继电器 排除机械故障及更换热元件

（2）单向连动控制电路的设计

该设计主要实现电动机起动后的持续运行。用按钮和接触器组成的单向起动控制电动机的电气原理图如图 1-51 所示。

微课：三相异步电动机的单向连动控制

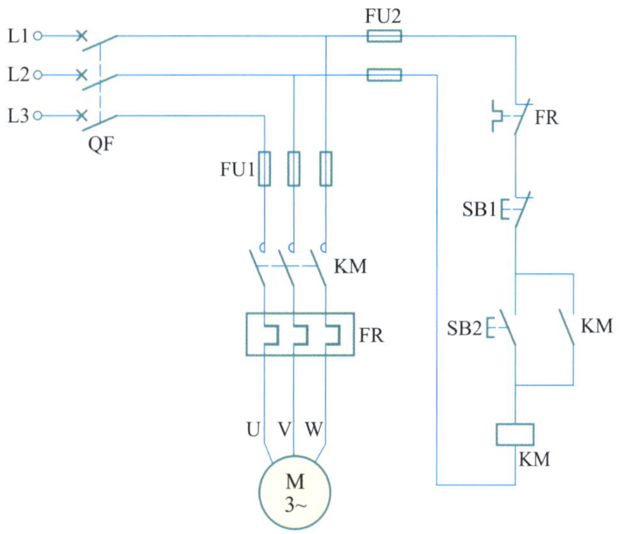

图 1-51
三相电动机单向连动控制线路电气原理图

在点动控制电路中，电动机若想长期运行，按钮 SB 需要一直用手按住，这显然非常不方便。为了解决这一问题，在起动电路中增设了“自锁”环节。

动画：连动控制线路控制原理

按下 SB2，交流接触器 KM 线圈通电，与 SB2 并联的 KM 动合辅助触点闭合，使接触器线圈有两条路通电。这样即使松开 SB2，接触器 KM 的线圈仍可通过自己的辅助触点（称为“自保”触点，触点的上下连接线称为“自保线”）继续通电。这种依靠接触器自身辅助触点而使线圈保持通电的现象称为自锁（或自保）。

在带自锁的控制电路中，因起动后起动按钮 SB2 即失去了作用，所以在控制回路中串接了动断按钮 SB1 作为停车控制。另外，因为该电路中电动机是长时间运行，所以增设热继电器 FR 进行过载保护。FR 的动断触点串联在 KM 的电磁线圈回路上。

思政小讲堂：自锁即自强

自锁控制的另一个作用是实现欠电压和失电压保护。在图 1-51 中，当电网电压消失（如停电）后又重新恢复供电时，不重新按起动按钮，电动机就不能起动，这就构成了失电压保护。它可防止在电源电压恢复时，电动机突然起动而造成设备和人身事故。另外，当电网电压较低时，达到接触器的释放电压，接触器的衔铁释放，主触点和辅助触点都断开。它可防止电动机在低压下运行，实现欠电压保护。

2. 任务实施

（1）绘制安装接线图

电气元件的布局与点动控制线路基本相同，如图 1-52 所示，仅在接触器 KM 与接线端子板 XT 之间增加热继电器 FR。注意 KM 自锁触点应与起动按钮 SB2 相并联。

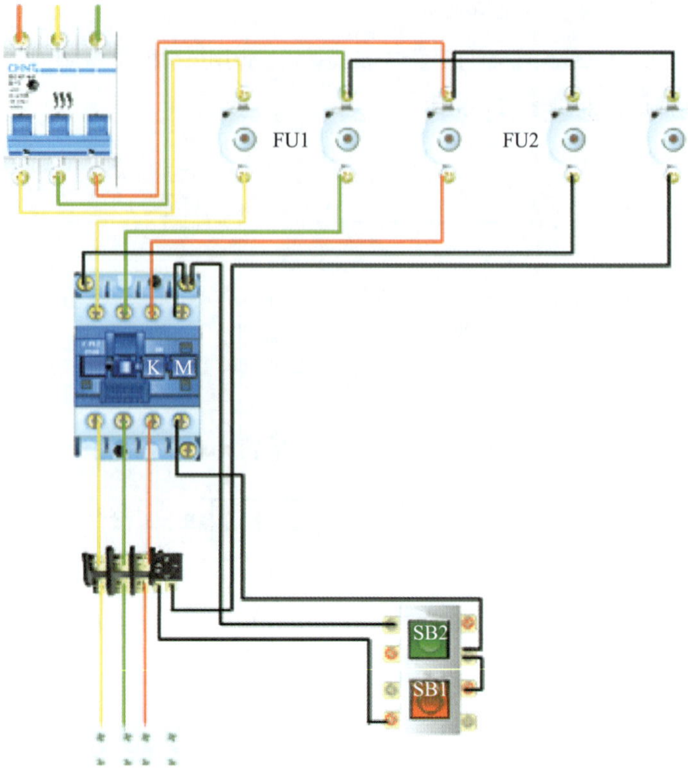

图 1-52
三相电动机单向连动控制线路安装接线图

虚拟实训：
元件布局

虚拟实训：
线路连接

（2）检查与接线

除了按点动控制线路有关内容检查外，还要认真检查热继电器。打开其盖板，检查热元件是否完好，用螺钉轻轻拨动导板，观察动断触点的分断动作。检查中如发现异常，则进行检修或更换。

在固定电气元件时要注意将热继电器水平安装，并将盖板向上以利散热，保证其工作时保护特性符合要求，其余电器的安装固定要求均与点动控制线路相同。

接线时的顺序要求与点动控制线路基本相同，另外，还应注意以下几点。

① 接触器 KM 的自锁触点上、下端子接线分别接在 SB2 的进端和 KM 线圈的进端。注意不可接错，否则将引起线路自起动故障。

② 使用 JR14 系列热继电器时，切不可将热继电器触点的接线端子当成热元件端子接入主电路，否则将烧毁触点。

（3）试车

① 对照原理图、接线图逐线检查，防止错接、漏接。

② 检查所有端子接线的接触情况，排除虚接处。

③ 万用表检查。

技能操作视频：不通电检查之线路逻辑功能检查

点动控制线路相似，先进行线路的短路排查，然后再根据所实现的控制功能，通过主令电器的动作与复位进行线路阻值的测试，从而判断线路通断的情况是否符合控制原理，再进行线路逻辑功能检查：

a. 主电路逻辑功能排查：将万用表拨到 R×10 或 R×100 挡，万用表表笔分别放在接线端子上的电源端和电动机端，合上电源开关，按下 KM 的触点架，这时主电路应形成通路，

这时应测得 $R \to 0$，三相线路应逐一检测。

b. 控制电路逻辑功能排查：将万用表表笔分别放在接线端子上的控制电路所用的两相电源端，合上电源开关，分别按下起动按钮 SB2 和 KM 触点架，都应使控制电路形成通路，应分别测得 R 为 KM 线圈阻值，在此操作的基础上按下停止按钮 SB1，控制电路断路，应测得 $R \to \infty$。

若有异常，可移动表笔、逐步缩小故障范围，进行故障排查。

④ 通电试车。检查三相电源，将热继电器电流整定值按电动机的需要调节好，在指导老师的监护下试车。

微课：单向连动控制线路连接与调试

空操作试验。合上 QF，按下 SB2 后松开，接触器 KM 应立即得电动作，并能保持吸合状态；按下停止按钮 SB1，KM 应立即释放。反复操作几次，以检查线路动作的可靠性。

带负荷试车。切断电源后，接好电动机接线，合上 QF，按下 SB2，电动机 M 应立即得电，起动后进入运行；按下 SB1 时电动机立即断电停车。

虚拟实训：线路运行

3. 问题研讨——熔断器与热继电器能否相互代替

（1）热继电器不能代替熔断器作短路保护

熔断器作为电路的短路保护，一旦发生短路故障，控制电路应能迅速地切断电路。由于热继电器是受热而动作的，热惯性较大，因而即使通过发热元件的电流短时间内超过整定电流几倍，热继电器也不会立即动作。因此热继电器不能兼作短路保护，因为发生短路时，它可能还来不及动作，电气设备就已损坏。

（2）熔断器不能代替热继电器作过载保护

热继电器作为过载保护，当电动机过载使电路电流超过其整定电流时，由于它具有热惯性不会立即动作，因此它允许电动机短时过载，并且在电动机起动时热继电器也不会因起动电流大而立即动作，否则电动机将无法起动。而熔断器一般具有短时分断的能力，不符合电路过载保护的要求。

虚拟实训：线路排故

由此可见，热继电器与熔断器的作用是不同的。热继电器只能作过载保护而不能作短路保护，而熔断器则只能作短路保护而不能作过载保护。在一个较完善的控制电路中，特别是容量较大的电动机中，这两种保护都应具备。

4. 任务拓展

① 分析单向起动控制电路中产生下列故障的可能原因及其排查方法。

技能操作视频：常见故障分析及排除——停止按钮无效

故障现象 1：合上电源开关 QF，（未按下 SB2）接触器 KM 立即得电动作；按下 SB1 则 KM 不释放，电路无任何反应。

故障现象 2：试车时合上 QF，接触器剧烈振动（振动频率低，为 10~20 Hz），主触点严重起弧，电动机轴时转时停，按下 SB1 则 KM 立即释放。

故障现象 3：试车时按下 SB2 后 KM 不动作，检查接线无错接处；检查电源，三相电压均正常，线路无接触不良处。

技能操作视频：常见故障分析及排除——交流接触器的衔铁不停地吸合与释放

故障现象 4：试车时，操作按钮 SB2 时 KM 不动作，而同时按下 SB1 时 KM 动作正常。松开 SB1 则 KM 释放。

动画：
连动控制线路故障分析

② 设计与实现多个地方对同一台三相异步电动机的起停控制。

③ 设计与实现三相异步电动机的点连动复合控制，共有 3 个控制按钮，分别是停止按钮、点动按钮和连动按钮。

④ 设计与实现两台三相异步电动机的顺序控制，要求每台电动机都有起动和停止按钮，要求第一台电动机起动后第二台才能起动，第二台电动机停车后第一台才能停。

项目 3 三相异步电动机的正反向起动控制与实现

【知识点】

□ 断路器、漏电保护器和行程开关的结构、符号、工作原理与选用

□ 三相异步电动机的正反向起动控制电路的控制原理及设计技巧

□ 自动往复控制电路的控制原理及设计技巧

□ 按钮联锁和接触器联锁的设置与作用

□ 电控电路的保护环节

□ 三相异步电动机起动的要求与直接起动中存在的问题

【技能点】

□ 使用万用表对断路器、漏电保护器和行程开关进行质量检测

□ 按照电气原理图制作与调试正反向起动控制线路

□ 按照电气原理图制作与调试自动往复控制线路

□ 排查正反向起动控制与自动往复控制线路的常见故障

演示文稿：
双重联锁的正反向起动控制与实现——低压断路器、漏电保护器电路保护环节

任务 1 双重联锁的正反向起动控制与实现——低压断路器、漏电保护器、电路保护环节

【任务描述】

掌握低压断路器和漏电保护器的结构、符号、工作原理、选用与检测，理解三相异步电动机的正反向起动控制电路的控制原理及设计技巧，在此基础上完成正反向起动控制线路的制作与调试，并明确在电动机控制电路中需要哪些保护环节。

1. 知识学习——新元器件学习和正反向起动控制电路的设计

（1）新元器件——低压断路器

低压断路器集控制和多种保护功能于一体，除能完成接通和分断电路外，还能对电路或电气设备发生的短路、过载、失压等故障进行保护。它的动作参数可以根据用电设备的要求人为调整，使用方便可靠。通常低压断路器因其结构不同，可分为装置式和万能式两类。这里以装置式为例进行介绍。

装置式低压断路器又称塑料外壳式（简称塑壳式）低压断路器。一般用作配电线路的保护开关，电动机及照明电路的控制开关等。其结构如图 1-53 所示。其主要部分由触点系统、灭弧装置、自动与手动操作机构、脱扣器、外壳等组成。

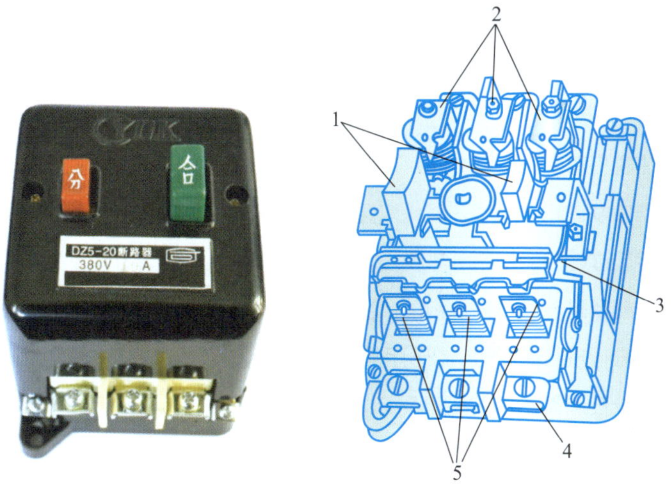

（a）外形图　　（b）内部结构图

1—按钮　2—电磁脱扣器　3—自由脱扣器　4—接线柱　5—热脱扣器

图 1-53
塑壳式低压断路器的结构图

塑壳式断路器工作原理如图 1-54 所示。正常状态下，触点 2 闭合，与转轴相连的锁键扣住搭钩 4，使弹簧 1 受力而处于储能状态。此时，热脱扣器的双金属片 12 温升不高，不会使双金属片弯曲到顶住连杆 7 的程度。电磁脱扣器 6 的线圈磁力不大，不能吸住衔铁 8 去拨动连杆 7，开关处于正常吸合供电状态。若主电路发生过载或短路，电流超过热脱扣器或电磁脱扣器动作电流时，双金属片 12 或衔铁 8 将拨动连杆 7，使搭钩 4 顶离锁键 3，弹簧 1 的拉力使触点 2 分离进而切断主电路。当电压出现失电压或低于动作值时，线圈 11 的磁力减弱，衔铁 10 受弹簧 9 拉力向上移动，顶起连杆 7 使搭钩 4 与锁键 3 分开切断回路，起到失电压保护作用。

脱扣器是低压断路器的主要保护装置，包括电磁脱扣器（作短路保护）、热脱扣器（作过载保护）、欠电压脱扣器以及由电磁和热脱扣器组合而成的复式脱扣器等。电磁脱扣器的线圈串联在主电路中，若电路或设备短路，主电路电流增大，线圈磁场增强，吸动衔铁，使操作机构动作，断开主触点，分断主电路而起到短路保护作用。电磁脱扣器有调节螺钉，可以根据用电设备容量和使用条件手动调节脱扣器动作电流的大小。

笔 记

微课：低压断路器的结构与工作原理

动画：塑壳式断路器的结构

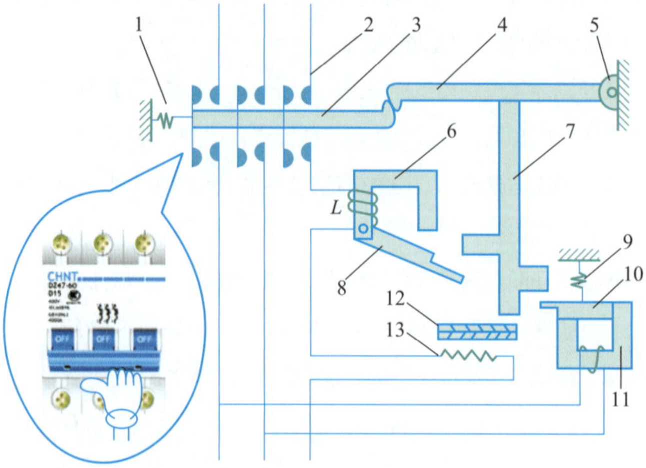

1、9—弹簧 2—触点 3—锁键 4—搭钩 5—轴 6—电磁脱扣器 7—连杆 8、10—衔铁 11—欠电压脱扣器 12—双金属片 13—电阻丝

微课：塑壳式断路器的工作原理

图 1-54 塑壳式断路器的原理图

动画：塑壳式断路器的工作原理

热脱扣器是一个双金属片热继电器。它的发热元件串联在主电路中。当电路过载时，过载电流使发热元件温度升高，双金属片受热弯曲，顶动自动操作机构，断开主触点，切断主电路而起过载保护作用。热脱扣器也有调节螺钉，可以根据需要调节脱扣电流的大小。

低压断路器与刀开关和熔断器相比，具有以下优点：结构紧凑，安装方便，操作安全，而且在进行短路保护时，由于用电磁脱扣器将电源同时切断，避免了电动机缺相运行的可能。另外，低压断路器的脱扣器可以重复使用，不必更换。常用的塑壳式断路器主要有 DZ5、DZ10、DZ15、DZ20 等系列。低压断路器的型号含义如图 1-55 所示。

微课：低压断路器的质量检测与选用

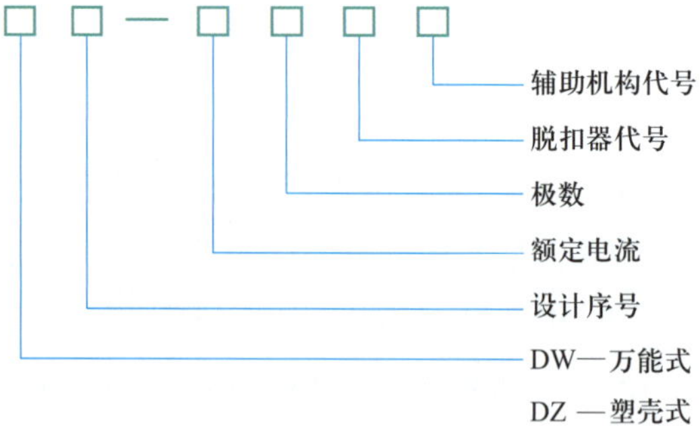

图 1-55 低压断路器的型号含义

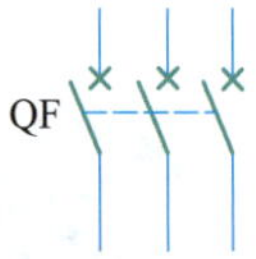

图 1-56 低压断路器的图形符号及文字符号

低压断路器的图形符号及文字符号如图 1-56 所示。

低压断路器的选用原则如下。

① 低压断路器的额定电压和额定电流应不小于电路的额定电压和最大工作电流。

② 热脱扣器的整定电流应与所控制的电路的额定工作电流一致。

③ 欠电压脱扣器额定电压应等于线路额定电压。

④ 电磁脱扣器的瞬时脱扣整定电流应大于负荷电流正常工作时的最大电流。

对于单台电动机，DZ 系列电磁脱扣器的瞬时脱扣整定电流 I_z 为

$$I_z \geqslant (1.5 \sim 1.7) I_q \quad (1\text{-}11)$$

笔 记

式中　I_q——电动机的起动电流。

对于多台电动机，DZ 系列电磁脱扣器的瞬时脱扣整定电流 I_z 为

$$I_z \geqslant (1.5 \sim 1.7) I_{qmax} + \Sigma I_N \quad (1-12)$$

式中　I_{qmax}——多台电动机中起动电流最大的电动机的电流；

ΣI_N——其他电动机额定电流之和。

（2）新元器件——漏电保护器

漏电保护器又称为漏电保护断路器或漏电保安器。漏电保护主要用于当发生人身触电或漏电时，能迅速切断电源，保障人身安全，防止触电事故。一般采用漏电保护器进行保护，它不但有漏电保护功能，还有过载、短路保护功能，用于不频繁起、停的电动机。漏电保护器按工作原理可分为电压型漏电保护器、电流型漏电保护器（包括电磁式、电子式）、电流型漏电继电器等，常用的主要是电流型的。这里主要介绍电磁式电流型漏电保护器。

电磁式电流型漏电保护器由主开关、测试电路、电磁式漏电脱扣器和零序电流互感器组成，其工作原理如图 1-57 所示。

当正常工作时，不论三相负载是否平衡，通过零序电流互感器主电路的三相电流相量之和等于零，故其二次绕组中无感应电动势产生，漏电保护器工作于闭合状态。如果发生漏电或触电事故，三相电流之和便不再等于零，而等于某一电流值 I_s。I_s 会通过人体、大地、变压器中性点形成回路，这样零序电流互感器二次侧产生与 I_s 对应的感应电动势，加到脱扣器上，当 I_s 达到一定值时，脱扣器动作，推动主开关的锁扣，分断主电路。

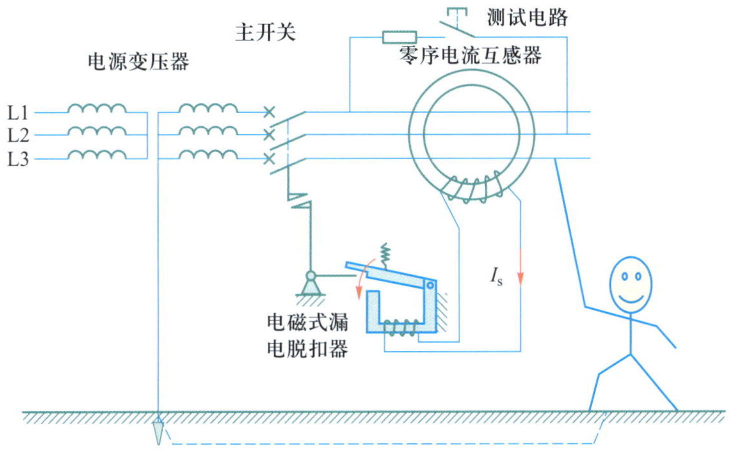

微课：漏电保护器

图 1-57
电磁式电流型漏电保护器工作原理

常用漏电保护器有 DZ15L-40、DZ5-20L 系列，其型号含义如图 1-58 所示。

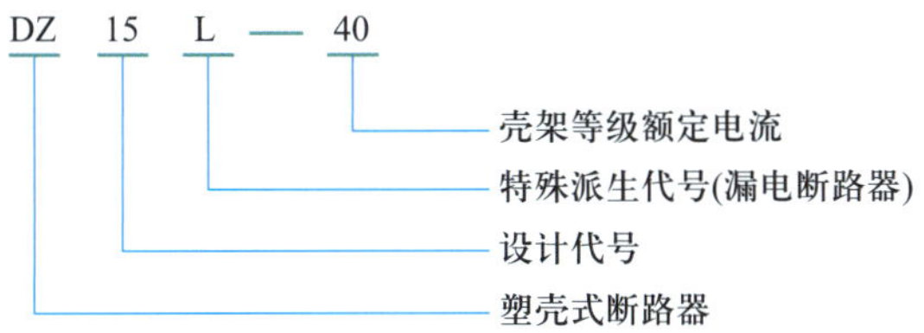

图 1-58
漏电保护器的型号含义

笔 记

（3）正反向起动控制电路的设计

在生产中，有的生产机械常要求能按正反两个方向运行，如机床工作台的前进与后退，主轴的正转与反转，小型升降机、起重机吊钩的上升与下降等，这就要求电动机必须可以正反转。

1）按钮联锁的正反向起动控制

从三相异步电动机的工作原理可知，电动机的旋转方向取决于定子旋转磁场的旋转方向。因此，只要改变旋转磁场的旋转方向，就能使三相异步电动机反转。这样只要将电动机的三相电源进线中任意两相接线对调来改变电源的相序，就可以使旋转磁场反向，电动机便可以反转。其控制线路电气原理图如图 1-59 所示，图中用两只接触器来改变电动机电源的相序，显然它们不能同时得电动作，否则将造成电源短路。

图 1-59 中 SB2 和 SB3 分别为正反向起动按钮，每只按钮的动断触点都与另一只按钮的动合触点串联。按钮的这种接法称为按钮联锁，又称为机械联锁。每只按钮上起联锁作用的动断触点称为“联锁触点”，其两端的接线称为“联锁线”。当操作任意一只起动按钮时，其动断触点先分断，使相反转向的接触器断电释放，从而实现了正反转的直接切换电源短路。

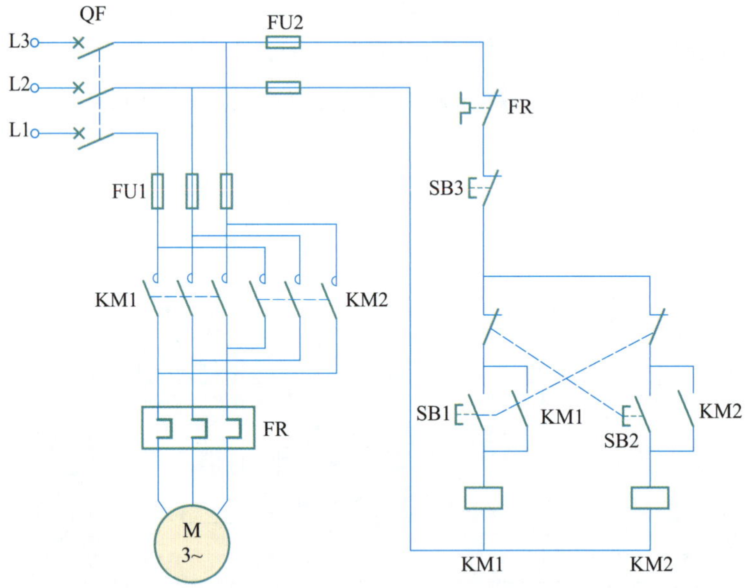

图 1-59
按钮联锁的电动机正反向起动控制线路电气原理图

正向起动时，合上电源开关 QF，按下 SB1，其动断触点分断，KM2 不得电，实现联锁。同时 SB1 的动合触点闭合，KM1 线圈通电并自锁，KM1 主触点闭合，电动机正转。

反向起动时，按下 SB2，其动断触点分断，KM1 断电，解除自锁，KM1 主触点分断，电动机停车。同时，SB2 动合触点闭合，KM2 线圈通电并自锁，KM2 主触点闭合，电动机反转。

笔 记

注意：按钮联锁正反向起动控制电路中，当一台接触器由于某种故障而不能释放，这时进行反转向操作，另一台接触器将得电动作而造成电源短路。

2）接触器联锁的正反向起动控制

同一时间里两个接触器只允许一个工作的控制作用称为接触器联锁，又称为电气互锁。具体做法是在正、反转接触器中互串一个对方的动断触点，这对动断触点称为联锁触点，如图 1-60 所示。接触器联锁可以防止由于接触器故障（衔铁卡阻、主触点熔焊等）而造成的电源短路事故。

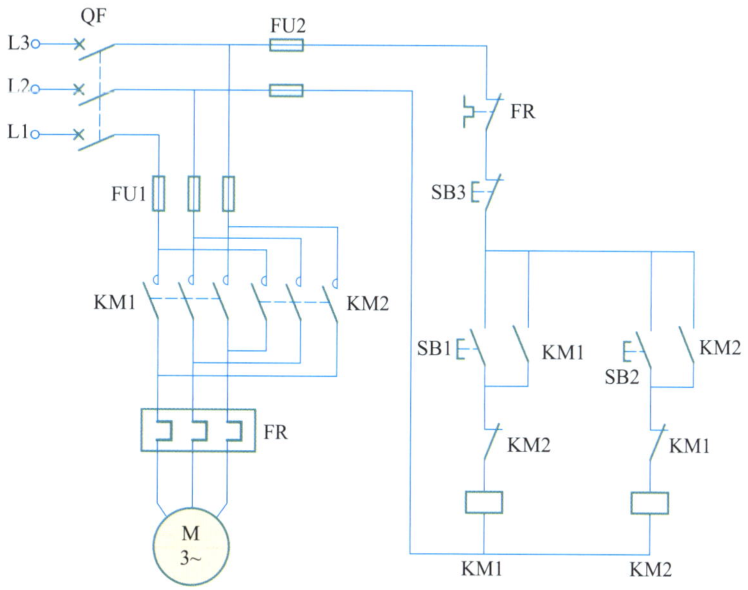

思政小讲堂：如何做到零失误

图 1-60
接触器联锁的电动机正反向起动控制线路电气原理图

按下正转起动按钮 SB1，正转接触器 KM1 线圈得电，主触点闭合，电动机正转，动合辅助触点闭合，实现自锁。同时 KM1 的动断辅助触点断开，切断了反转接触器 KM2 的线圈电路，此时即使误操作按下反转起动按钮 SB2，反转接触器的线圈也不会通电，从而实现联锁，防止电源短路。同理，在反转接触器 KM2 动作后，也保证了正转接触器 KM1 的线圈电路断开。

动画：双重联锁的正反向起动控制原理

注意：该电路在正转过程中要求反转时，必须先按下停止按钮 SB3，让 KM1 线圈断电，互锁触点 KM1 闭合，这时才能按反转按钮使电动机反转，这给操作带来了不便。

（4）双重联锁正反向起动控制电路的设计

接触器联锁正反向控制线路虽然可以避免接触器故障造成的电源短路事故，但是在需要改变电动机转向时，必须先操作停止按钮，这在某些场合造成不便。双重联锁线路则兼有上述两种线路的优点，既安全又方便，因而在各种设备中得到广泛的应用。图 1-61 所示为双重联锁正反向起动控制线路的电气原理图，其动作原理请读者自行分析。

微课：要反需先停——正—停—反控制

微课：正反任我行——正一反一停控制

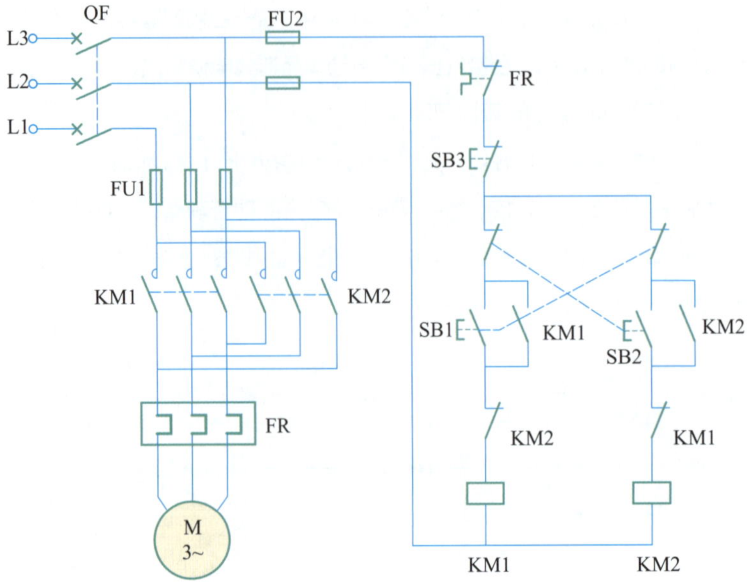

图 1-61
双重联锁的正反向起动控制线路的电气原理图

2. 任务实施

（1）绘制安装接线图

主电路的布局和位置与单联锁线路相同，控制线路的走线方式可以参考前两节叙述的要点绘制。由于这种线路自锁、联锁线多，可先标注端子号，尤其注意区分触点和线圈的上、下端，如图 1-62 所示。

虚拟实训：元件布局

虚拟实训：线路连接

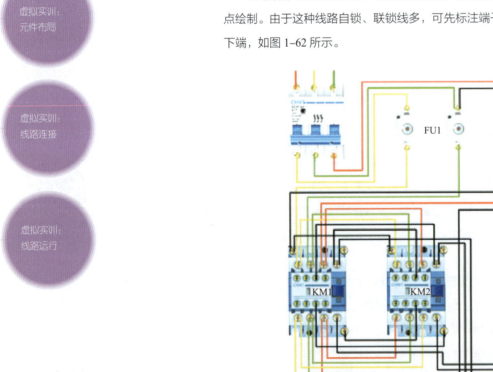

虚拟实训：线路运行

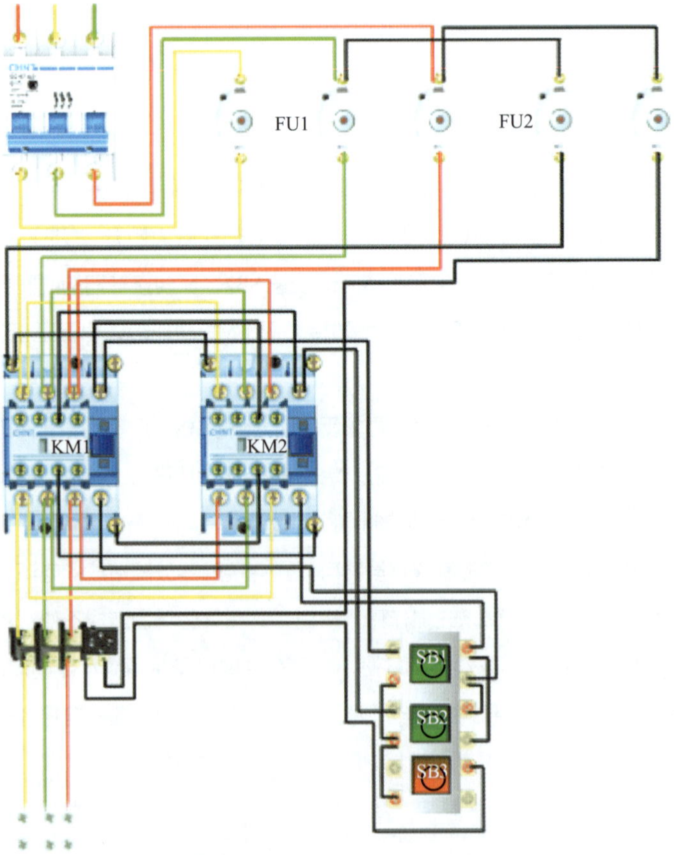

图 1-62
双重联锁的正反向起动控制线路的安装接线图

（2）检查与接线

认真完成交流接触器、按钮等的质量检查。按照线路图规定的位置，将各电气元件定位，打孔后固定牢靠。

主电路中两只接触器主触点端子之间的连线可以直接在主触点高度的平面内走线，不必向下贴近安装底板，以减少导线的弯折。控制电路接线时，可先接各接触器的自锁线，然后再接按钮联锁线，最后接辅助触点联锁线。由于控制电路线多，应在接线时注意检查。可以采用每接一条线就在接线图上标一个记号的办法，以避免漏接、错接和重复接线。

（3）试车

① 空操作试验：合上 QF，做以下几项试验。

正反向起动、停车。交替按下 SB1、SB2，观察 KM1、KM2 受其控制的动作情况，细听它们运行的声音，观察、判断按钮的联锁作用是否可靠。

检查辅助触点联锁动作。用绝缘棒按下 KM1 触点架，当其自锁触点闭合时，KM1 线圈立即通电，触点保持闭合。再用绝缘棒轻轻按下 KM2 触点架，使其联锁点分断，则 KM1 应立即释放。继续将 KM2 触点架按到底，则 KM2 通电动作。再用同样的方法检查 KM1 对 KM2 的联锁作用。反复操作几次，以观察、判断线路联锁作用的可靠性。

② 负荷试车：切断电源后接好电动机接线，装好接触器灭弧罩，合上开关 QF 后试车。先操作 SB1 使电动机正向起动，待电动机达到额定转速后，再操作 SB2。注意观察电动机转向是否改变。交替操作 SB1 和 SB2 的次数不可太多，动作应慢，以防止电动机过载。

微课：双重互锁正反转控制线路连接与调试

笔 记

3. 问题研讨——电动机控制电路中需要哪些保护?

（1）短路保护

电动机、电器以及导线的绝缘损坏或线路发生故障，都可能造成短路事故。很大的短路电流和电动力可能使电气设备损坏。因此，在发生短路故障时，保护电器必须立即动作，迅速将电源切断。常用的短路保护电器是熔断器和低压断路器。

（2）过载保护

当电动机负载过大，起动操作频繁或缺相运行时，会使电动机的工作电流长时间超过其额定电流，电动机绕组过热，温升超过其允许值，导致电动机的绝缘材料老化，寿命缩短，严重时会使电动机损坏。因此，当电动机过载时，保护电器应动作切断电源，使电动机停转，避免电动机在过载下运行。

常用的过载保护元件是热继电器。由于热惯性的原因，热继电器不会受到电动机短时间内过载冲击电流的影响而瞬时动作，所以在使用热继电器作过载保护的同时，还必须有短路保护，并且选作短路保护的熔断器熔体的额定电流不应超过热继电器发热元件额定电流的 4 倍。

思政小讲堂：电气线路中一定要有“保护神”

（3）过电流保护

如果在直流电动机和交流绕线式异步电动机起动或制动时，限流电阻被短接，将会造成很大的起动或制动电流。另外，负载的加大也会导致电流增加。过大的电流将会使电动机或机械设备损坏。因此，对直流电动机或绕线式异步电动机常采用过电流保护。

过电流保护常用电磁式过电流继电器实现。当电动机过电流达到电流继电器的动作值时，继电器动作，使串接在控制电路中的动断触点断开、切断控制电路，电动机随之脱离电源停

笔 记

转，达到了过电流保护的目的。一般过电流的动作值为起动电流的 1.2 倍。

虽然短路、过电流、过载保护都是电流保护，但由于它们的故障电流、动作值、保护特性、保护要求以及使用元件不同，不能相互取代。

（4）欠电压保护

当电网电压降低时，电动机便在欠电压下运行。由于电动机的负荷没有改变，所以欠电压下电动机转速下降，定子绕组中的电流增加。因为电流增加的幅度尚不足以使熔断器和热继电器动作，所以两种电器起不到保护作用。如不采取保护措施，时间一长电动机将会过热损坏。另外，欠电压将引起一些电器释放，使电路不能正常工作。因此，应避免电动机在欠电压下运行。

实现欠电压保护的电器是接触器和电磁式电压继电器。在机床电气控制线路中，只有少数线路专门设了电磁式电压继电器。而大多数控制线路由于接触器已兼有欠电压保护功能，不再加设欠电压保护器。一般当电网电压降低到额定电压 85% 以下时，接触器（或电压继电器）触点会释放。

（5）零电压保护（失电压保护）

在生产机械工作时，如果电网由于某种原因而突然停电，那么在电源电压恢复时，电动机便会自行起动运转，这可能导致人身和设备事故，并引起电网电流过大和瞬时电网电压下降。为了防止这种情况出现而实施的保护叫做零电压保护。

常用的失电压保护电器是接触器和中间继电器。当电网停电时，接触器和中间继电器触点复位，切断主电路和控制电源。当电网恢复供电时，若不重新按下起动按钮，电动机就不会自行起动，实现了失电压保护。

（6）漏电保护

漏电保护的主要作用是，当发生人身触电或漏电时，迅速切断电源，保障人身安全，防止触电事故。一般采用漏电保护器进行保护，它不但有漏电保护功能，还有过载、短路保护功能，用于不频繁起、停的电动机。

4. 任务拓展

虚拟实训：线路排故

双重联锁的正反向起动控制线路的常见故障分析与排除：

故障现象 1　按下 SB1 或 SB2 时，KM1、KM2 均能正常动作，但松开按钮时接触器释放。

故障现象 2　按下 SB1 时，接触器 KM1 不停地吸合与释放，松开 SB1 则 KM1 释放；按下 SB2 时 KM2 的现象与 KM1 相同。

任务 2　电动机的自动往复循环控制与实现——行程开关、起动要求

演示文稿：电动机的自动往复循环控制与实现——行程开关、起动要求

【任务描述】

掌握行程开关的结构、符号、工作原理、选用与检测，理解自动往复控制电路的控制原理及设计技巧，在此基础上完成自动往复控制线路的制作与调试，并对三相异步电动机的起

动进行分析，理解三相异步电动机起动的要求与直接起动过程中存在的问题。

1. 知识学习——新元器件和自动往复电路的设计

（1）新元器件介绍——行程开关

行程开关又称为限位开关或位置开关，常用的有 LX10、JLXK1 等系列。其中，JLXK1 系列行程开关的动作原理和外形如图 1-63 和图 1-64 所示。行程开关的结构主要分为三个部分：操作头（感测部分）、触点系统（执行部分）和外壳。

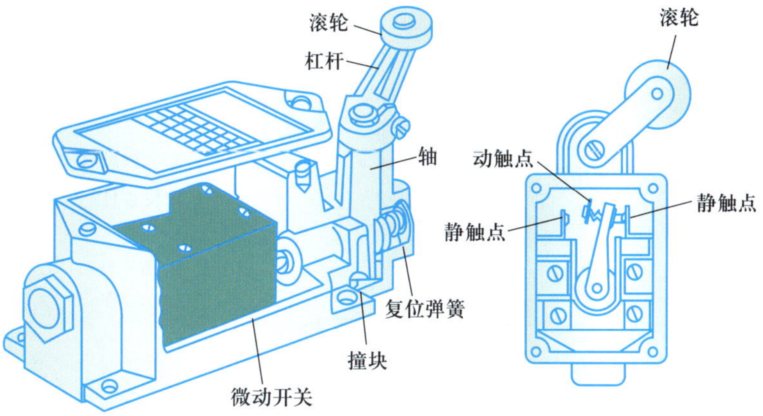

图 1-63
JLXK-11 型行程开关动作原理图

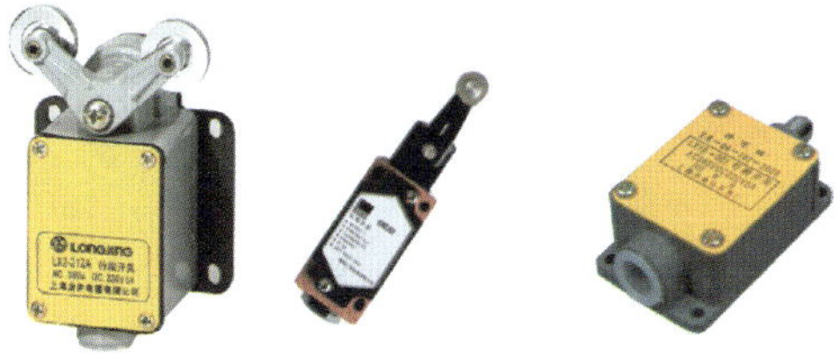

(a) 双滚轮式　(b) 单轮旋转式　(c) 按钮式

动画：行程开关的拆分过程

图 1-64
行程开关的外形

行程开关根据操作头的不同分为单轮旋转式（能自动复位）、直动式（又称为按钮式，能自动复位）和双滚轮式（不能自动复位，需机械部件返回时再碰撞一次才能复位）。以单轮旋转式为例，当运动机械的撞铁压到行程开关的滚轮时，杠杆连同转轴一起转动，使凸轮推动撞块。当撞块被压到一定位置时，推动微动开关快速动作，使其动断触点分断，动合触点闭合；撞铁移开滚轮后，复位弹簧就使行程开关各部分复位。行程开关符号如图 1-65 所示，型号含义如图 1-66 所示。

(a)　(b)

图 1-65
行程开关的图形及文字符号

在实际应用中，行程开关的选用主要考虑机械位置对行程开关的要求和控制对象对行程开关触点数目的要求。

（2）行程控制电路的设计

图 1-67 中工作台上装有挡铁 1 和 2，当挡铁碰撞行程开关后，可切断电路，从而控制工作台在规定的行程内运行。在设计该控制电路时，应在机床床身的两个终端各安装一个限位开关 SQ1 和 SQ2，将限位开关的触点接到线路中，当挡铁碰撞行程开关后，使拖动小车的电动机停转，达到控制行程的目的。

微课：行程开关

技能操作视频：
行程开关的检测

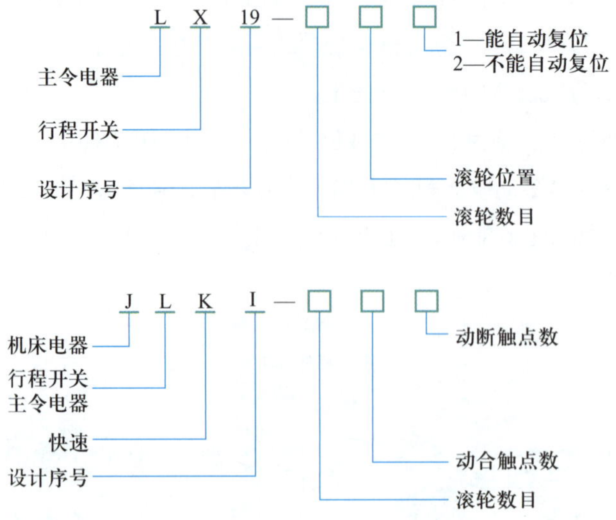

图 1-66
行程开关型号的含义

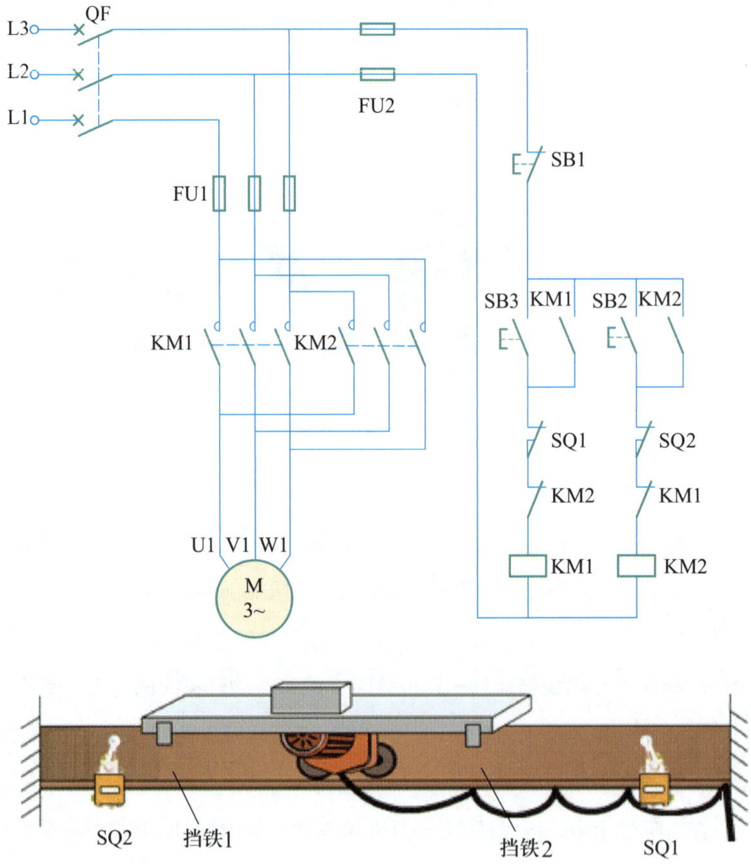

图 1-67
三相电动机正反转行程控制电路电气原理图

合上电源开关 QF，按下 SB3 工作台向右移动。工作过程：按钮 SB3 按下，KM1 线圈通电自锁，联锁触点断开，同时 KM1 主触点闭合，电动机正转，通过机械传动装置拖动工作台向右移动。运动一段距离后，工作台挡铁 2 碰撞限位开关 SQ1，使其动断触点分断，KM1 线圈断电，KM1 主触点断开，电动机停转，同时自锁触点断开，联锁触点闭合。工作台向左移动情况类似。

（3）自动往复控制电路设计

在生产中，有些生产机械（如导轨磨床、龙门刨床）需自动往复运动，不断循环，以使工件能连续加工。

自动往复控制线路里设有两个带有动合、动断触点的行程开关，分别装置在设备运动部件的两个规定位置，以发出返回信号，控制电动机换向。为保证机械设备的安全，在运动部件的极限位置还设有限位保护用的行程开关，如图 1-68 所示。

微课：三相异步电动机的自动往复循环控制

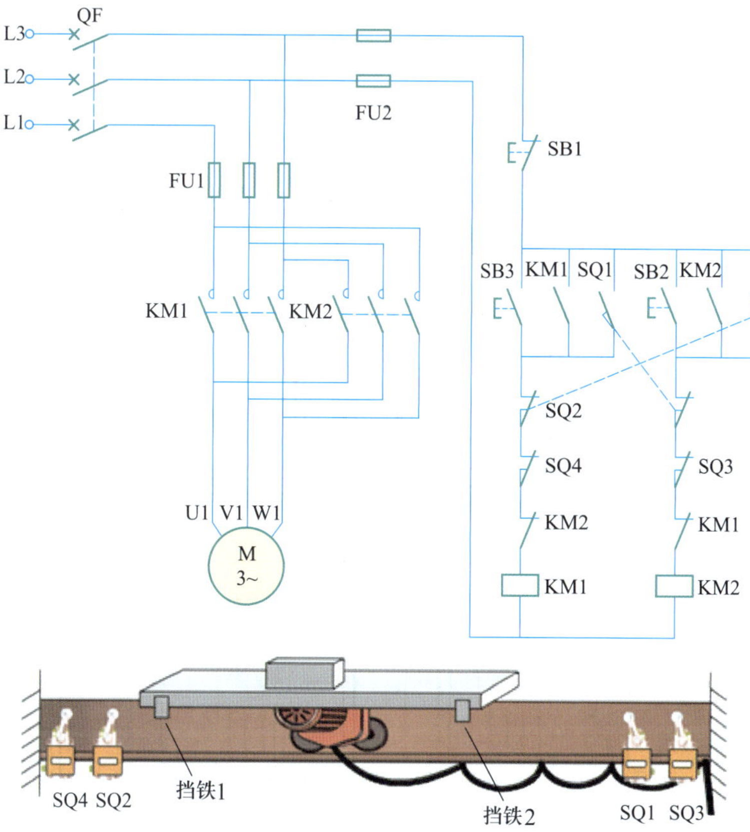

图 1-68
自动往复循环运动控制电路电气原理图

图 1-68 中，在挡铁碰撞行程开关后，接触器通电自动换接，电动机随之改变转向。SQ3 和 SQ4 用作限位保护，即限制工作台的极限位置。其工作过程：合上 QF，按下起动按钮 SB3，KM1 因线圈通电而吸合，电动机正转起动，通过机械传动装置拖动工作台向左移动，当工作台运动到一定位置时，挡铁 1 碰撞行程开关 SQ2，使其动断触点断开，接触器 KM1 因线圈断电而释放，随即行程开关 SQ2 的动合触点闭合，使接触器 KM2 线圈通电吸合且自锁，电动机反转，拖动工作台向右移动。同时，行程开关 SQ2 复位，为下一次工作做准备。由于此时 KM2 的动合辅助触点已经闭合自锁，电动机继续拖动工作台向右移动。当挡铁 2 碰到 SQ1 时，情况与上述过程类似，如此工作台在预定的行程内自动往复移动。若在运行中一旦 SQ1 或 SQ2 损坏，工作台继续移动，当挡铁碰撞到行程开关 SQ3 或 SQ4 时，SQ3 或 SQ4 的动断触点断开电路，实现限位保护。

动画：自动往复循环运动控制原理分析

笔 记

2. 任务实施

（1）绘制安装接线图

电气元件的总体布局与双重联锁的正反向控制线路基本相似，只需再安装 4 个行程开关即可，如图 1-69 所示。也可将行程开关连接到接线端子板 XT 上，然后再接入电路，由于线路比较复杂，可提前在电气原理图中标出线号，并在安装接线图中标好与原理图相一致的端子号。

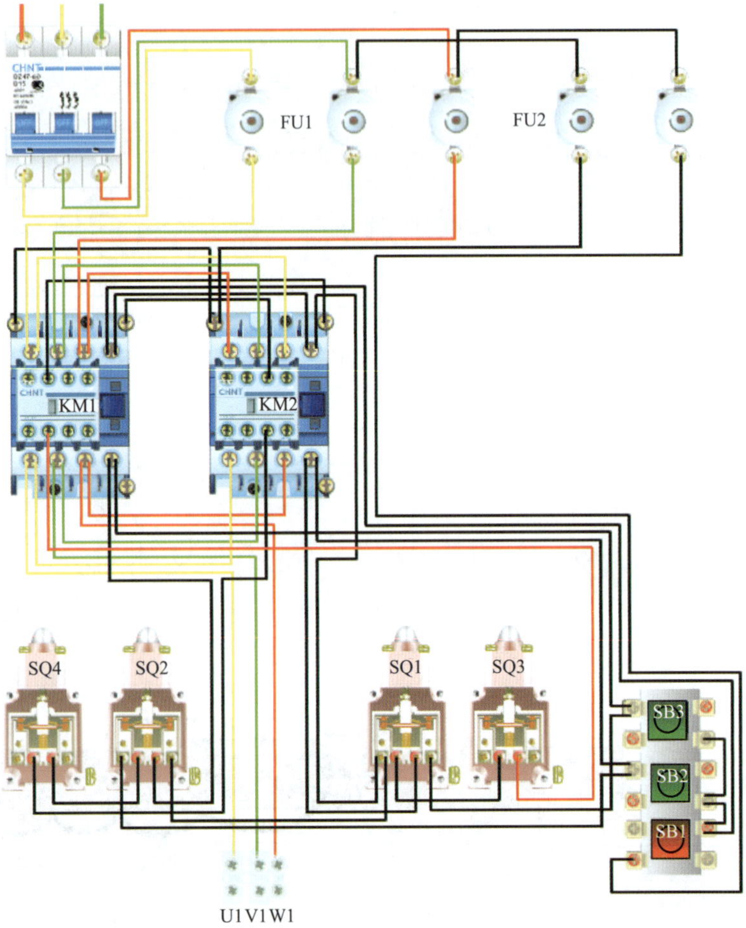

图 1-69
自动往复循环运动控制线路安装接线图

虚拟实训：元件布局

虚拟实训：线路连接

（2）检查与接线

检查各电气元件的动作情况，注意检查行程开关的滚轮、传动部件和触点是否完好，滚轮是否正常，检查、调整挡铁与行程开关滚轮的相对位置，保证控制动作准确可靠。

接线时应特别注意区别行程开关的动断、动合触点端子，防止接错。在接线时可标注线号，核对无误后再接到端子上，接线时应使用护套线，并固定好，注意固定时不能影响机械装置的两个方向的运动。SQ1、SQ2 与 SQ3、SQ4 作用不同，两组开关不可接错。

（3）试车

① 空操作试验。合上电源开关 QF，检查按钮、行程开关对 KM1、KM2 的正反转及停止控制作用，检查接触器的自锁、联锁线路的作用，保证线路操作的可靠性。同时参照上节内容，检查线路的行程控制和限位控制的可靠性。

② 带负荷试车。检查电动机的转向、正反向控制、行程控制、限位控制等。

3. 问题研讨——三相异步电动机直接起动存在哪些问题

（1）直接起动分析

异步电动机的起动就是转速从零开始加速到稳定运行为止的这一过程。直接起动又称为全压起动。起动时用刀开关、电磁起动器或接触器将电动机定子绕组直接接到电源上。直接起动时，起动电流很大，一般选取熔体的额定电流为电机额定电流的 2.5~3.5 倍。

虚拟实训：
线路运行

异步电动机在刚起动时 $s = 1$，忽略励磁电流，则起动电流数值很大。一般电动机的起动电流可达额定电流值的 5~8 倍。这样大的起动电流，一方面使电源和线路上产生很大的压降，影响其他用电设备的正常运行，使电灯亮度减弱，电动机的转速下降，欠电压继电保护动作而将正在运转的电气设备断电。另一方面电流很大，将引起电动机发热，特别对频繁起动的电动机，发热更为厉害。起动时虽然电流很大，但定子绕组阻抗压降变大，电压为定值，此时起动转矩并不大。但对于一般小型的笼型异步电动机，如果电源容量足够大，应尽量采用直接起动的方法。对于某一电网，多大容量的电动机允许直接起动，可按下列经验公式来确定。

微课：三相异步电动机
的直接起动

$$K_{\mathrm{I}}=\frac{I_{\mathrm{s}}}{I_{\mathrm{V}}} \leqslant \frac{1}{4}\left[3+\frac{\text{电源总容量 (kVA)}}{\text{电动机额定功率 (kW)}}\right] \tag{1-13}$$

电动机的起动电流倍数 K_{I} 需符合式（1-13）中电网允许的起动电流倍数，才允许直接起动，否则应采取降压起动。一般 10 kW 以下的电动机都可以直接起动。随电网容量的加大，允许直接起动的电动机容量也变大。

（2）起动要求

衡量异步电动机起动性能的好坏应考虑的问题包括：① 起动电流 I_s 的大小；② 起动转矩 T_s 的大小；③ 起动时间的长短；④ 起动过程是否平滑；⑤ 起动过程的能量损耗和发热量的大小；⑥ 起动设备是否简单及其可靠性如何。

上述这些问题中，起动电流和起动转矩以下两项是很主要的：① 电动机应有足够大的起动转矩；② 在保证一定大小的起动转矩的前提下，起动电流越小越好。

4. 任务拓展

虚拟实训：
线路排故

① 分析自动往复循环运动控制电路中产生下列故障的可能原因及其排查方法。

故障现象 1　试车中发现正方向行程控制动作正常，而反方向无行程控制作用。挡铁操作 SQ2 而电动机不停车，检查接线未见错误。

故障现象 2　试车时，电动机起动后设备运行，部件到达规定位置，挡铁操作行程开关时接触器动作，但部件运动方向不改变，继续向前移动而不能返回。

② 设计与实现全自动增压给水控制系统。系统要求：此系统采用水压罐压力表检测水箱压力，当水压不足时，自动向水箱加水；当水压足够时，自动停止加水。

③ 设计与实现锅炉上料系统。该系统专门将煤运送到锅炉加热器中，其工作过程如下：下煤时，空煤斗下降，到达下煤预定位置时停止运行，由机械作用使煤斗翻转复位，压迫煤斗下的行程开关。然后，由人工或装煤机械往煤斗中装煤，装煤完成后等待上煤。上煤时，煤斗上升，到达预定位置时自动停止运行。煤斗通过机械作用自动翻斗，将煤卸入锅炉加热器中。

项目 4 笼型异步电动机的 Y-△降压起动控制与实现

【知识点】

☐ 时间继电器的结构、符号、工作原理与选用

☐ Y-△降压起动的方法、性能及使用场合

☐ 按钮转换和用时间继电器转换的 Y-△起动控制线路的控制原理及设计技巧

☐ 笼型异步电动机其他的降压起动方法

☐ 笼型异步电动机其他的改进起动性能的方法（深槽式和双笼式）

【技能点】

☐ 使用万用表对时间继电器进行质量检测

☐ 按照电气原理图进行按钮转换和用时间继电器转换的 Y-△起动控制线路制作与调试

☐ 排查按钮转换和用时间继电器转换的 Y-△起动控制线路的常见故障

演示文稿：按钮转换的 Y-△降压起动控制与实现——笼型异步电动机的降压起动

任务 1 按钮转换的 Y-△降压起动控制与实现——笼型异步电动机的降压起动

【任务描述】

掌握 Y-△降压起动的方法、性能及使用场合，在理解按钮转换的 Y-△降压起动控制电路的控制原理及设计技巧的基础上，完成其电气线路制作与调试，并对笼型异步电动机其他的降压起动方法进行拓展认识。

1. 知识学习——Y-△降压起动方法和按钮转换的 Y-△起动控制电路设计

（1）Y-△降压起动

降压起动是指电动机在起动时降低加在定子绕组上的电压，起动结束时再加额定电压运行的起动方式。降压起动虽然能降低电动机起动电流，但由于电动机的转矩与电压的平方成正比，因此降压起动时电动机的转矩减小较多，故此法一般适用于电动机空载或轻载起动。Y-△降压起动是笼型异步电动机降压起动多种方法其中的一种方法。

方法：起动时定子绕组接成 Y 形，运行时定子绕组则接成△形，对于运行时定子绕组为 Y 形的笼型异步电动机则不能用 Y-△起动方法。

Y-△降压起动时，对供电变压器造成冲击的起动电流是直接起动时的 1/3，起动时起动转矩也是直接起动时的 1/3。

微课：笼型异步电动机的 Y-△起动

笔记

Y-△降压起动比定子串电抗器起动性能要好，可用于拖动$T_L \leqslant \frac{T_{SY}}{1.1} = \frac{T_{S\triangle}}{1.1\times 3} = 0.3T_S$的轻负载起动。

Y-△降压起动方法简单，价格便宜，因此在轻载起动条件下，应优先采用。我国采用Y-△起动方法的电动机额定电压都是 380 V，绕组是△接法。

（2）按钮转换的 Y-△降压起动控制电路设计

图 1-70 中 KM 是电源接触器，KMY 是“Y”接触器，KM△是“△”接触器。注意 KMY 和 KM△不能同时通电，否则会造成电源短路。控制电路中 SB3 为停车按钮，SB1 为“Y”起动按钮，复合按钮 SB2 为转换到“△”运行状态的切换按钮。

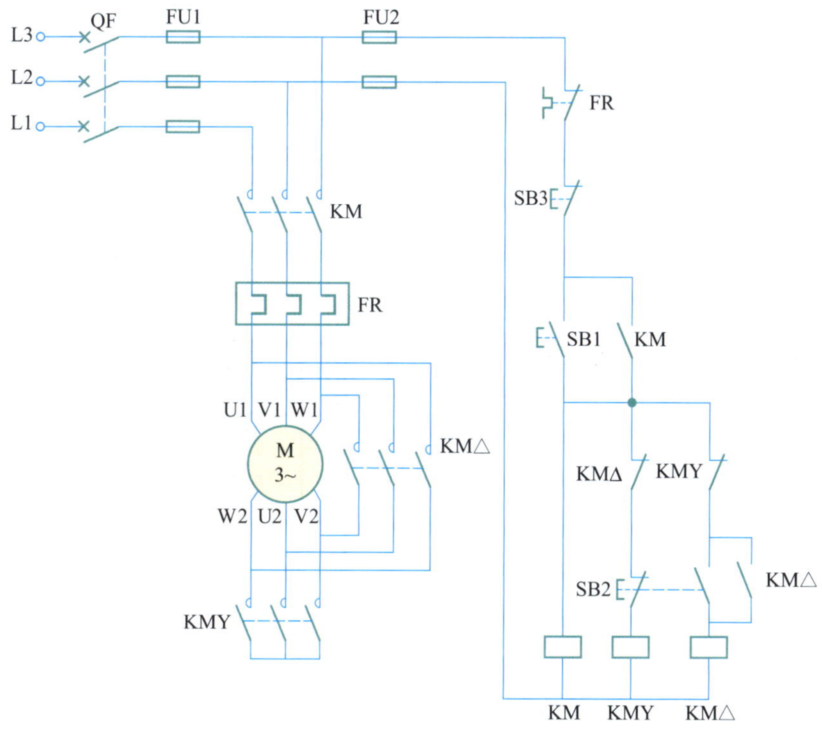

图 1-70
按钮转换的 Y-△降压起动控制线路电气原理图

线路工作过程：合上开关 QF，按 SB1，KM、KMY 线圈通电，它们的主触点闭合，电动机“Y”接法起动。同时，KM 动合辅助触点闭合，实现自锁，KMY 动断触点分断，实现联锁。

动画：按钮转换的 Y-△降压起动控制原理

待电动机起动转速接近额定转速时，按下 SB2，KMY 断电，其主触点复位断开，电动机“Y”接法解除。同时 KMY 辅助触点复位闭合，KM△线圈通电，电动机“△”运行。同时 KM△动断辅助触点分断，实现联锁，KM△动合辅助触点闭合，实现自锁。

停车时按下 SB3，辅助电路断电，各接触器释放，电动机停车。

2. 任务实施

（1）绘制接线图

电路的安装接线图如图 1-71 所示。为走线方便，交流接触器按照 KM、KM△、KMY 的顺序从左到右排列。

微课：按钮转换的 Y-△降压起动控制

笔 记

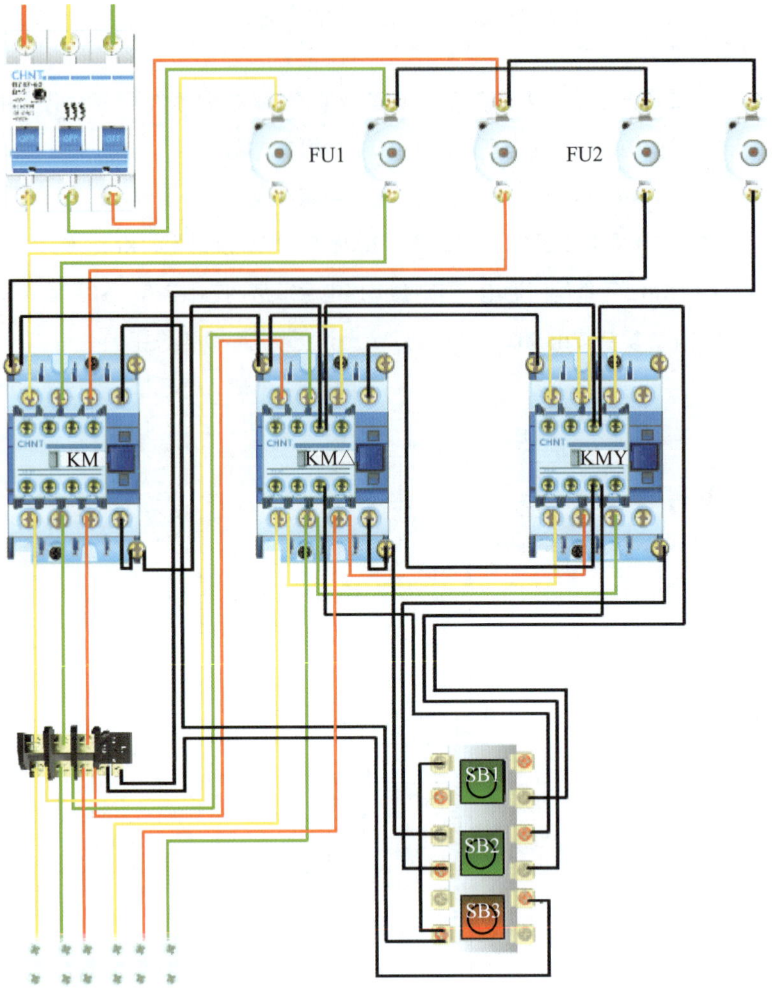

图 1-71
按钮转换的 Y-△降压起动控制接线图

虚拟实训：元件布局

虚拟实训：线路连接

虚拟实训：线路运行

（2）检查与接线

检查元器件，并按接线图规定位置将元器件固定，并按顺序接线。接线时除了要认真核对，不能接错以外，主电路各端子还要压接可靠，防止接触不良引起发热。注意控制电路中 SB1 出线端接点较多，不能接错，否则会引起短路。

（3）试车

试车前按规范检查各元件和线路，无误后方可试车。

空操作试验。合上电源开关，按下 SB1 后松开，KM 和 KMY 应同时动作并保持吸合状态；轻按 SB2 使其动断触点分断，则 KMY 断电释放而 KM 仍保持吸合；将 SB2 按到底后松开，KM△通电吸合并保持；按下 SB3，各接触器均释放。

带负荷试车。断开电源开关，接好电动机接线，合上电源开关 QF，按下 SB1，电动机起动，转速逐渐上升；待转速接近额定转速时（4~5 s），按下 SB2，电动机进入全压运行，转速达额定值；按下 SB3，电动机断电停车。试车中如发现电动机运转异常，应立即停车检查。

3. 问题研讨——笼型异步电动机还有哪些降压起动的方法

（1）定子串接电抗器或电阻的降压起动

方法：起动时，电抗器或电阻接入定子电路；起动后，切除电抗器或电阻，进入正常运行。具体电气原理图如图 1-72 所示。

微课：定子回路串电阻和串自耦变压器降压起动

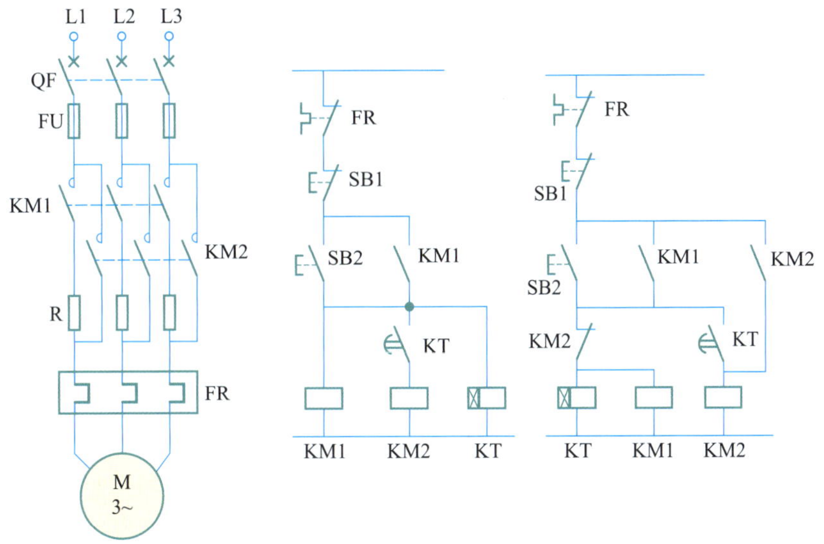

(a)　(b)

图 1-72
定子回路串电阻降压起动控制电路

三相异步电动机定子回路中串入电抗器或电阻起动时，定子绕组实际所加电压降低，从而减小起动电流。但定子回路中串电阻起动时，能耗较大，实际应用不多。

（2）自耦变压器（起动补偿器）降压起动

方法：自耦变压器也称起动补偿器。起动时电源接自耦变压器一次侧，二次侧接电动机。起动结束后电源直接加到电动机上。

采用自耦变压器降压起动时，起动电流和起动转矩都下降为 K^2（K 为变压器的一、二次侧绕组的匝数比）倍。自耦变压器一般有 2 ～ 3 组抽头，其电压可以分别为一次电压 U_1 的 80%、65% 或 80%、60%、40%。

三相笼型异步电动机采用自耦变压器降压起动的接线如图 1-73 所示。

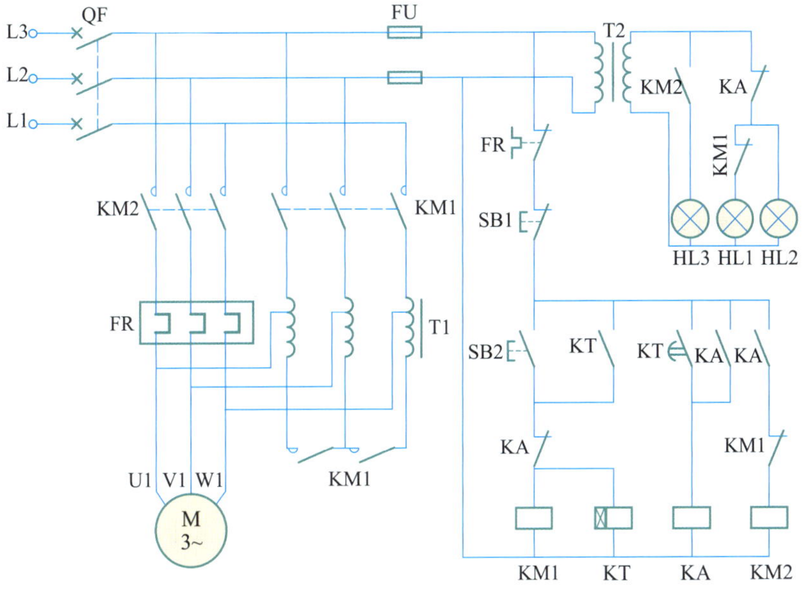

图 1-73
自耦变压器降压起动控制电路

这种方法对定子绕组采用 Y 形或△形接法的笼形异步电动机都可以使用，缺点是设备体积大，投资较高。

（3）延边三角形降压起动

方法：起动时电动机定子接成△形，如图 1-74(a) 所示。起动结束后定子绕组改为△形接法，如图 1-74(b) 所示。

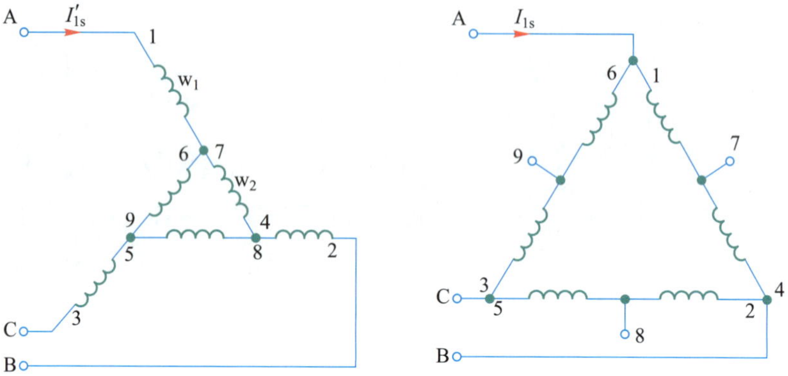

(a) 起动接法

(b) 运行接法

图 1-74
延边三角形起动电动机抽头连接方式

如果将延边三角形看成一部分为 Y 形接法，另一部分为△形接法，则 Y 形部分比重越大，起动时电压降得越多。根据分析和试验可知，Y 形和△形的抽头比例为 1∶1 时，电动机每相电压是 264 V；抽头比例为 1∶2 时，每相绕组的电压为 290 V。可见，可采用不同的抽头比例来满足不同负载特性的要求。

延边三角形降压起动的优点是节省金属，重量轻；缺点是内部接线复杂。

4. 任务拓展

虚拟实训：线路排故

① 按钮转换的 Y-△降压起动控制电路的常见故障分析与排除。

故障现象 1：空操作时线路工作正常，带负荷试车时，“Y”起动过程正常，按下 SB2 时 KMY 释放而 KM△得电动作，但电动机发出异响，转速急速下降。

故障现象 2：试车时“Y”起动正常，按下 SB2 时，KMY 释放且 KM△动作，电动机全压工作，但松开 SB2 时，KM△又释放而 KMY 动作，电动机退回“Y”状态。

故障现象 3：线路空操作试验工作正常，带负荷试车按下 SB1 时，KM 及 KMY 均得电动作，但电动机发出异响。立即按下 SB3 停车，KM 及 KMY 释放，灭弧罩内有较强的电弧。

② 分析图 1-72 定子回路串电阻降压起动控制电路原理，比较图 1-72(a) 和图 1-72(b) 在控制实现上的不同。

③ 分析图 1-73 自耦变压器降压起动控制电路的控制原理。

动画：自耦变压器降压起动控制原理

任务 2　时间继电器转换的 Y-△降压起动控制与实现——时间继电器、深槽式和双笼式笼型异步电动机

演示文稿：时间继电器转换的 Y-△降压起动控制与实现——时间继电器、深槽式和双笼式笼型异步电动机

【任务描述】

掌握时间继电器的结构、符号、工作原理、选用与检测方法，在掌握时间继电器转换的 Y-△降压起动控制原理及设计技巧的基础上完成用时间继电器转换的 Y-△降压起动控制线路的制作与调试，并进一步了解笼型异步电动机其他改进起动性能的方法。

1. 知识学习——时间继电器和时间继电器转换的 Y-△降压起动控制电路设计

（1）新元器件——时间继电器

微课：时间继电器

时间继电器是利用电磁原理或机械原理实现触点延时闭合或延时断开的自动控制电器。其种类较多，按其动作原理可分为电磁式、空气式、电动式与电子式时间继电器；按延时方式可分为通电延时型和断电延时型两种。

电动式时间继电器由微型同步电动机、减速齿轮结构、电磁离合系统及执行机构组成。实际应用时，电动式时间继电器具有延时时间长、延时精度高、结构复杂、不适宜频繁操作等特点。常用的有 JS10、JS11 系列产品。

电子式时间继电器又称为晶体管式时间继电器，它由脉冲发生器、计数器、数字显示器、放大器及执行机构等部件组成。实际应用时，电子式时间继电器具有延时时间长、调节方便、精度高、触点容量较大、抗干扰能力差等特点。常用的有 JS20 系列、JSS 系列数字式时间继电器、SCF 系列高精度电子时间继电器和 ST3P 系列时间继电器，如图 1-75(b) 所示。

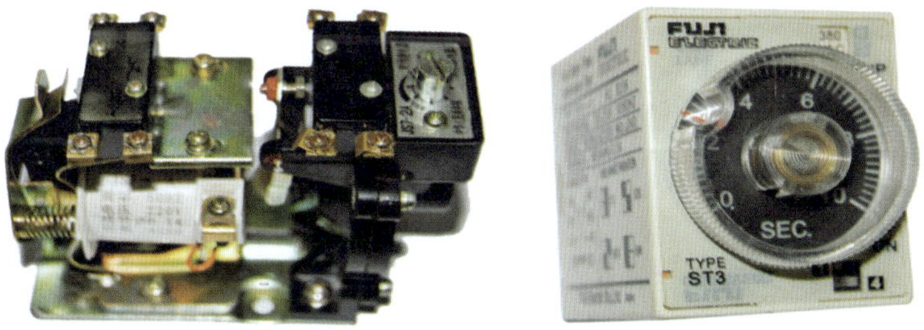

(a) 空气式　　(b) 电子式

图 1-75　空气式和电子式时间继电器外形图

空气式时间继电器又称为气囊式时间继电器，如图 1-75(a) 所示，它由电磁系统、延时机构和触点三部分组成。电磁机构为直动式双 E 形，触点系统是借用 LX5 型微动开关，延时机构采用气囊式阻尼器，具体结构如图 1-76 所示。它是利用气囊中的空气通过小孔节流的原理来实现延时动作的。

电磁机构可以是交流的，也可以是直流的。触点包括瞬时触点和延时触点两种。空气式时间继电器可以用于通电延时，也可以用于断电延时。

常用的时间继电器有 JS7、JS23 系列，主要技术参数有瞬时触点数量、延时触点数量、触点额定电压、触点额定电流、线圈电压、延时范围等。

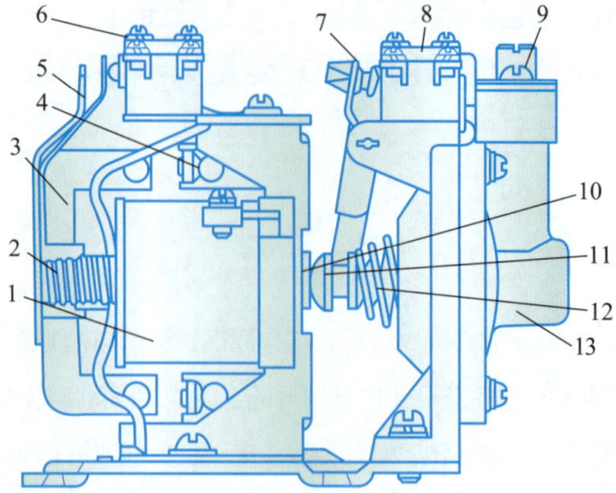

1—线圈 2—反力弹簧 3—衔铁 4—静铁心 5—弹簧片 6、8—微动开关
7—杠杆 9—调节螺钉 10—推杆 11—活塞杆 12—宝塔弹簧 13—气囊

图 1-76
JS7 系列时间继电器结构图

动画：
空气式时间继电器
的结构

时间继电器的型号含义如图 1-77 所示。

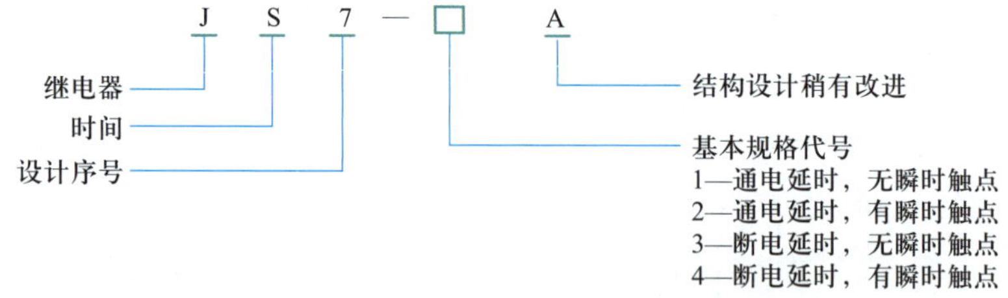

图 1-77
时间继电器的型号含义

时间继电器的文字符号为 KT，图形符号如图 1-78 所示。

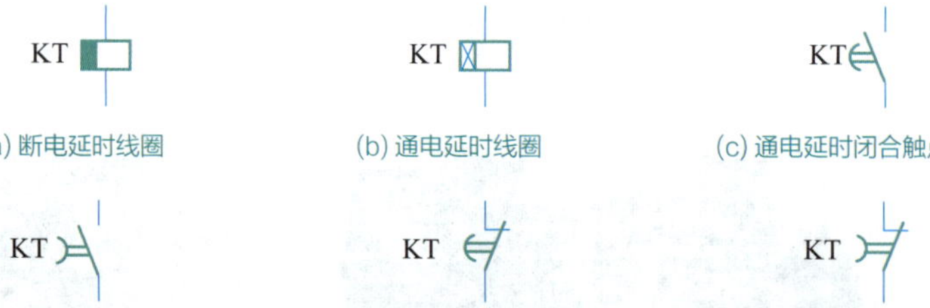

(a) 断电延时线圈 (b) 通电延时线圈 (c) 通电延时闭合触点
(d) 断电延时断开触点 (e) 通电延时断开触点 (f) 断电延时闭合触点

图 1-78
时间继电器的图形及文字符号

微课：电子式时间继电器的质量检测与选用

时间继电器的使用检验。以 JS7-1A 型气囊式时间继电器为例，首行检查延时类型，如不符合要求，应将电磁机构拆下，倒转方向后装回。然后用手压合衔铁，观察延时器的动作是否灵敏。调节延时器上端的针阀，将延时时间调整到所需时间（5 s 左右）。

（2）时间继电器转换的 Y-△降压起动控制电路的设计

时间继电器转换的 Y-△降压起动控制线路电气原理图如图 1-79 所示。KM 是电源接触器，KMY 是“Y”接触器，KM△是“△”接触器。注意 KMY 和 KM△不能同时通电，否则会造成电源短路。控制电路中 SB 为停车按钮，SB1 为起动按钮。

线路工作过程：合上电源开关 QF，按下 SB1，KM、KM、KT 线圈通电，KM、KMY 的主触点闭合，电动机“Y”接法起动。同时，KM 动合辅助触点闭合，实现自锁，KMY 动断触点分断，实现联锁。

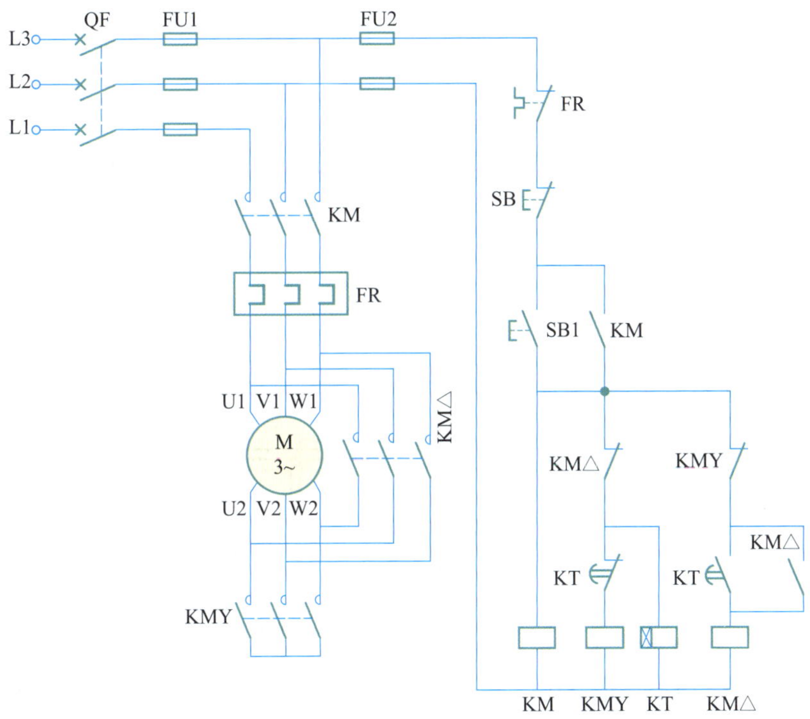

图 1-79
时间继电器转换的 Y- △降压起动控制线路电气原理图

微课：时间继电器转换的 Y-△ 降压起动控制

动画：时间继电器转换的 Y-△ 降压起动控制控制原理

待 KT 延时时间到，KT 延时动断触点分断，KMY 线圈断电，其主触点复位断开，电机“Y”接法解除，同时 KMY 动断辅助触点复位闭合，KT 延时动合触点闭合，KM△线圈通电，电机“△”运行。同时 KM△动断辅助触点分断，实现联锁，KM△动合辅助触点闭合，实现自锁。

停车时按下 SB，控制电路断电，各接触器释放，电动机停车。

在控制中，利用 KM△的动断辅助触点断开 KT 的线圈，使 KT 退出运行，这样可延长时间继电器的寿命并节约电能。要停止时，只要按下停止按钮 SB，则 KM、KM△相继断电释放，电动机停转。

2. 任务实施

（1）绘制安装接线图

电路的安装接线图如图 1-80 所示。

（2）检查与接线

检查元器件，并按接线图规定位置将元器件固定，并按顺序接线。接线时除了要认真核对，不能接错外，主电路各端子还要压接可靠，防止接触不良，引起发热。控制电路中 SB1 出线端接点较多，注意寻找电路等位点进行连接。

（3）试车

① 空操作试验。合上 QF，按下 SB1，KT、KM、KMY 应立即通电动作，约经 5 s 后，KT 和 KMY 断电释放，同时 KM△通电动作。按 SB，各接触器均释放。调节 KT 的针阀，使其延时更准确。

② 带负荷试车。断开 QF，接好电动机接线，仔细检查主电路各熔断器的接触情况，检查各端子的接线情况。合上 QF，按下 SB1，电动机应通电起动，转速上升，约 5 s 后线路转换，

虚拟实训：元件布局

虚拟实训：线路连接

虚拟实训：线路运行

微课：时间继电器转换的 Y-Δ 降压起动控制

笔 记

电动机转速再次上升，进入全压运行。试车中如发现电动机运转异常，应立即停车检查。

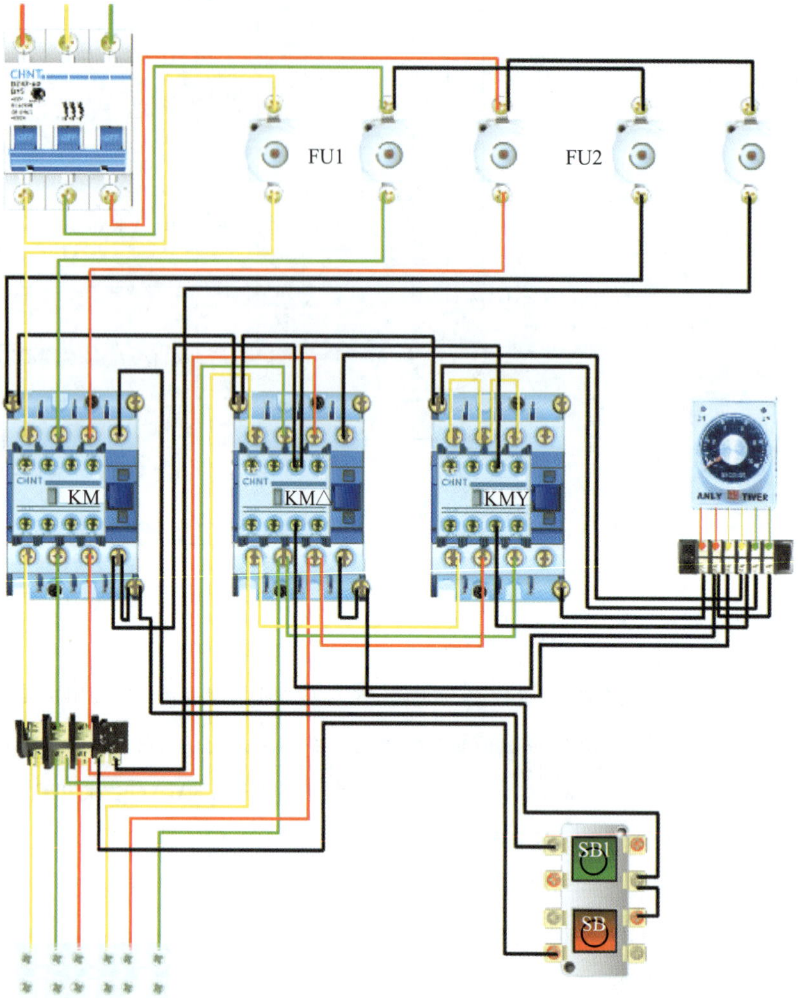

图 1-80
时间继电器转换的 Y-△降压起动控制线路的安装接线图

3. 问题研讨——还有其他改善笼型异步电动机起动性能的方法吗

思政小讲堂：不畏困难，积极面对

从笼型异步电动机的起动情况来看，若采用全压起动，则起动电流过大，既影响电网电压，又不利于电动机本身。若采用降压起动，虽然可以减小起动电流，但起动转矩也相应减小。根据式（1-7）可知，若适当增大转子电阻，就可以在一定范围内提高起动转矩、减小起动电流。为此，人们通过改进鼠笼结构，利用“集肤效应”来实现转子电阻的自动调节，即起动时电阻较大，正常运转时电阻变小，以达到改善起动性能的目的。具有这种改善起动性能的笼型异步电动机有深槽式和双笼式两种。

（1）深槽式异步电动机

这种电动机的转子槽做得又深又窄，如图 1-81(a) 所示。当转子绕组有电流时，槽中漏磁通的分布是，越靠底边，导体所链的漏磁通越多，槽漏抗越大。

在起动时，转子频率高（$f_2=f_1$），漏抗在阻抗中占主要部分。这时，转子电流的分布基本上与漏抗成反比，电流密度 j 沿槽高 h 的分布如图 1-81(b) 所示，其效果犹如导体有效高度及截面积的缩小，增大了转子电阻 r_2'，因而可以增大起动转矩，改善电动机的起动性能。在频率较高时，电流主要分布在转子的上部，这种现象称之为“集肤效应”。

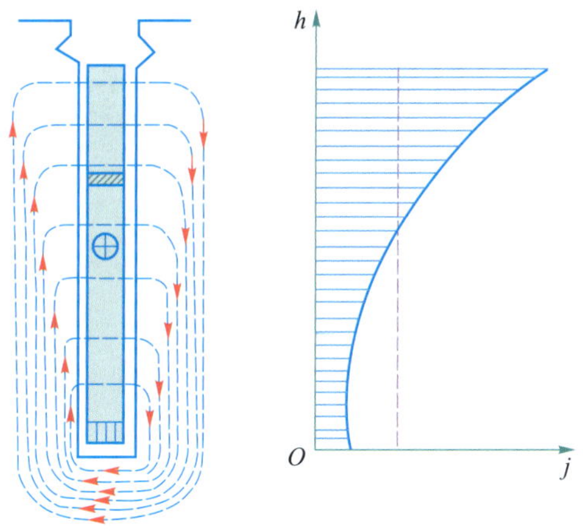

(a) 转子漏磁通分布　(b) 电流密度分布

图 1-81
深槽式转子的集肤效应

正常运转时，转子电流频率很小，相应漏抗减小，这时导体中电流分配主要取决于电阻，且均匀分布，集肤效应消失，转子电阻减小，于是深槽式电动机获得了与普通笼型电动机相近的运行特性。但深槽式电动机由于槽狭而深，故正常工作时漏抗较大，致使电动机功率因数、过载能力稍有降低。

（2）双笼式异步电动机

双笼式电动机的结构特点是转子铁心上有两套分开的短路绕组。在转子外表的槽内放置着由黄铜或青铜材料的导条与端环组成的外笼，其截面较小，电阻较大；而内层则放置着由紫铜材料的导条与端环组成的内笼，其截面较大，电阻较小。转子槽形结构如图 1-82(a) 所示。若内外笼都用铸铝，可采用不同槽形截面来取得不同阻值，即外笼截面小，电阻较大；内笼截面大，电阻较小，如图 1-82(b) 所示。

起动时，转子电流频率高，漏抗大于电阻，内笼电抗大，电流集肤效应明显，使转子有效截面积减小，电阻变大，可产生较大的起动转矩。因起动时外笼起主要作用，故称其为起动笼。

正常运转时，转子电流频率很低，此时漏抗很小，外、内笼电流分配决定于它们的电阻。因外笼电阻大，于是电流大部分在内笼流过，产生正常运行时的转矩，所以把内笼称为运行笼。

双笼式电动机起动性能比深槽式电动机还好。与一般电动机相比，它由于工作绕组位于转子铁心深处，漏感抗较大，功率因数和过载能力都比较低。

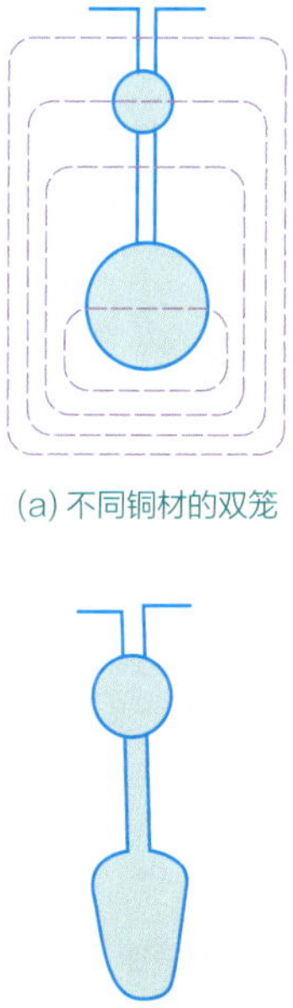
(a) 不同铜材的双笼
(b) 不同截面的双笼

图 1-82
双笼式异步电动机的绕组

4. 任务拓展

① 分析时间继电器转换的Y-△降压起动控制线路中产生下列故障的可能原因及其排查方法。

故障现象：线路经万用表检测，动作无误。进行空操作试车时，操作 SB1 后 KT、KM 及 KMY 通电动作，但延时过 5 s 后线路无转换动作。

虚拟实训：线路运行

② 设计与实现按钮手动切换与时间继电器自动切换相结合的 Y-△降压起动控制的电路。在时间继电器定时时间内，还可以采用按下按钮的方式切换到△形运行。

项目 5 绕线式异步电动机起动控制与实现

【知识点】

- □ 电磁式继电器的结构、图形符号及工作原理
- □ 电流原则实现的转子串电阻的电气控制原理
- □ 时间原则实现的转子串电阻的电气控制原理
- □ 转子串频敏变阻器起动方法

【技能点】

- □ 使用万用表对中间继电器进行质量检测
- □ 按照电气原理图进行绕线式异步电动机转子回路串电阻控制线路的制作与调试
- □ 排查绕线式异步电动机转子回路串电阻控制线路的常见故障

任务 绕线式异步电动机的起动控制与实现——电磁式继电器

演示文稿：线绕式异步电动机的起动控制与实现——电磁式继电器

【任务描述】

掌握电磁式继电器的结构、图形符号、工作原理及检测方法，在理解绕线式异步电动机的起动方法和电流原则实现的转子回路串电阻的电气控制原理的基础上，完成转子串电阻控制线路的制作与调试，并对时间原则实现转子串电阻的电气控制原理进行分析比较。

1. 知识学习——电磁式继电器、绕线式异步电动机的起动方法

（1）新元器件——电磁式继电器

继电器是一种根据电量（电流、电压）或非电量（时间、速度、温度、压力等）的变化自动接通和断开控制电路，以完成控制或保护任务的电器。

虽然继电器和接触器都是用来自动接通或断开电路的，但是它们仍有很多不同之处。继电器可以对各种电量或非电量的变化作出反应，而接触器只有在一定的电压控制下动作；继电器用于切换小电流的控制电路，而接触器则用于控制大电流电路，因此，继电器触点容量

较小（不大于 5 A），且无灭弧装置。

继电器用途广泛，种类繁多。按反应的参数可分为：电压继电器、电流继电器、中间继电器、热继电器、时间继电器和速度继电器等；按动作原理可分为：电磁式、电动式、电子式和机械式等。其中电压继电器、电流继电器、中间继电器均为电磁式。

电磁式继电器，也叫有触点继电器，它的结构和动作原理与接触器大致相同。但电磁式继电器在结构上体积较小，动作灵敏，没有庞大的灭弧装置，且触点的种类和数量也较多。

1）电流继电器

电流继电器的线圈与被测电路串联，用来检测电路的电流。为不影响电路工作情况，其线圈匝数少，导线粗，线圈阻抗小。

电流继电器又有欠电流继电器和过电流继电器之分。欠电流继电器的吸引电流为额定电流的 30%~65%，释放电流为额定电流的 10%~20%。因此，在电路正常工作时，其衔铁是吸合的。只有当电流降低到某一程度时，继电器才释放，输出信号。过电流继电器在电路正常工作时不动作，当电流超过某一整定值时才动作，整定范围通常为 1.1~4 倍额定电流。图 1-83 所示，当接于主电路的线圈为额定值时，它所产生的电磁引力不能克服反力弹簧的作用力，继电器不动作，动断触点闭合，维持电路正常工作。一旦通过线圈的电流超过整定值，线圈电磁力将大于弹簧反作用力，静铁心吸引衔铁使其动作，断开动断触点，切断控制回路，保护了电路和负载。

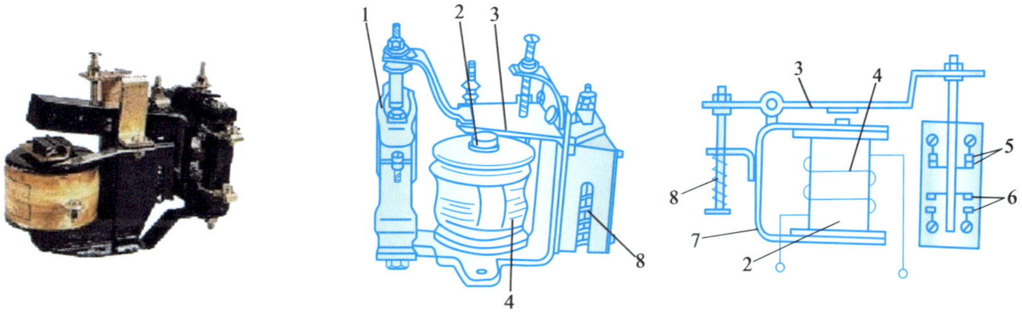

(a) 外形图　(b) 结构图

1—触点　2—静铁心　3—衔铁　4—电流线圈　5—动断触点　6—动合触点　7—磁轭　8—反力弹簧

图 1-83
JT4 系列过电流继电器

2）电压继电器

电压继电器的结构与电流继电器相似，不同的是电压继电器的线圈为并联的电压线圈，匝数多，导线细，阻抗大。

根据动作电压值的不同，电压继电器可分为过电压、欠电压和零电压继电器。过电压继电器在电压为额定值的 110% ～ 115% 及以上时动作，欠电压继电器为额定值的 40% ～ 70% 时动作，而零电压继电器当电压降至额定值的 5% ～ 25% 时动作。

3）中间继电器

中间继电器实质上为电压继电器，但其触点对数多，触点容量较大，动作灵敏。其主要用途为：当其他继电器的触点对数或触点容量不够时，可借助中间继电器来扩大其触点数和

笔 记

触点容量，起到中间转换作用。图 1-84 为 JZ7 系列中间继电器外形结构图。

微课：中间继电器

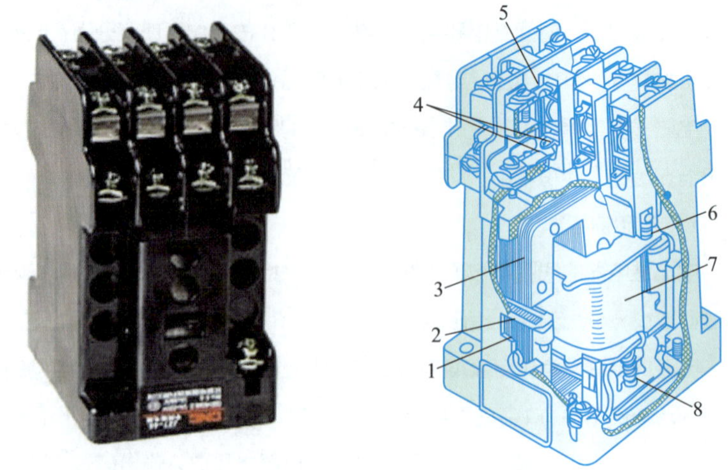

图 1-84
JZ7 系列中间继电器外形结构图

1—静触点　2—短路环　3—动铁心　4—动合触点　5—动断触点　6—恢复弹簧　7—线圈　8—缓冲弹簧

4）电磁式继电器的表示

表征电流、电压和中间继电器的主要技术参数与接触器类似。所不同的是动作电压或动作电流、返回系数、动作时间和释放时间等。常用的电磁式继电器有 JT9、JT10、JL12、JL14、JZ7 等系列。其中，JL14 为交直流电流继电器，JZ7 系列为交流中间继电器。常用的电磁式继电器型号含义如图 1-85 所示。

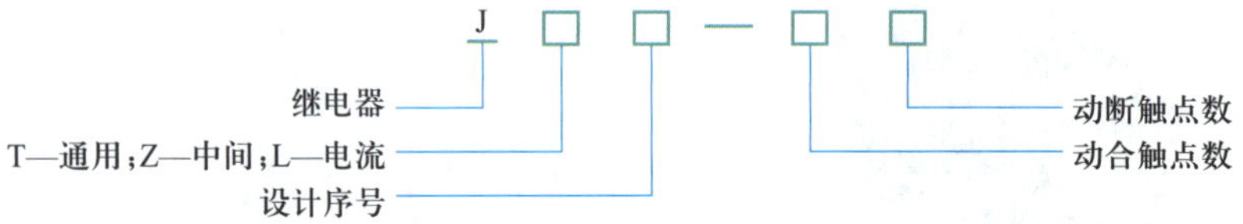

图 1-85
常用的电磁式继电器型号含义图

电磁式继电器的图形符号如图 1-86 所示。文字符号：电流继电器为 KI，电压继电器为 KV，中间继电器为 KA。

图 1-86
电磁式继电器图形符号

(a) 一般线圈　(b) 欠电流线圈　(c) 过电流线圈　(d) 欠电压线圈　(e) 过电压线圈　(f) 动合触点一般符号　(g) 动断触点一般符号

（2）绕线式异步电动机的起动

绕线式异步电动机改善起动性能的方法是起动时在转子回路中串入电阻器或频敏变阻器。由人为机械特性可知，这样可以在降低起动电流的同时提高起动转矩。

1）转子串接电阻器起动

方法：起动时，在转子电路串接起动电阻器，借以提高起动转矩；同时，因转子电阻增大也限制了起动电流。起动结束后，切除转子所串电阻。

为了在整个起动过程中得到比较大的起动转矩，一般需分三级切除起动电阻，故称为三级起动。在整个起动过程中产生的转矩都是比较大的，适合于重载起动，广泛用于桥式起重机、卷扬机、龙门吊车等重载设备。其缺点是所需起动设备较多，起动时有一部分能量消耗在起动电阻上，起动级数也较少。

2）转子串频敏变阻器起动

频敏变阻器的结构特点：它是一个三相铁心线圈，其铁心不用硅钢片而用厚钢板叠成。铁心中产生涡流损耗和一部分磁滞损耗，铁心损耗相当于一个等值电阻，其线圈又是一个电抗，故电阻和电抗都随频率下降而变小，因此称其为频敏变阻器。它与绕线式异步电动机的转子绕组相接，如图 1-87 所示。

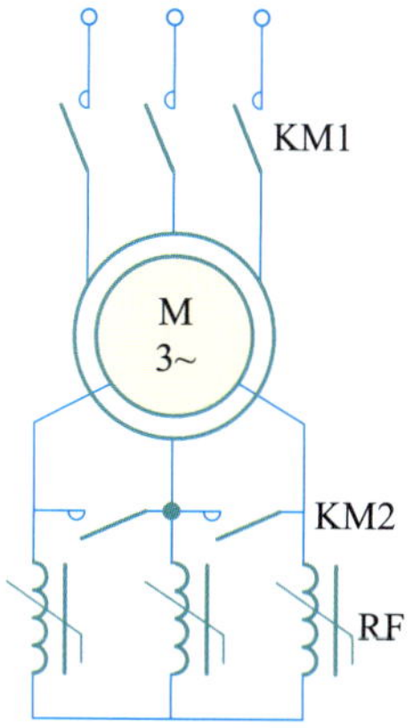

图 1-87
频敏变阻器的等效电路及其与电动机的连接图

方法：起动时接入频敏变阻器。起动时频敏变阻器的铁心损耗大，等效电阻大，既限制了起动电流，增大起动转矩，又提高了转子回路的功率因数。随着转速升高，频率减小，铁心损耗和等效电阻也随之减小，相当于逐渐切除转子电路所串的电阻。起动结束后基本不起作用，可以予以切除。

频敏变阻器起动结构简单，运行可靠，但与转子串电阻起动相比，在同样起动电流下起动转矩要小些。

3）转子串电阻器起动控制电路设计

图 1-88 中 KM4 为电源接触器，KM1~KM3 为短接转子电阻接触器；KI1、KI2、KI3 为电流继电器，其线圈串接在电动机转子电路中。这三个继电器的吸合电流都一样，但释放

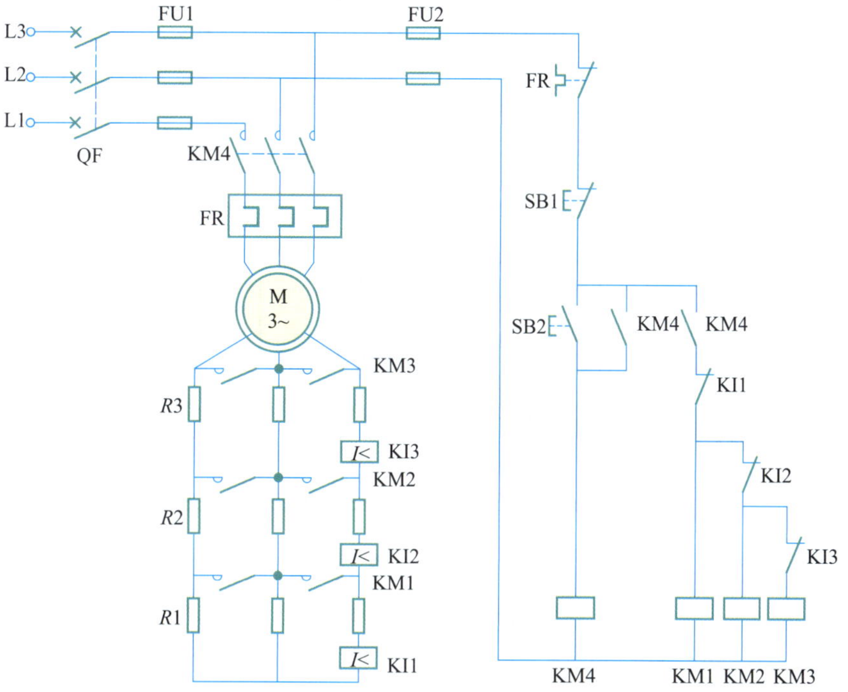

动画：绕线式异步电动机转子串电阻起动控制原理

图 1-88
绕线式异步电动机转子串电阻起动控制电气原理图

笔 记

电流不一样。其中 KI1 的释放电流最大，KI2 次之，KI3 最小。

线路工作过程：合上电源开关 QF，按 SB2，KM4 线圈得电，KM4 主触点闭合，电动机转子串电阻起动，刚起动时起动电流很大，KI1 ～ KI3 都吸合，所以它们的动合触点断开，这时接触器 KM2 ～ KM4 均不动作，电阻全部接入。当电动机转速升高后电流减小，KI1 首先释放，它的动合触点闭合，使接触器 KM1 线圈通电，短接第一段转子电阻 $R1$，随着转速升高，电流逐渐下降，使 KI2 释放，接触器 KM2 线圈通电，短接第二段起动电阻 $R2$，如此下去，直到将转子全部电阻短接，电动机起动完毕。

停车时按 SB1，控制电路断电，各接触器均释放，电动机停车。

2. 任务实施

（1）绘制接线图

电路的安装接线图如图 1-89 所示。为走线方便，交流接触器按照 KM4、KM3、KM2、KM1 的顺序排列。

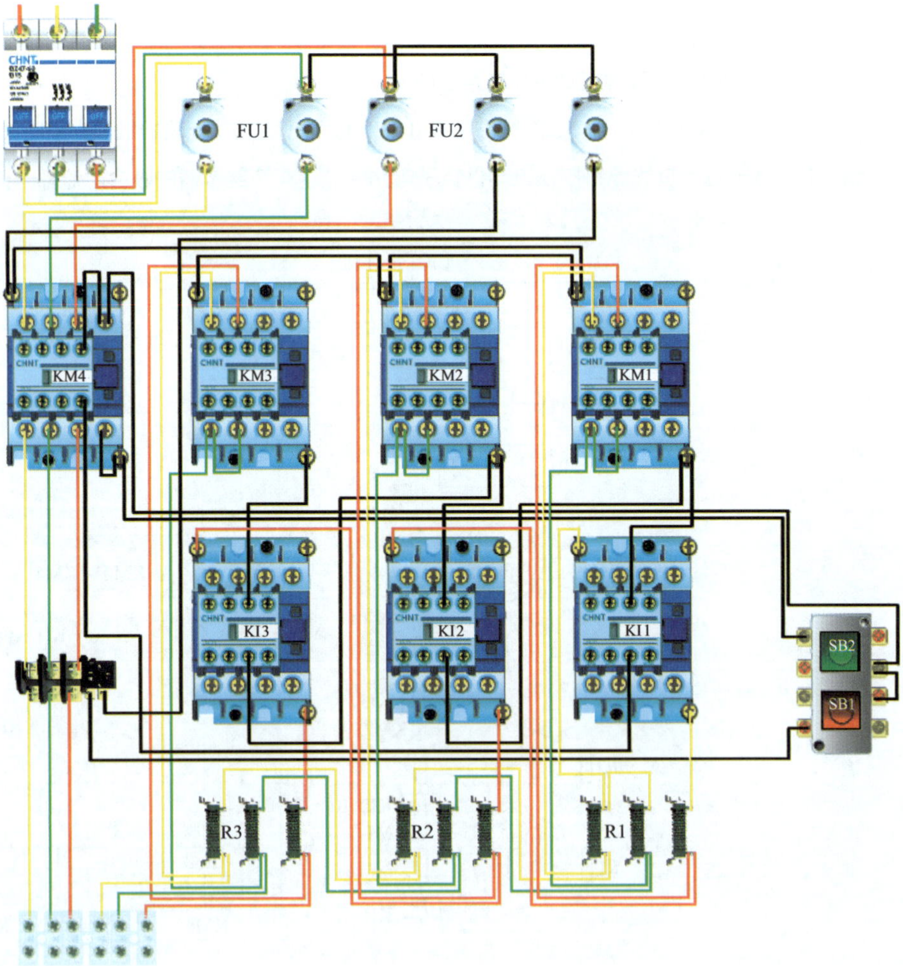

图 1-89 绕线式异步电动机转子串电阻起动控制接线图

（2）检查与接线

检查元器件，并按接线图规定位置将元器件固定，KM1~KM4 并排放置，KI1~KI3 与 FR 并排放置，三段电阻放置在电流继电器的下方，并与其接线。接线时要认真核对，不能接错，电路各端子要压接可靠，以防止其接触不良而引起发热。

虚拟实训：元件布局

（3）试车

试车前按规范检查各元件和线路，无误后方可试车。

空操作试验。合上电源开关，按下 SB2 后放开，KM4 和 KM1~KM3 均应动作并保持吸合状态；按下 KI3 的衔铁，KM3 断电释放；按下 KI2 的衔铁，KM2~KM3 断电释放；按下 KI1 的衔铁，KM1~KM3 断电释放；按 SB1，各接触器均释放。

虚拟实训：线路连接

带负荷试车。断开电源开关，接好电动机接线，合上电源开关 QF，按下 SB2，电动机转子串入全部电阻起动，随着转速逐渐上升，电路电流逐渐下降，当降至 KI1 的释放值时，KM1 工作，切除 $R1$；当降至 KI2 的释放值时，KM2 工作，切除 $R2$；当降至 KI3 的释放值时，KM3 工作，切除 $R3$；最终电动机进入全压运行状态；按下 SB1，电动机断电停车。试车中如发现电动机运转异常，应立即停车检查。

虚拟实训：线路运行

3. 问题研讨——利用时间原则如何实现转子串电阻起动控制

图 1-90 为时间原则控制转子串电阻起动控制电路，其主电路与图 1-88 相同，KM4 为电源接触器，KM1~KM3 为短接转子电阻接触器， KT1~KT3 为起动时间继电器，自动控制电阻短接。

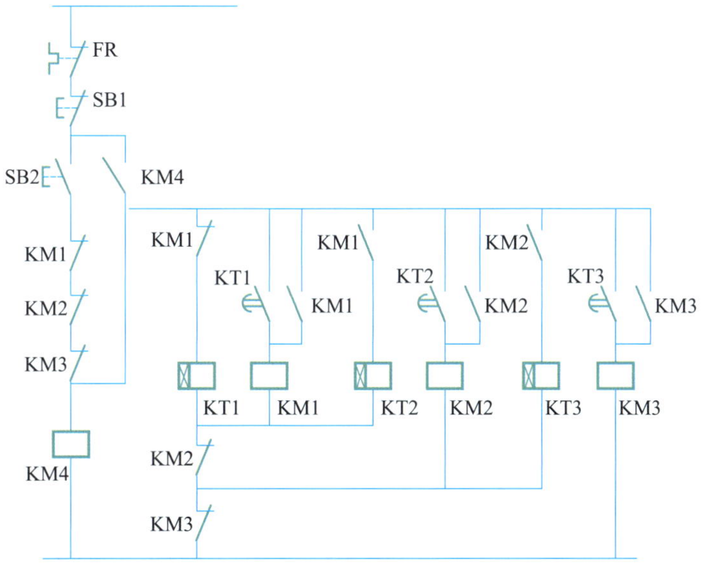

图 1-90
时间原则控制转子电路串电阻起动控制电路图

线路工作过程：按下 SB2 起动时，KM4 线圈得电，KM4 主触点闭合，电动机转子串电阻起动。然后，依靠 KT1、KT2、KT3 三只时间继电器和 KM1、KM2、KM3 三只接触器的相互配合来完成电阻的逐段切除，电阻切除完毕，起动结束。线路中只有 KM3、KM4 长期通电，而 KT1、KT2、KT3、KM1、KM2 五只线圈的通电时间均被压缩到最低限度。这样做一方面是节省了电能，更重要的是延长了它们的使用寿命。

利用时间原则控制线路存在两个问题：时间继电器一旦损坏，线路将无法实现电动机正常起动和运行；电阻的分段切除是利用时间继电器实现的，时间继电器是依靠经验来设定时间，而利用电流继电器控制的起动电路是直接依据电路中电流的递减来逐段切除电阻的，其起动平滑性会更好。

4. 任务拓展

虚拟实训：线路排故

（1）电流原则控制绕线式异步电动机转子串电阻起动控制电路的常见故障分析与排除。

1）故障现象 1：按下起动按钮 SB2，KM4 和 KI1 ～ KI3 均得电吸合，电动机起动；松开起动按钮 SB2，KM4 和 KI1~KI3 均断电释放，电动机停车。

2）故障现象 2：按下起动按钮 SB2，KM4 和 KI1 ～ KI3 都得电吸合，电动机起动；随着起动电流的下降，KI1 释放，KM1 得电，切除 $R1$；然后 KI3 释放，KM2 与 KM3 均无得电；最后 KI2 释放，KM2 与 KM3 同时得电。

（2）分析图 1–91 转子电路串频敏变阻器起动控制电路原理。

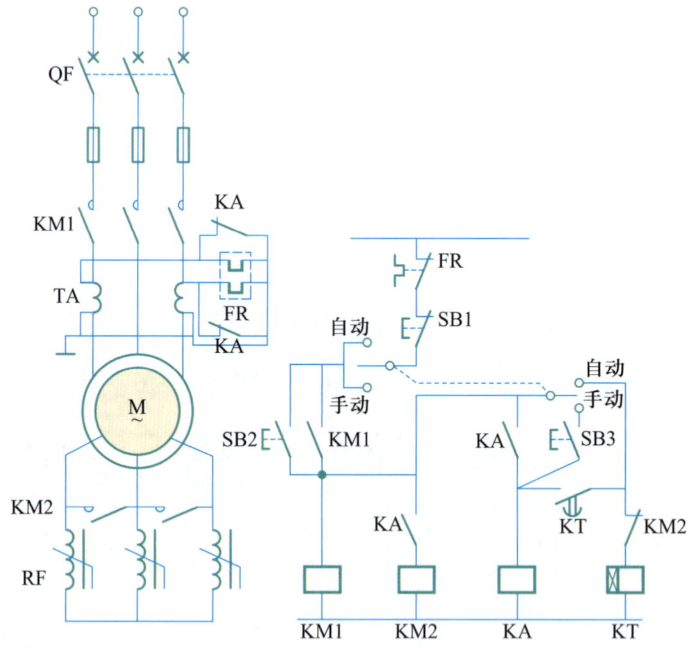

图 1–91
转子电路串频敏变阻器起动控制电路

项目 6　异步电动机的调速、制动控制与实现

【知识点】

- □ 三相异步电动机的调速方法及其特点
- □ 双速电动机控制电路的控制原理及设计技巧
- □ 三相异步电动机的选配
- □ 能耗制动、反接制动和回馈制动的方法及原理
- □ 电源反接制动控制电路的控制原理及设计技巧
- □ 三相异步电动机单向能耗控制电路的控制原理及设计技巧

【技能点】

- □ 按照电气原理图进行双速电动机电气控制线路的制作与调试
- □ 按照电气原理图进行单向能耗控制线路的制作与调试
- □ 排查双速电动机电气控制线路的常见故障
- □ 排查单向能耗控制线路常见故障
- □ 三相异步电动机的日常维护
- □ 电气控制线路的故障诊断与维修

任务 1　双速电动机控制与实现——调速、三相异步电动机选配

演示文稿：双速电动机控制与实现——调速、三相异步电动机选配

【任务描述】

理解三相异步电动机的调速方法及其特点，在掌握三相异步电动机双速电动机控制电路的控制原理及设计技巧的基础上，完成双速电动机电气控制线路的制作与调试，并总结三相异步电动机的选配方法。

1. 知识学习——异步电动机的调速方法和双速异步电动机电气控制电路设计

（1）三相异步电动机的调速方法

微课：三相异步电动机的调速方法概述

近年来，随着电力电子技术的发展，异步电动机的调速性能大有改善，交流调速应用日益广泛，在许多领域有取代直流调速系统的趋势。

从异步电动机的转速关系式 $n=n_1(1-s)=\dfrac{60f_1}{p}(1-s)$ 可以看出，异步电动机调速可分为三大类：变极调速、变频调速和变转差率调速。

1）变极调速

改变定子绕组的磁极对数 p 达到改变转速的目的。若极对数减少一半，同步转速就提高

笔 记

一倍，电动机转速也几乎升高一倍。这种电动机也称为多速电动机。其转子均采用笼型转子，因笼式转子感应的极对数能自动与定子相适应。

多极电动机定子绕组连接方式常用的有两种：一种是从星形改成双星形，写作 Y/YY，如图 1-92 所示。该方法可保持电磁转矩不变，适用于起重机、传输带运输等恒转矩的负载。另一种是从三角形改成双星形，写作△/YY，如图 1-93 所示。该方法可保持电机的输出功率基本不变，适用于金属切削机床类的恒功率负载。上述两种接法都可使电机极数减少一半，转速提高一倍。

注意：在绕组改接时，为了使电动机转向不变，应把绕组的相序改接一下。

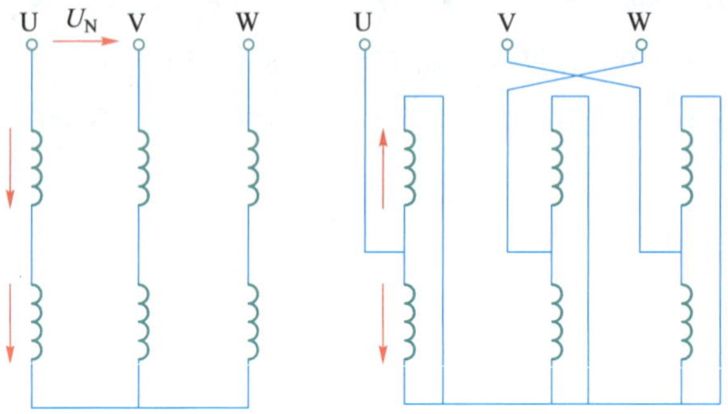

图 1-92
异步电动机 Y/YY 变极调速接线图

微课：三相异步电动机的变极调速方法

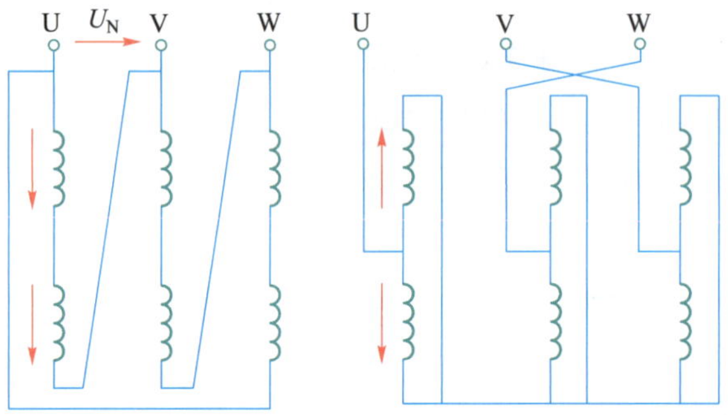

图 1-93
三相异步电动机△/YY 变极调速图

微课：三相异步电动机的变频调速方法

2）变频调速

通过改变供电电网的频率来调速。在变频调速的同时，必须降低电源电压，使电源电压与电网频率的比值保持不变。

变频调速的主要优点是能平滑调速、调速范围广、效率高。主要缺点是系统较复杂、成本较高。随着晶闸管整流和变频技术的迅速发展，异步电动机的变频调速应用日益广泛，有逐步取代直流调速的趋势。它主要用于拖动泵类负载，如通风机、水泵等。

3）变转差率调速

① 改变定子电压调速。此法用于笼型异步电动机，属改变转差率 s 调速。

对于转子电阻大、机械特性曲线较软的笼型异步电动机，采用此法调速的范围很宽。缺点是低压时机械特性太软，转速变化大，可采用带速度负反馈的闭环控制系统来解决该问题。

改变电源电压调速过去都采用定子绕组串电抗器来实现，目前已广泛采用晶闸管交流调压线路来实现。

② 转子串电阻调速。此法只适用于绕线式异步电动机，属改变转差率 s 调速。

转子串电阻调速的优点是方法简单，主要用于中、小容量的绕线式异步电动机，如桥式起动机等。若转速太低，则转子损耗较大，且低速时效率不高。

③ 串级调速。它也是适用于绕线式异步电动机，属改变转差率 *s* 调速。

串级调速就是在异步电动机的转子回路串入一个三相对称的附加电动势，其电动势与转子电动势相同，改变附加电动势的大小和相位，就可以调节电动机的转速。若引入附加电动势后使电机转速降低，则称为低同步串级调速；若引入附加电动势后导致转速升高，则称为超同步串级调速。

串级调速性能比较好，过去由于附加电动势的获得比较难，长期以来没能得到推广。近年来，随着可控硅技术的发展，串级调速有了广阔的发展前景。现已广泛用于水泵、风机的节能调速和不可逆轧钢机、压缩机等生产机械。

（2）双速异步电动机电气控制电路设计

双速电动机是通过改变定子绕组的接法从而实现三相异步电动机转速的改变。

图 1-94 所示，主电路中 KM1 为三角形联结接触器，实现低速控制。KM2、KM3 为双星形联结接触器，实现高速控制。其工作过程为：合上电源开关 QF，当按下低速起动按钮 SB1 时，KM1 接触器线圈通电，将电动机定子绕组接成三角形，电动机以四极低速运转。若按下高速起动按钮 SB2，则 KM1 线圈失电，同时 KM2 、KM3 将电动机定子绕组接成双星形，电动机以双极高速运转。

微课：拓展学习——晶闸管斩波降压调速方法

笔记

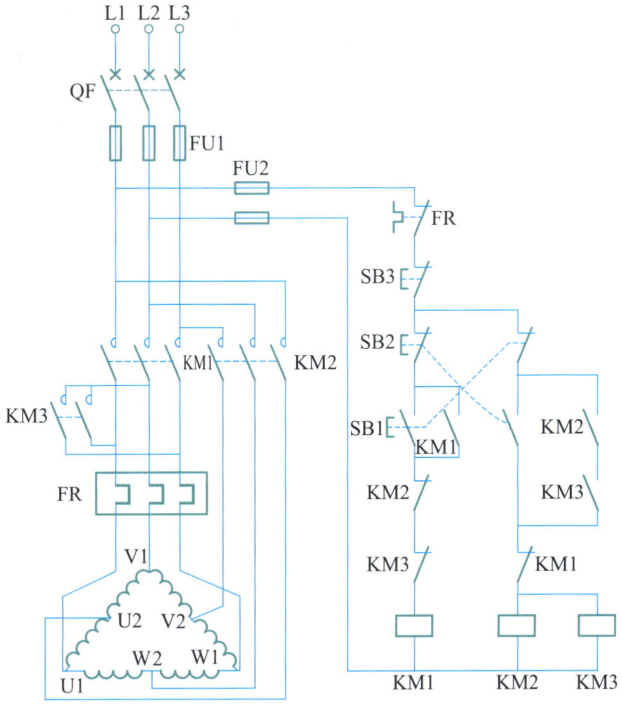

微课：双速电动机控制

动画：双速电动机控制原理

图 1-94
双速电动机控制线路电气原理图

2. 任务实施

（1）绘制安装接线图

手动切换的双速控制电路的安装接线图如图 1-95 所示。

微课：双速电动机控制线路的连接与调试

笔 记

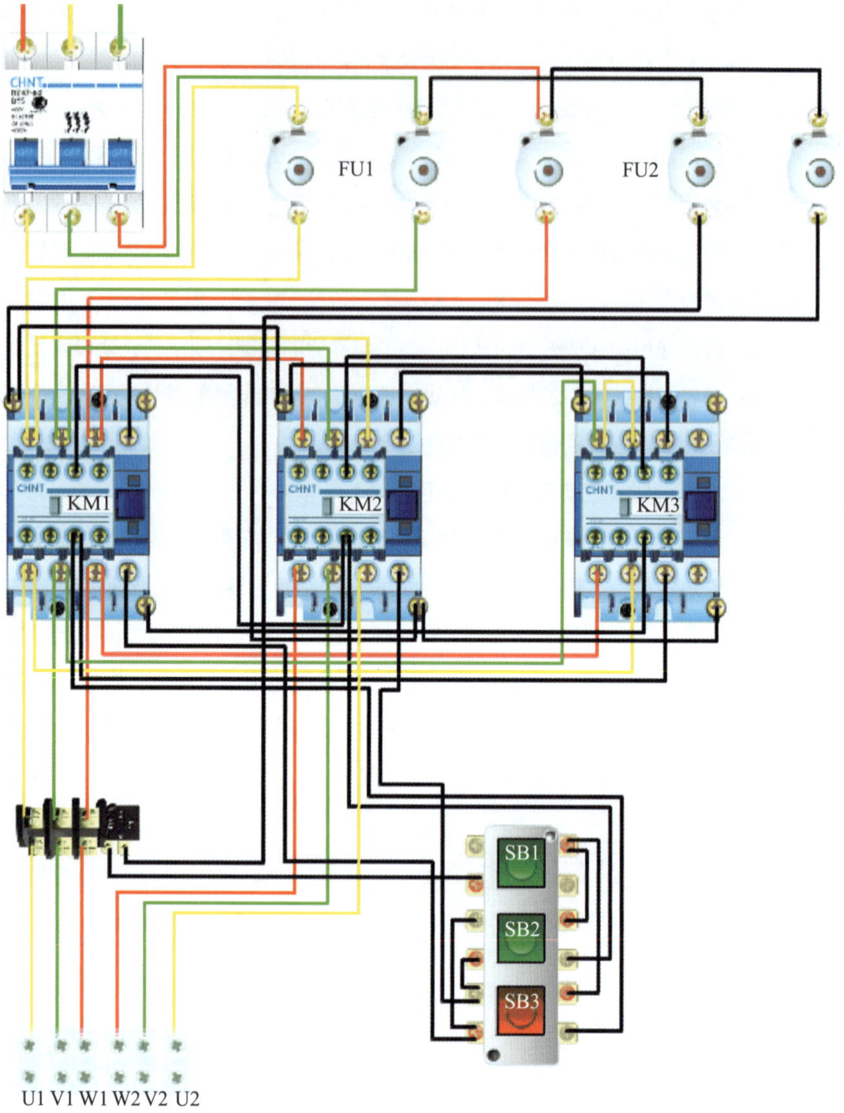

图 1-95
双速控制电路的安装接线图

（2）检查与接线

检查元器件，对照接线图进行元器件的固定，并按顺序接线。

主电路在连接时，在接线端子 XT 端确定好定子绕组的首尾端，注意 KM2 主触点的连接，最后在连接电动机时也应与之相对应。

（3）试车

空操作试验。合上 QF，按下 SB1 后，KM1 应立即吸合，按下 SB2 时， KM1 释放，KM2、KM3 吸合。反复操作几次，以检查线路动作的可靠性。

带负荷试车。断开 QF，根据接线端子的标号顺序连接电动机。合上 QF，按下 SB1，电动机应低速起动。按下 SB2，电动机应立即切换到高速运行。调试时就注意电动机转动速度的变化。

虚拟实训：元件布局

虚拟实训：线路连接

虚拟实训：线路运行

3. 问题研讨——三相异步电动机如何选配？

电动机的选配一般包括电动机的类型、功率、转速和温升等方面的选择。

（1）电动机的类型选择

笔 记

电动机的选配必须适用各种不同机械设备和不同工作环境的需要，根据机械设备对电动机的起动特性、机械特性的要求选择电动机种类。选用原则如下：

1）无特殊变速、调速要求的一般机械设备，可选用机械特性较硬的笼型异步电动机。

2）要求起动特性好，在较小的范围内需平滑调速的机械设备，应选用绕线转子异步电动机。

3）有特殊要求的设备，则选用特殊结构的电动机。例如，小型卷扬机、升降设备及电动葫芦，可选用锥形转子制动电动机。

4）根据电动机的适用场合选择电动机的结构形式。在灰尘较少而无腐蚀性气体的场合，可选用一般的防护式电动机；而潮湿、灰尘多或含腐蚀性气体的场合应选用封闭式电动机；在有易爆气体的场合，则选用防爆式电动机。

（2）电动机功率选择

要严格按照机械设备的实际需要选配电动机，不可任意增加或减少功率。在具有相同功率的情况下，要选用电流小的电动机。

电动机的容量（功率）应当根据所拖动的机械设备来选择。如果电动机的容量选得太小，则造成电动机过载而发热，长时间的过载将引起电动机绝缘破坏，甚至烧毁电动机。所以选择电动机容量时应留有余地，一般应使电动机在额定功率比拖动的负荷稍大一些，当然也不可过大，否则会使电动机的效率、功率因数下降，造成电力的浪费。

当电动机在恒定负荷状态下运行时，功率计算公式为

$$P=\frac{P_L}{\eta_L \eta} \tag{1-14}$$

式中

P——电动机的功率（kW）

P_L——电动机所拖动设备的机械功率（kW）

η_L——机械设备效率；

η——电动机的效率。

总之，应根据计算结果选择功率略大于计算结果的合适的电动机。

（3）电动机的转速选择

应根据机械设备的要求选配电动机，可选择高速电动机或齿轮减速电动机，还可以选用多速电动机。

要求电动机的额定电压必须与电源电压相符。电动机只能在铭牌上规定的电压条件下使用，允许工作电压的上下偏差为 −5%~10%。例如，额定电压为 380 V 的异步电动机，当电源电压在 360~418 V 范围内波动时，该电动机能正常使用。若超出此范围，电压过高时将引起电动机绕组过载发热；电压过低时电动机转矩下降，甚至拖不动机械设备而引起“堵转”。“堵转”时电流过大，可能引起电动机的绕组发热烧毁。如果电动机铭牌上标有两个电压值，写作 220 V/380 V，则表示这台电动机有两种额定电压。当电源电压为 380 V 时，将电动机绕组接成 Y 形使用；而当电源电压为 220 V 时，将绕组接成△形使用。

微课：电动机的使用与维修

（4）电动机温升的选择

虚拟实训：线路运行

应根据具体使用环境的实际要求选配电动机。高温、高湿和通风不良等环境应选用具有较高温升的电动机。当电动机允许温度越高时，价格也就越高。

4. 任务拓展

（1）分析手动切换的双速控制线路中产生下列故障的可能原因及其排查方法。

故障现象：按下 SB1 后，KM1 和电动机工作正常；按下 SB1 后松开，KM1 和电动机均停止工作。

（2）分析图 1-96 双速电动机自动变速控制的控制原理。

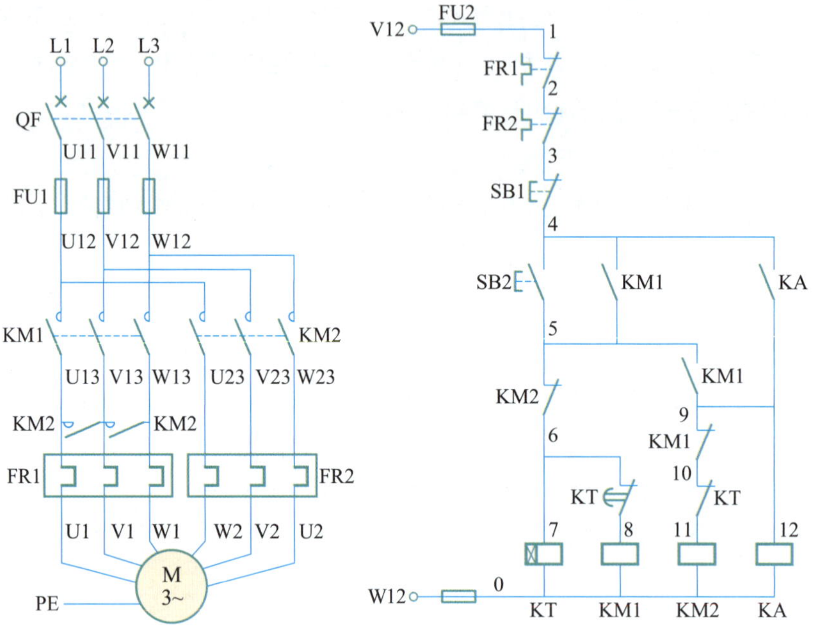

图 1-96
双速电动机自动变速控制电气原理图

（3）查阅资料，了解现代交流调速技术的发展及其特点。

任务 2 电源反接制动控制与实现——速度继电器、三相异步电动机的日常维护与故障处理

演示文稿：电源反接制动控制与实现——速度继电器、三相异步电动机的日常维护与故障处理

【任务描述】

理解电源反接制动的原理和方法，掌握三相异步电动机电源反接制动控制电路的控制原理及设计技巧，在此基础上完成电源反接制动控制线路的制作与调试，并总结三相异步电动机日常维护方法。

1. 知识学习——制动方法、速度继电器和单向反接制动控制电路的设计

（1）三相异步电动机的制动类型

电动机在起动、调速和反转运行时有一个共同的特点，即电动机的电磁转矩和电动机的旋转方向相同，此时，我们称电动机处于电动运行状态。三相异步电动机还有一类运行状态称为制动，其制动方法主要有两类：机械制动和电气制动。

微课：三相异步电动机的制动方法概述

机械制动是利用机械装置使电动机从电源切断后迅速停转。它的结构有多种形式，应用较普遍的是电磁抱闸，又称为制动电磁铁。它主要用于起重机械上吊重物时，使重物能迅速而又准确地停留在某一位置上。制动电磁铁主要由线圈、衔铁、闸瓦和闸轮组成，如图 1-97 所示。其工作原理如下：电磁线圈一般与电动机的定子绕组并联，在电动机接通电源的同时，电磁铁线圈也通电，其衔铁被吸引，利用电磁力把制动闸瓦松开，电动机可以自由转动；当电动机被切断电源时，电磁铁的线圈也断电，其衔铁释放，制动闸在弹簧的作用下，抱紧装在电动机轴上的制动轮，获得快速而准确的停车。制动电磁铁使用三相交流电源，制动力矩较大，工作平稳可靠，制动时无自振。电磁铁线圈连接方式与电动机定子绕组连接方式相同，有三角形联结和星形联结。

动画：机械制动工作原理

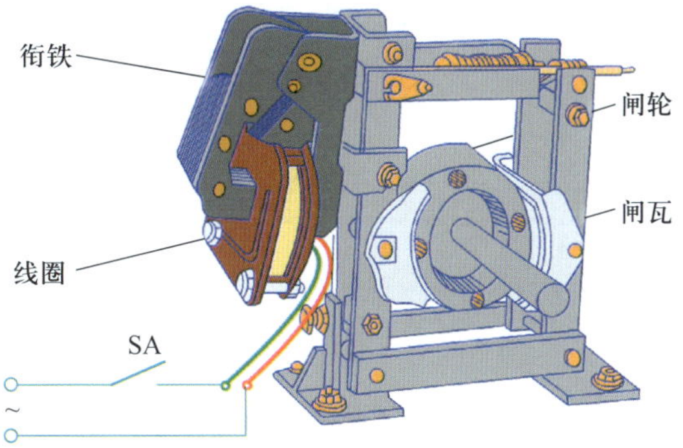

图 1-97
电磁抱闸结构图

电气制动使异步电动机所产生的电磁转矩 T 和电动机转子转速 n 的方向相反。电气制动通常可分为能耗制动、反接制动和回馈制动三类。

（2）电源反接制动

微课：三相异步电动机的电源反接制动

电源反接制动的方法：改变电动机定子绕组与电源的连接相序。电源的相序改变，旋转磁场立即反转，而使转子绕组中感应电动势、电流和电磁转矩都改变方向，因机械惯性，转子转向未变，电磁转矩与转子的转向相反，电动机进行制动，称为电源反接制动。

反接制动的关键在于电动机电源相序的改变，且当转速下降接近于零时，能自动将电源切除。为此采用了速度继电器来自动检测电动机的速度变化。

（3）新元器件——速度继电器

速度继电器又称反接制动继电器，主要用于笼型异步电动机的反接制动控制。它主要由转子、定子和触点三部分组成，转子是一个圆柱形永久磁铁，定子是一个笼形空心圆环，由硅钢片叠成，并装有笼型绕组。

图 1-98 为 JY1 型速度继电器的外形和结构示意图。其转子的轴与被控制电动机的轴连接，而定子空套在转子上。当电动机转动时，速度继电器的转子随之转动，定子内的短路导体便切割磁场，产生感应电动势，从而产生电流。此电流与旋转的转子磁场作用产生转矩，使定子开始转动。当定子转到一定角度时，装在轴上的摆锤推动簧片动作，使动断触点分断，动合触点闭合。当电动机转速低于某一值时，定子产生的转矩减小，触点在弹簧作用下复位。

笔 记

微课：速度继电器

(a) 外形图

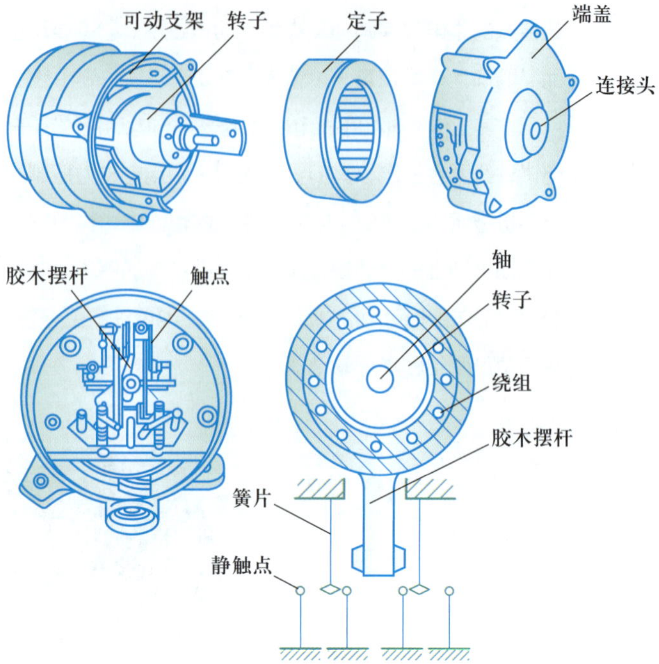

(b) 结构图

图 1-98
JY1 型速度继电器的外形和结构示意图

常用的速度继电器有 JY1 和 JFZ0 型。一般速度继电器的动作转速为 120 r/min，触点的复位转速在 100 r/min 以下，转速在 3000 r/min 以下能可靠工作。

速度继电器的图形符号如图 1-99 所示。

（a）转子 （b）动合触点 （c）动断触点

图 1-99
速度继电器的图形符号

速度继电器的使用检查。使用前应检查它的转子、联轴器与电动机轴（或传动轴）的转动是否同步；检查它的触点切换动作是否正常；检查限流电阻箱的接线端子及电阻的情况，检查电动机箱的接地情况；测量每只电阻的阻值并作记录。

（4）单向电源反接制动控制电路的设计

图 1-100 所示为单向电源反接制动控制电路。图中，KM1 为单向旋转接触器，KM2 为反接制动接触器，KS 为速度继电器。KM2 主触点上串联的 R 为反接制动电阻，用来限制反接制动时电动机的绕组电流，防止因制动电流太大造成电动机过载。

起动时，按下起动按钮 SB2，接触器 KM1 通电并自锁，电动机通电运行。电动机正常运转时，速度继电器 KS 的动合触点闭合，为反接制动做好准备。制动时，按下停止按钮 SB1，KM1 线圈断电，电动机 M 脱离电源，此时由于电动机的惯性，转速仍较高，KS 的动合触点仍处于闭合状态。所以 SB1 动合触点闭合时，反接制动接触器 KM2 线圈得电并自锁，其主触点闭合，使电动机得到相序相反的三相交流电源，进入反接制动状态，转速迅速下降。当转速接近于零时，速度继电器动合触点复位，接触器 KM2 线圈断电，反接制动结束。

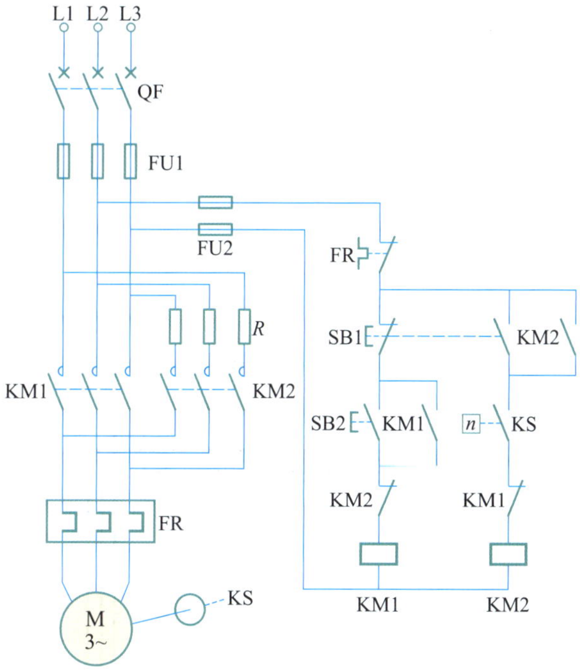

图 1-100
电动机电源反接制动控制线路电气原理图

动画：电源反接制动控制原理

微课：电源反接制动控制线路的连接与调试

2. 任务实施

（1）绘制安装接线图

电路的安装接线图如图 1-101 所示。

（2）检查与接线

检查元器件，特别注意检查速度继电器与传动装置的紧固情况。用手转动电动机轴，检查传动机构有无卡阻等不正常情况。

主电路的接线情况与正反向起动线路基本相同。注意 KM1 和 KM2 主触点的相序不可接错。JY1 型速度继电器有两组触点，每组都有动合、动断触点，使用公共动触点时应注意防止错接造成线路故障。

（3）试车

空操作试验。合上 QF，按下 SB2 后松开，KM1 应立即导通并自锁。按下 SB1 后接触器 KM1 释放。将 SB1 按住不放，用手转动一下电动机轴，使其转速约为 100 r/min，KM2 应吸合一下又释放。调试时注意电动机的转向，若转向不对则制动电路不能工作。

带负荷试车。断开 QF，接好电动机接线，仔细检查主电路各熔断器的接触情况，检查各端子的接线情况。合上 QF，按下 SB2，电动机应得电起动。轻按 SB1，KM1 应释放，电动机断电减速而停转。在转速下降过程中注意观察 KS 触点的动作。再次起动电动机，将 SB1 按到底，电动机应刹车，在 1~2 s 内停转。

虚拟实训：元件布局

虚拟实训：线路连接

虚拟实训：线路运行

3. 问题研讨——三相异步电动机如何进行日常维护与故障处理

（1）起动前的检查

对新安装或久未运行的电动机，在通电使用之前必须先作下列检查，以验证电动机能否通电运行。

1）安装检查。要求电动机装配灵活、螺栓拧紧、轴承运行无阻、联轴器中心无偏移等。

笔 记

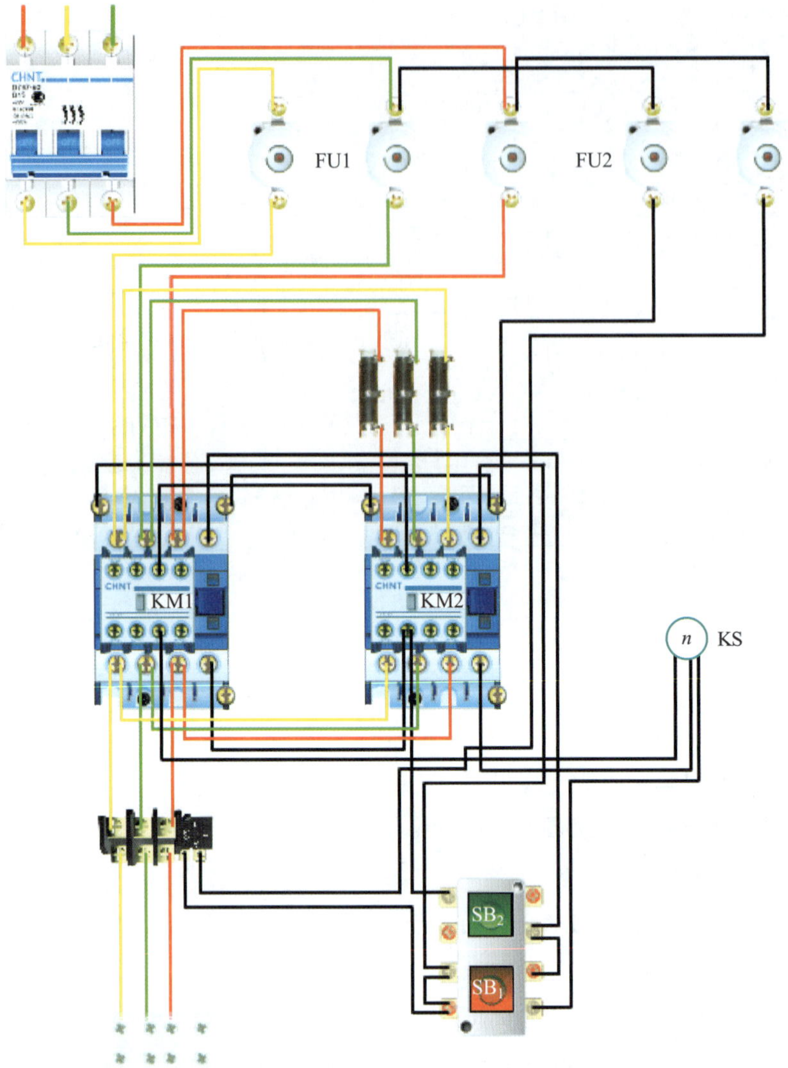

图 1-101
电动机反接制动控制线路安装接线图

2）绝缘电阻检查。要求用兆欧表检查电动机的绝缘电阻，包括三相相间绝缘电阻和三相绕组对地绝缘电阻，测得的数值一般不小于 10 MΩ。

3）电源检查。一般当电源电压波动超出额定值 +10% 或 -5% 时，应改善电源条件后投运。

4）起动、保护措施检查。要求起动设备接线正确（直接起动的中小型异步电动机除外）；电动机所配熔丝的型号合适；外壳接地良好。

在以上各项检查无误后，方可合闸起动。

（2）起动时的注意事项

1）合闸后，若电动机不转，应迅速、果断地拉闸，以免烧毁电动机。

2）电动机起动后，应注意观察电动机，若有异常情况，应立即停机。待查明故障并排除后，才能重新合闸起动。

3）笼型电动机采用全压起动时，次数不宜过于频繁，一般不超过 3~5 次。对功率较大的电动机要随时注意其温升。

4）绕线式电动机起动前，应注意检查起动电阻是否接入。接通电源后，随着电动机转速的提高再逐个切除起动电阻。

5）几台电动机由同一台变压器供电时，不能同时起动，应由大到小逐台起动。

（3）运行中的监视

对运行中的电动机应经常检查它的外壳有无裂纹，螺钉是否有脱落或松动，电动机有无异响或振动等。监视时，要特别注意电动机有无冒烟和异味出现，若嗅到焦煳味或看到冒烟，必须立即停机检查处理。

对轴承部位，要注意它的温度和响声。温度升高、响声异常则可能是轴承缺油或磨损。

联轴器传动的电动机，若中心校正不好，会在运行中发出响声，并伴随发生电动机振动和联轴节螺栓胶垫的迅速磨损。这时应重新校正中心线。带传动的电动机，应注意皮带不应过松而导致打滑，但也不能过紧而使电动机轴承过热。

当发生严重故障情况时，如人身触电事故，电动机冒烟，电动机剧烈振动，电动机轴承剧烈发热，电动机转速迅速下降而温度却迅速升高等，应立即停机处理。

（4）电动机的定期维修

异步电动机定期维修是消除故障隐患、防止故障发生的重要措施。电动机维修分月维修和年维修，俗称小修和大修。前者不拆开电动机，后者需把电动机全部拆开进行维修。

1）定期小修主要内容

定期小修是对电动机的一般清理和检查，应经常进行。小修内容包括：

① 清擦电动机外壳，除掉运行中积累的污垢；

② 测量电动机绝缘电阻，测后注意重新接好线，拧紧接线头螺钉；

③ 检查电动机端盖、地脚螺钉是否紧固；

④ 检查电动机接地线是否可靠；

⑤ 检查电动机与负载机械间的传动装置是否良好；

⑥ 拆下轴承盖，检查润滑是否变脏、干涸，及时加油或换油。处理完毕后，注意上好端盖及紧固螺钉；

⑦ 检查电动机附属起动和保护设备是否完好。

2）定期大修主要内容

异步电动机的定期大修应结合负载机械的大修进行。大修时，拆开电动机进行以下项目的检查修理：

① 检查电动机各部件有无机械损伤，若有则应作相应修复。

② 对拆开的电动机和起动设备进行清理，清除所有油泥、污垢。清理中注意观察绕组绝缘状况。若绝缘为暗褐色，说明绝缘已经老化，对这种绝缘要特别注意，不要碰撞使它脱落。若发现有脱落要进行局部绝缘修复和刷漆。

③ 拆下轴承，浸在柴油或汽油中彻底清洗。把轴承架与钢珠间残留的油脂及脏物洗掉后，用干净柴（汽）油清洗一遍。清洗后的轴承转动灵活，不松动。若轴承表面粗糙，说明油脂不合格；若轴承表面变色（发蓝），则其已经退火。根据检查结果，对油脂或轴承进行更换，并消除故障原因（如清除油中砂、铁屑等杂物；正确安装等）。

轴承新安装时，加油应从一侧加入。油脂占轴承内容积的 1/3~2/3 即可。油加得太满会发热流出。润滑油可采用钙基润滑脂或钠基润滑脂。

笔 记

微课：三相异步电动机的作用与维修

笔 记

④ 检查定子绕组是否存在故障。可使用兆欧表测绕组电阻来判断绕组绝缘是否受潮或是否有短路，若有，应进行相应处理。

⑤ 检查定、转子铁心有无磨损和变形，若观察到有磨损处或发亮点，说明可能存在定、转子铁心相擦。应使用锉刀或刮刀把亮点刮低。若有变形应作相应修复。

⑥ 在进行以上各项修理、检查后，对电动机进行装配、安装。

⑦ 安装完毕的电动机，应进行修理后检查，符合要求后，方可带负载运行。

（5）常见故障及排除方法

异步电动机的故障可分为机械故障和电气故障两类。机械故障如轴承、铁心、风叶、机座、转轴等的故障，一般比较容易观察与发现。电气故障主要是定子绕组、转子绕组、电刷等导电部分出现的故障。当电动机不论出现机械故障或电气故障时都将对电动机的正常运行带来影响。故障处理的关键是通过电动机在运行中出现的种种不正常现象来进行分析，从而找到电动机的故障部位与故障点。由于电动机的结构、型号、质量、使用和维护情况的不同，要正确判断故障，必须先进行认真细致的研究、观察和分析，然后再进行检查与测量，找出故障所在，并采取相应的措施予以排除。检查电动机故障的一般步骤是：

1）调查。首先了解电动机的型号、规格、使用条件、使用年限以及电机在发生故障前的运行情况，如所带负荷的大小、温升高低、有无不正常的声音、操作使用情况等。并认真听取操作人员的反映。

2）察看。察看的方法要按电动机故障情况灵活掌握，有时可以把电动机接上电源进行短时运转，直接观察故障情况再进行分析研究。有时电动机不能接电源，可通过仪表测量或观察来进行分析判断，然后再把电机拆开，测量并仔细观察其内部情况，找出其故障所在。

异步电动机常见的故障现象，产生故障的可能原因及故障处理方法见表 1-16。

技能操作视频：三相异步电动机定子绕组的重绕及检修

表 1-16 异步电动机的常见故障及排除方法

故障现象	造成故障的可能原因	处 理 方 法
电源接通后电动机不起动	（1）定子绕组接线错误 （2）定子绕组断路、短路或接地，绕线式电动机转子绕组断路 （3）负载过重或传动机构被卡住 （4）绕线式电动机转子回路断线（电刷与滑环接触不良，变阻器断路，引线接触不良等） （5）电源电压过低	（1）检查接线，纠正错误 （2）找出故障点，排除故障 （3）检查传动机构及负载 （4）找出断路点，并加以修复 （5）检查原因并排除
电动机温升过高或冒烟	（1）负载过重或起动过于频繁 （2）三相异步电动机断相运行 （3）定子绕组接线错误 （4）定子绕组接地或匝间、相间短路 （5）笼型电动机转子断条 （6）绕线式电动机转子绕组断相运行 （7）定子、转子相擦 （8）通风不良 （9）电源电压过高或过低	（1）减轻负载、减少起动次数 （2）检查原因，排除故障 （3）检查定子绕组接线，加以纠正 （4）查出接地或短路部位，加以修复 （5）铸铝转子必须更换，铜条转子可修理或更换 （6）找出故障点，加以修复 （7）检查轴承、转子是否变形，进行修理或更换 （8）检查通风道是否畅通，对不可反转的电动机检查其转向 （9）检查原因并排除

续表

故障现象	造成故障的可能原因	处理方法
电机振动	（1）转子不平衡 （2）带轮不平稳或轴弯曲 （3）电动机与负载轴线不对 （4）电动机安装不良 （5）负载突然过重	（1）校正平衡 （2）检查并校正 （3）检查、调整机组的轴线 （4）检查安装情况及底脚螺栓 （5）减轻负载
运行时有异声	（1）定子、转子相擦 （2）轴承损坏或润滑不良 （3）电动机两相运行 （4）风叶碰机壳等	（1）检查轴承、转子是否变形，进行修理或更换 （2）更换轴承，清洗轴承 （3）查出故障点并加以修复 （4）检查并消除故障
电动机带负载时转速过低	（1）电源电压过低 （2）负载过大 （3）笼型电动机转子断条 （4）绕线式电动机转子绕组一相接触不良或断开	（1）检查电源电压 （2）核对负载 （3）铸铝转子必须更换，铜条转子可修理或更换 （4）检查电刷压力，电刷与滑环接触情况及转子绕组
电动机外壳带电	（1）接地不良或接地电阻太大 （2）绕组受潮 （3）绝缘有损坏，有脏物或引出线碰壳	（1）按规定接好地线，消除接地不良处 （2）进行烘干处理 （3）修理，并进行浸漆处理，消除脏物，重接引出线

笔 记

4. 任务拓展

（1）单向电源反接制动控制电路的常见故障分析与排除。

故障现象 1：电动机起动正常，按下 SB1 时电动机断电，但继续惯性运转，无制动作用。

故障现象 2：按下 SB1 时电动机制动，但 KM2 释放时电动机转速仍较高（约 300 r/min），不能很快停车。

故障现象 3：电动机制动时，KM2 释放后电动机徐徐反转。

（2）三相异步电动机故障检修模拟练习。

模拟练习电动机冒烟、转速急速下降、发出异响或发热等的故障检修。

虚拟实训：线路排故

任务 3 能耗制动控制与实现——制动方法、电控线路的故障诊断与维修

演示文稿：能耗制动控制与实现——制动方法、电控线路的故障诊断与维修

【任务描述】

理解三相异步电动机的能耗制动、倒拉反接制动和回馈制动的方法及原理，掌握三相异步电动机单向能耗控制电路的控制原理及设计技巧，在此基础上完成单向能耗控制线路的制作与调试，并总结电气控制线路故障诊断与维修的方法。

1. 知识学习——制动方法及单向能耗控制电路的设计

（1）制动方法

三相异步电动机的电气制动方法除了上个任务中介绍的电源反接制动之外，还有能耗制动、倒拉反接制动和回馈制动。

1）能耗制动。

微课：三相异步电动机的能耗制动

方法：将运行着的异步电动机的定子绕组从三相交流电源上断开后立即接到直流电源上，这种方法是将转子的动能转变为电能消耗在转子回路的电阻上，所以称能耗制动。

对于采用能耗制动的异步电动机，既要求有较大的制动转矩，又要求定、转子回路中电流不能太大而使绕组过热。根据经验，能耗制动时直流励磁电流对笼型异步电动机取（4~5）I_0，对绕线式异步电动机取（2~3）I_0，制动所串电阻$r=(0.2\sim0.4)\dfrac{E_{2N}}{\sqrt{3}I_{2N}}$。

能耗制动的优点是制动力强，制动较平稳。缺点是需要一套专门的直流电源供制动用。

2）倒拉反接制动。反接制动分为电源反接制动和倒拉反接制动两种。

倒拉反接制动的方法：当绕线式异步电动机拖动位能性负载时，在其转子回路串入很大的电阻，在位能负载的作用下，使电动机逆电磁转矩方向运转。这是由于重物倒拉引起的，所以称为倒拉反接制动（或称倒拉反接运行）。

绕线式异步电动机倒拉反接制动常用于起重机低速下放重物。

3）回馈制动。

微课：三相异步电动机的回馈制动

方法：电动机在外力（如起重机下放重物）作用下，其转速超过旋转磁场的同步转速，转矩方向与转子转向相反，成制动转矩。此时电动机将机械能转变为电能馈送给电网，所以称回馈制动。为了限制下放速度，转子回路不应串入过大的电阻。

（2）单向能耗控制电路的设计

图 1-102 为单向能耗制动控制电气原理图。KM1 为正常运行接触器。变压器与整流器将两相电流进行降压整流，得到脉动直流电；KM2 为直流电源接触器，将直流制动电流通入电动机绕组，并串入制动电阻 R_P。制动电流通入电动机的时间由起动时间继电器 KT 的延时长短决定。

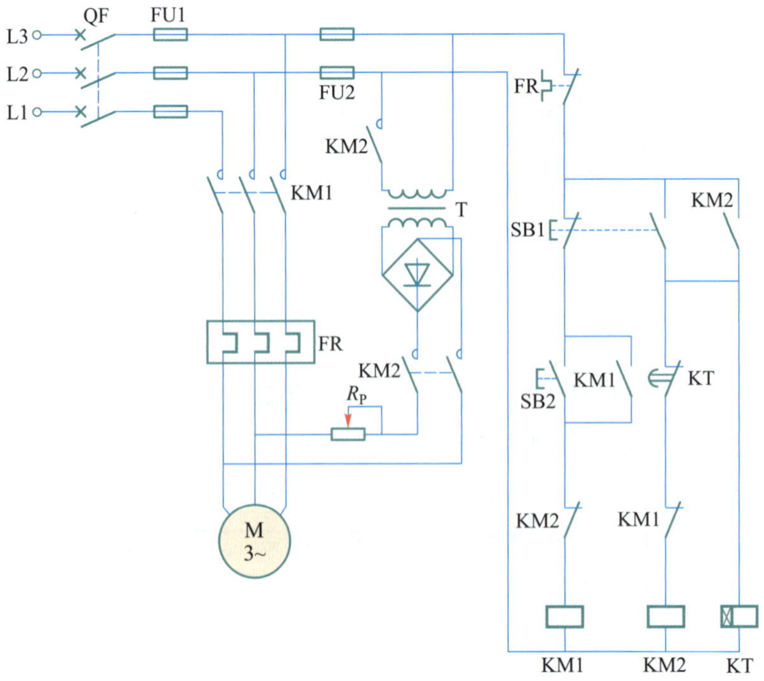

图 1-102
单向能耗制动控制电气原理图

在电动机正常运行的时候，若按下停止按钮 SB1，电动机由于 KM1 断电释放而脱离三相交流电源。时间继电器 KT 线圈与 KM2 线圈同时通电，电动机因接入单向脉动直流电流而进入能耗制动状态。当其转子的惯性速度接近于零时，时间继电器 KT 延时打开的动断触点断开接触器 KM2 的线圈电路。由于 KM2 动合辅助触点的复位，时间继电器 KT 线圈的电源也被断开，电动机能耗制动结束。

2. 任务实施

（1）绘制安装接线图

电路的安装接线图如图 1-103 所示。KM1 和 KM2 并列放置，将原理图中的时间继电器 KT、制动电阻 R_P、整流器 T 也并列放置。

动画：单向能耗制动控制原理

微课：能耗制动控制线路的连接与调试

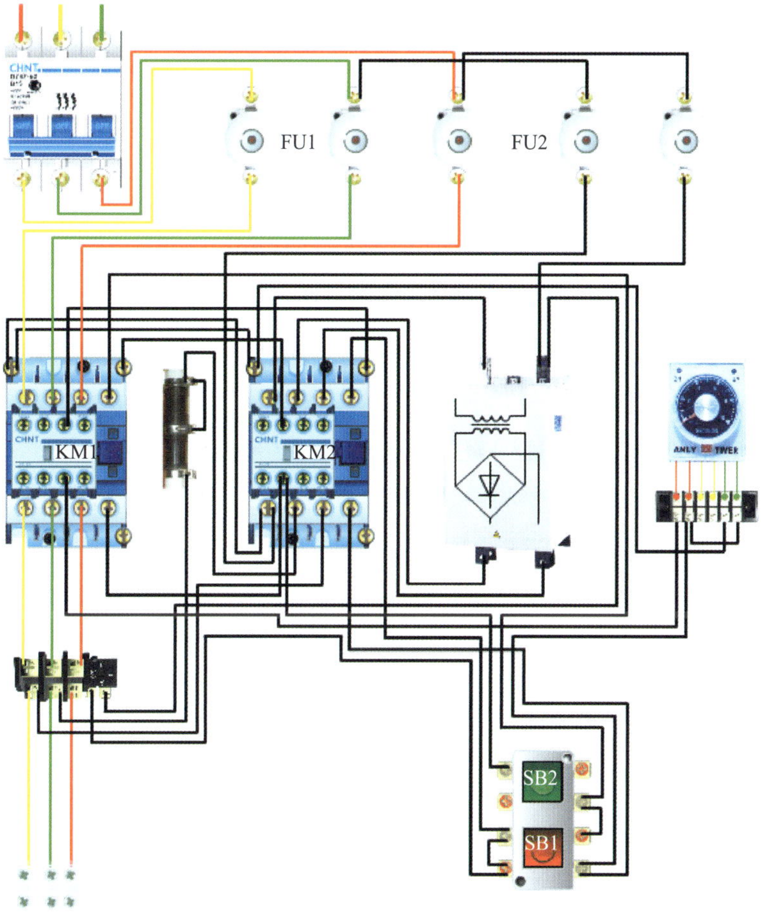

图 1-103
单向能耗制动控制电路安装接线图

（2）检查与接线

检查元器件，特别注意检查整流器的耐压值、额定电流值是否符合要求。

接线时注意 KM1、KM2 的进出线，防止接错造成短路。控制电路的 FR 出线端连接的端子多，应特别注意，防止错接造成线路故障。

虚拟实训：元件布局

（3）试车

空操作试验。合上 QF，按下 SB2，KM1 应立即通电动作并自锁。按 SB1 后接触器

虚拟实训：线路连接

虚拟实训：线路运行

笔 记

微课：想反怎不灵——线路故障诊断与排除

KM1 释放，同时 KM2 和 KT 得电动作，KT 延时约 2 s 动作，KM2 和 KT 同时释放。

带负荷试车。断开 QF，接好电动机接线。首先整定 KT 延时时间。将 KT 线圈一端引线和 KM2 自保触点一端引线断开，按下 SB1（不松），电动机进入制动状态直至停车，观察并记录电动机制动所需时间；切断电源，按测定的时间调整 KT 的延时时间。然后接好 KT 线圈及 KM2 的自锁触点，按下 SB2 起动，达到额定转速后按下 SB1 制动，观察电动机制动过程。

注意：试车前应反复核查主电路接线，一定要先进行空载试验。制动不可过于频繁，防止电动机过载及整流器过热。

3. 问题研讨——电控线路如何进行故障诊断与维修

控制线路是多种多样的，它们的故障又往往和机械、液压、气动系统交错在一起，较难分辨。不正确的检修会造成人身事故，所以必须掌握正确的检修方法。一般的检修方法及步骤如下：

（1）检修前的故障调查

故障调查主要有问、看、听、摸几个步骤。

问：首先向机床的操作者了解故障发生的前后情况，故障是首次发生还是经常发生；是否有烟雾、跳火、异常声音和气味出现；有何失常和误动；是否经历过维护、检修或改动线路等。

看：观察熔断器的熔体是否熔断；电气元件有无发热、烧毁、触点熔焊、接线松动、脱落及断线等。

听：听电动机、变压器和电气元件运行时的声音是否正常。

摸：电机、变压器和电磁线圈等发生故障时，温度是否显著上升，有无局部过热现象。

（2）根据电路、设备的结构及工作原理直观查找故障范围

弄清楚被检修电路、设备的结构和工作原理是循序渐进、避免盲目检修的前提。检查故障时，先从主电路入手，看拖动该设备的几个电动机是否正常。然后逆着电流方向检查主电路的触点系统、热元件、熔断器、隔离开关及线路本身是否有故障。接着根据主电路与二次电路之间的控制关系，检查控制回路的线路接头、自锁或联锁触点、电磁线圈是否正常，检查制动装置、传动机构中工作不正常的范围，从而找出故障部位。如能通过直观检查发现故障点，如线头脱落、触点、线圈烧毁等，则检修速度更快。

（3）从控制电路动作顺序检查故障范围

通过直接观察无法找到故障点时，在不会造成损失的前提下，切断主电路，让电动机停转。然后通电检查控制电路的动作顺序，观察各元件的动作情况。如某元件该动作时不动作，不该动作时乱动作，动作不正常，行程不到位，虽能吸合但接触电阻过大或有异响等，故障点很可能就在该元件中。当认定控制电路工作正常后，再接通主电路，检查控制电路对主电路的控制效果，最后检查主电路的供电环节是否有问题。

（4）仪表测量检查

利用各种电工仪表测量电路中的电阻、电流、电压等参数，可进行故障判断。常用方法有：

笔 记

1）电压测量法

电压测量法是根据电压值来判断电气元件和电路的故障所在，检查时把万用表旋到交流电压 500V 挡上。它有分阶测量、分段测量和对地测量三种方法。介绍如下：

① 分阶测量法

如图 1-104 所示，若按下起动按钮 SB2，接触器 KM1 不吸合，说明电路有故障。

检修时，首先用万用表测量 1、7 两点电压，若电路正常，应为 380 V。然后按下起动按钮 SB2 不放，同时将黑色表棒接到 7 点，红色表棒依次接 6、5、4、3、2 点，分别测到 7-6、7-5、7-4、7-3、7-2 各阶电压。电路正常时，各阶电压应为 380 V。如测到 7-6 之间无电压，说明是断路故障，可将红色表棒前移，当移到某点电压正常时，说明该点以后的触点或接线断路，一般是此点后第一个触点或连线断路。

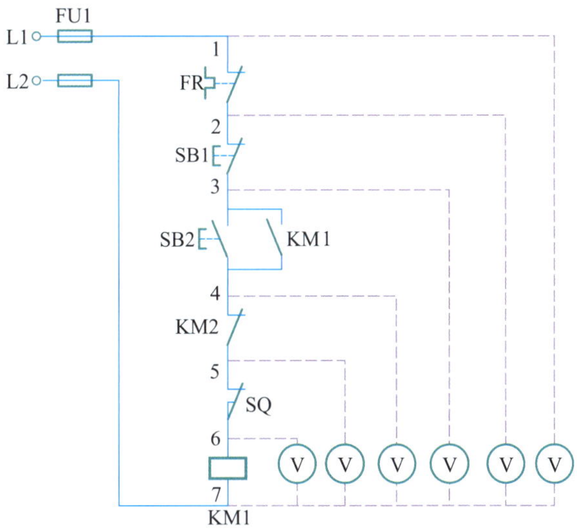

图 1-104
分阶测量法

② 分段测量法

分段测试，即先用万用表测量图 1-104 中测试点 1-7 两点电压，电压为 380 V，说明电源电压正常。然后按下 SB2 不放，用万用表逐段测量相邻两点 1-2、2-3、3-4、4-5、5-6、6-7 的电压。如电路正常，除 6-7 两点电压等于 380 V 外，其他任意相邻两点间的电压都应为零。如测量某相邻两点电压为 380 V，说明两点所包括的触点及其连接导线接触不良或断路。

③ 对地测量法

机床电气控制线路接 220 V 电压且零线直接接在机床床身时，可采用对地测量法来检查电路的故障。

在图 1-104 中，用万用表的黑表棒逐点测试 1、2、3、4、5、6 等各点，根据各点对地电压来检查线路的电气故障。

2）电阻测量法

① 分阶电阻测量法

如图 1-105 所示，按起动按钮 SB2，若接触器 KM1 不吸合，说明电气回路有故障。

检查时，先断开电源，按下 SB2 不放，用万用表电阻挡测量 1-7 两点电阻。如果电阻无穷大，说明电路断路；然后逐段测量 1-2、1-3、1-4、1-5、1-6 各点的电阻值。若测量某点的电阻突然增大时，说明表棒跨接的触点或连接线接触不良或断路。

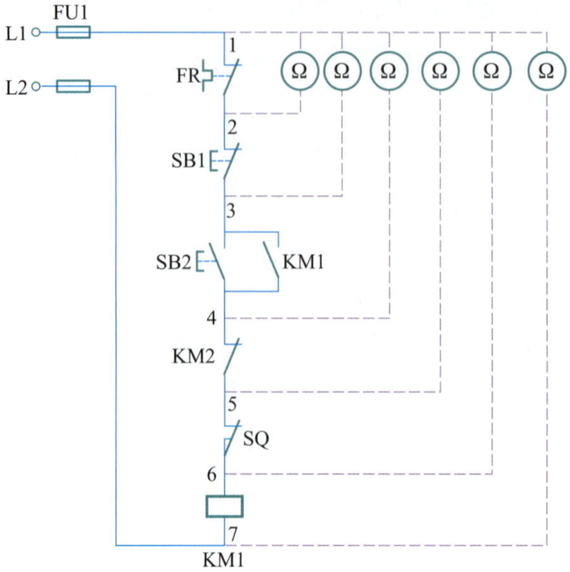

图 1-105
分阶电阻测量法

② 分段电阻测量法

检查时切断电源，按下 SB2，逐段测量图 1-105 中的 1-2、2-3、3-4、4-5、5-6 两点间的电阻。如测得某两点间电阻很大，说明该触点接触不良或导线断路。

③ 短接法

短接法即用一根绝缘良好的导线将怀疑的断路部位短接。有局部短接法和长短接法两种。用一根绝缘导线分别短接图 1-105 中 1-2、2-3、3-4、4-5、5-6 两点，当短接到某两点时，接触器 KM1 吸合，则断路故障就在这里。

所谓长短接法，是指一次短接两个或多个触点，与局部短接法配合使用，可缩小故障范围，迅速排除故障。如：当 FR、SB1 的触点同时接触不良时，仅测 1-2 两点电阻会造成判断失误。而用长短接法将 1-6 短接，如果 KM1 吸合，说明 1-6 这段电路有故障，然后再用局部短接法找出故障点。

（5）机械故障检查

在电力拖动中有些信号是机械机构驱动的，如机械部分的联锁机构、传动装置等发生故障，即使电路正常，设备也不能正常运行。在检修中，应注意机械故障的特征和现象，找出故障点，并排除故障。

4. 任务拓展

虚拟实训：线路排故

（1）分析单管能耗制动控制线路中产生下列故障的可能原因及其排查方法

故障现象 1：按下 SB2 后，KM1 和电动机工作正常，按下 SB1 松开后，KM1、KM2、KT 均失电，电动机也停止运行。

故障现象 2：按下 SB2 后，KM1 和电动机工作正常，按下 SB1 时，主电路熔断器立即熔断。

（2）小组互相设置故障，练习电气控制线路的故障排查，做好检查记录。

（3）分析图 1-106 所示单管能耗制动控制电气原理图，并进行线路安装与调试。

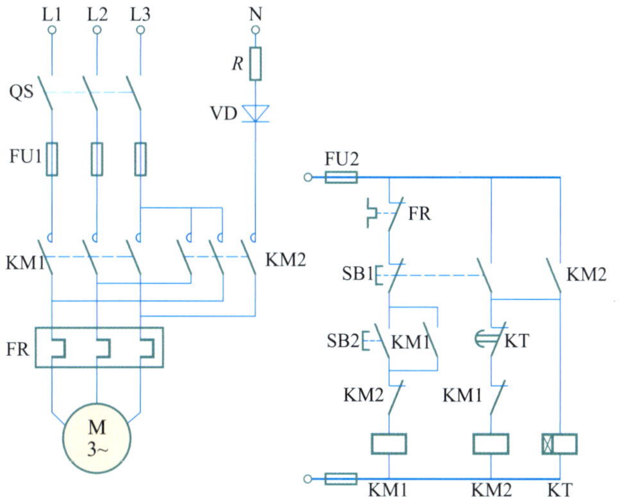

图 1-106
单管能耗制动控制电气原理图

【练习】

1. 简述三相异步电动机的主要结构及各部分的作用。

2. 简述三相异步电动机的工作原理。

3. 旋转磁场的形成条件是什么？转动方向是由什么决定的？如何使三相异步电机反转？

4. 简要阐述三相异步电动机的拆装步骤。

5. 简要阐述三相异步电动机装配结束后需要进行哪些性能测试。

6. 交流异步电动机的频率、极对数和同步转速之间有什么关系？试求额定转速为 1 460 r/min 的异步电动机的极数和转差率。

7. 说明什么是三相异步电动机的“异步”。交流电动机的主要参数之一转差率 s 有何意义？

8. 三相异步电动机直接起动有何特点？有何危害？改善异步电动机起动性能的方法有哪些？

9. 在变频调速中，为什么在改变频率的同时还要改变电压，保持 U/f 不变？

10. 什么是电气制动？三相异步电动机通常有哪些制动方法？

11. 电动机温升过高或冒烟的原因有哪些？

12. 三相异步电动机正常运行时，如果转子突然被卡住而不能转动，试问这时电动机的电流有何改变？对电动机有何影响？

13. 检查电动机故障的一般步骤是什么？

14. 交流接触器的主要作用是什么？交流电磁铁与直流电磁铁有哪些区别？

15. 热继电器主要用于什么保护？在电路中如何连接？电动机起动时，电流增大，热继电器会不会动作？为什么？

16. 交流电磁线圈误接入直流电源，直流电磁线圈误接入交流电源，会发生什么问题？为什么？线圈电压为380 V的交流接触器误接入220 V交流电源，会发生什么问题？为什么？

17. 分析图1-107三个电路的错误，会发生什么故障现象？应如何改进？

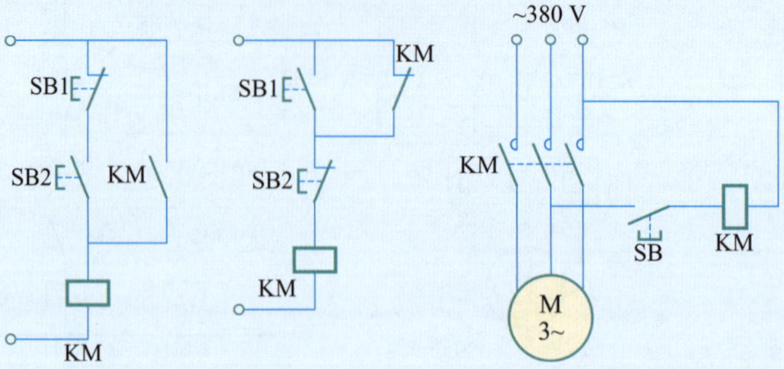

图 1-107
练习题 17 的电路图

18. 读图1-108所示电气原理图，分析下列问题：

(1) 电气原理图中电动机有几种工作状态？

(2) 电气原理图中通过什么电器实现什么保护？

(3) 说明SA、SQ的作用。

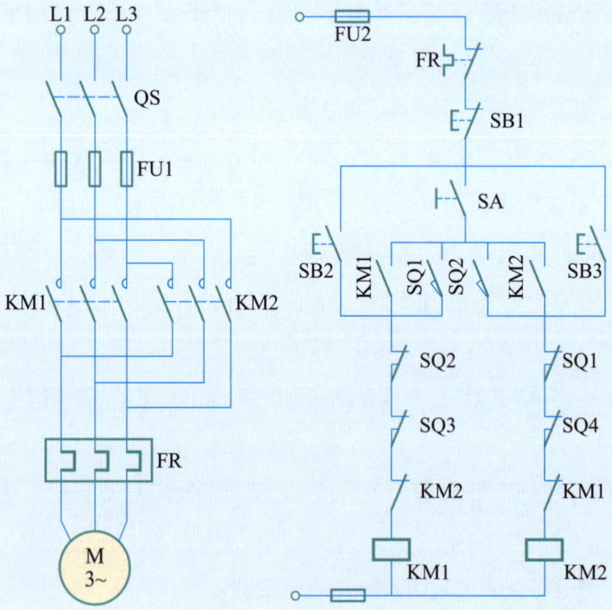

图 1-108
练习题 18 的电气原理图

19. 指出图1-109中的各个元件所实现的保护环节。（提示：SA是万能转换开关，开关有上、中、下三个位置，用三条虚线表示。开关处于中间位置时，触点1-2接通；开关处于上位时，触点5-6接通；开关处于下位时，触点3-4接通。）

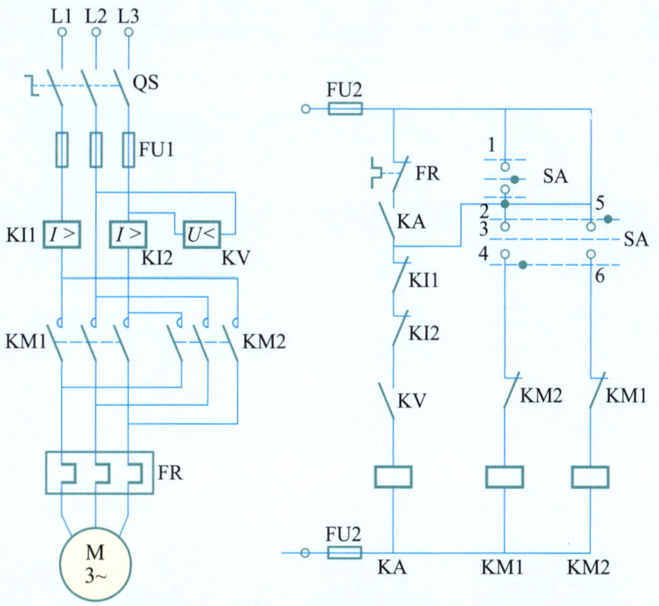

图 1-109
练习题 19 的电气原理图

20. 电力拖动电路和机床电路的日常维护对象有哪些?

21. 简述电控线路故障检修的一般步骤。

模块二

典型机床电气控制系统分析与设计

机床是机械工业的基本生产设备，它的品种、质量和加工效率直接影响着其他机械产品的生产技术水平和经济效益。本模块通过典型机床电气控制电路的分析和设计，在强化继电器－接触器控制系统分析能力的同时，培养学习者具有机床电气控制系统的设计与维护能力。项目 1~4 以电动葫芦、C620 型卧式车床、M7120 型平面磨床、Z35 型摇臂钻床等普通机床的电气控制系统分析工作任务为载体介绍机床的内部结构与运动形式的认识、电气原理图的分析、常见故障研究与处理，并在每个项目中对其他型号的普通机床进行拓展认识。项目 5 以龙门刨床横梁升降控制线路设计工作任务为载体介绍电气控制系统设计的主要内容、方法、原则、注意事项及典型控制（顺序、多地）的设计技巧，培养学习者能根据生产工艺要求进行电气控制线路的设计。

项目 1　电动葫芦电气控制线路分析

【知识点】

□ 电动葫芦的主要结构

□ 电动葫芦的使用特点

□ 电动葫芦电气控制线路的工作原理

演示文稿：电动葫芦电气控制线路分析

【技能点】

□ 识读典型机床电气控制线路图

□ 根据低压电器的工作状态分析电动葫芦系统的运行情况

□ 分析与排除电动葫芦电气控制系统的常见故障

【项目描述】

在了解电动葫芦的结构与使用特点的基础上分析如图 2-1 所示电动葫芦电气控制线路的工作原理。

1. 知识学习

电动葫芦是一种起重重量较小、结构简单的起重机械，广泛应用于工矿企业中，进行小型设备的吊运、安装和修理工作。由于其体积小，占用厂房面积较少，使用起来灵活方便。

电动葫芦一般分为钢丝绳电动葫芦和环链电动葫芦两种。图 2-2 为 CD 型钢丝绳电动葫芦，它由提升机构和移动装置构成，并分别用电动机拖动。导轮的钢丝卷筒 4 由升降电动机 2 拖动。电动葫芦借用导轮的作用在工字钢梁上来回移动，导轮则由移动电动机 1 带动，电动葫芦用撞块和行程开关进行向上、向下、向左和向右的终端保护。

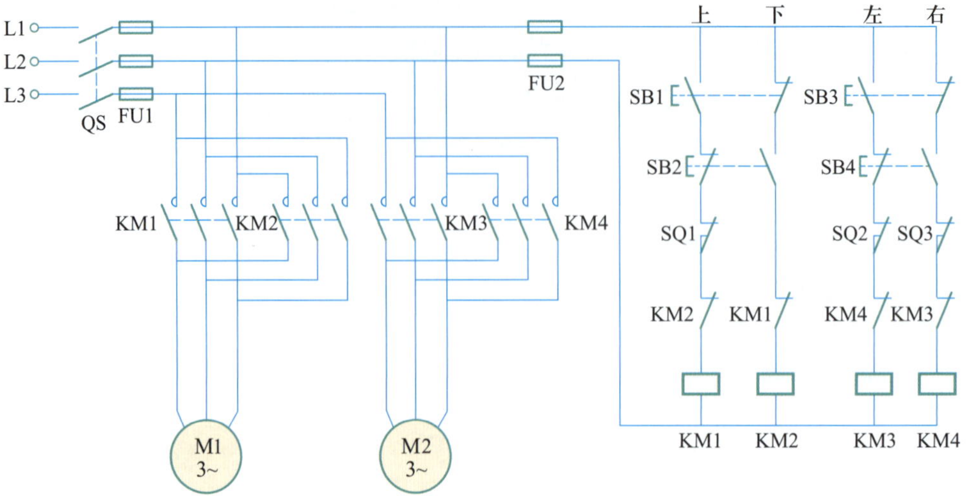

图 2-1
电动葫芦的电气原理图

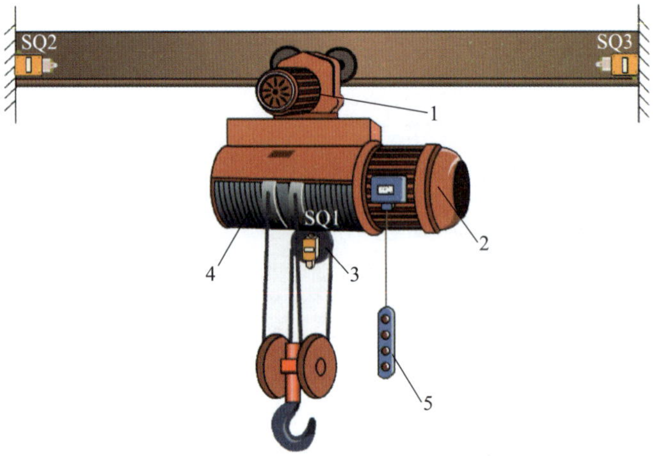

图 2-2
电动葫芦外形图

1—移动电动机 2—升降电动机 3—行程开关 4—钢丝卷筒 5—操作按钮盒

2. 项目实施

（1）电动葫芦电气原理图的组成及作用

电动葫芦的控制线路如图 2-1 所示，电源由电网经电源开关 QS、熔断器 FU 和滑触线（或软电缆）供给主电路和控制电路。主电路分别通过接触器 KM1、KM2 和 KM3、KM4 分别控制升降电动机 M1 和移动电动机 M2 的正反向运转，以达到提升、下降重物和使电动葫芦左右移动的目的。

（2）电动葫芦电气控制线路的分析

SB1、SB2、SB3 和 SB4 分别是上、下、左、右的点动控制按钮，可以保证在操作人员离开按钮盒时，电动葫芦的电动机自动断电停转。为了防止电动机正反向同时通电，采用接触器联锁与按钮联锁的双重联锁。SQ1、SQ2 和 SQ3 分别作为上、左、右的限位保护。按下 SB1，其动断触点断开，KM2 线圈无法得电，实现了按钮联锁。KM1 线圈得电吸合，

动画：电动葫芦电气控制原理

KM1 主触点闭合，升降电动机 M1 上行，KM1 动断触点断开，实现电气互锁，当撞块碰到行程开关 SQ1,KM1 线圈失电，M1 停车。在整个运行过程中，一旦松开 SB1，M1 立即停车。SB2、SB3 和 SB4 控制相同，请读者自行分析。

笔 记

3. 问题研讨——电动葫芦的常见故障研究与处理

（1）起重电机不动作，并有较大声响

研讨分析：电动机不起动，有可能是电源电压过低或缺相造成的。或者是安装了电磁抱闸，由于转子轴向窜动量调整不好，通电后脱不开制动装置。

检查处理：检查电源，适当调整电源电压，或者排除缺相故障；调节锁紧螺母，使窜动量为 1.5~3mm；切断电源，清洁铁心表面的污垢或更换触点即可排除故障。

（2）电动葫芦外壳带电

研讨分析：首先检查电动葫芦对地绝缘电阻，若为零，说明电动机或电气元件的绝缘有损坏；若对地绝缘电阻为 0.5MΩ，说明电动机或电气元件的绝缘没有损坏，可能是电磁感应或其他原因引起。

检查处理：若绝缘有损坏，则应逐级断开，找出接地点，并以适当方式加强绝缘；若绝缘没有损坏，可使运行轨道及全部不带电的金属部分可靠接地。

虚拟实训：元件布局

4. 项目拓展——电动葫芦电气控制线路排故练习

（1）对照电动葫芦的电气图纸熟悉元件及位置，绘制电器布置图及电气安装接线图，熟悉各项控制操作。

（2）在电动葫芦电气控制线路上人为设置自然故障点，故障的设置应注意以下几点：

1）人为设置的故障必须是模拟车床在工作中由于受外界因素影响而造成的自然故障。

2）不能设置更改线路或更换元件等由于人为原因而造成的非自然故障。

3）设置故障不能损坏电路元器件，不能破坏线路美观，不能设置易造成人身事故的故障，尽量不设置易引起设备事故的故障，若有必要应在教师监督和现场密切注意的前提下进行，例如电动机主回路故障。

虚拟实训：线路运行

（3）故障的设置先易后难，先设置单个故障点，然后过渡到两个故障点。

1）故障检测前后先通过试车说出故障现象，分析故障大致范围，讲清拟采用的故障排除手段、检测流程，正确无误后方能在教师监督下进行检测训练。

2）找出故障点以后切断电源，仔细修复，不得扩大故障或产生新的故障。恢复后通电试车。

（4）典型故障练习：

1）合上 QS，操作各按钮，没任何反应；

2）合上 QS，操作 SB1 和 SB2，升降电动机 M1 工作正常；操作 SB3 和 SB4，电路无任何反应；

虚拟实训：电动葫芦的电气线路排故

3）合上 QS，按下 SB3，电动机 M2 左移，当移到左限位时，电动机 M2 并没有停止且发出强烈的噪声。

（5）在电动葫芦安装电磁抱闸装置的情况下实现快速停车，图 2-1 应如何修改？

项目 2 普通车床的电气控制系统分析

演示文稿：普通车床的电气控制系统分析

【知识点】

- ☐ 普通车床的主要结构与型号含义
- ☐ 普通车床的运动形式
- ☐ C620 型卧式车床的电气控制原理

【技能点】

- ☐ 识读典型机床电气控制线路图
- ☐ 根据低压电器的工作状态分析车床控制系统运行情况
- ☐ 分析与排除 C620 型卧式车床控制系统的常见故障

【项目描述】

分析图 2-3 C620-1 型卧式车床电气控制原理。

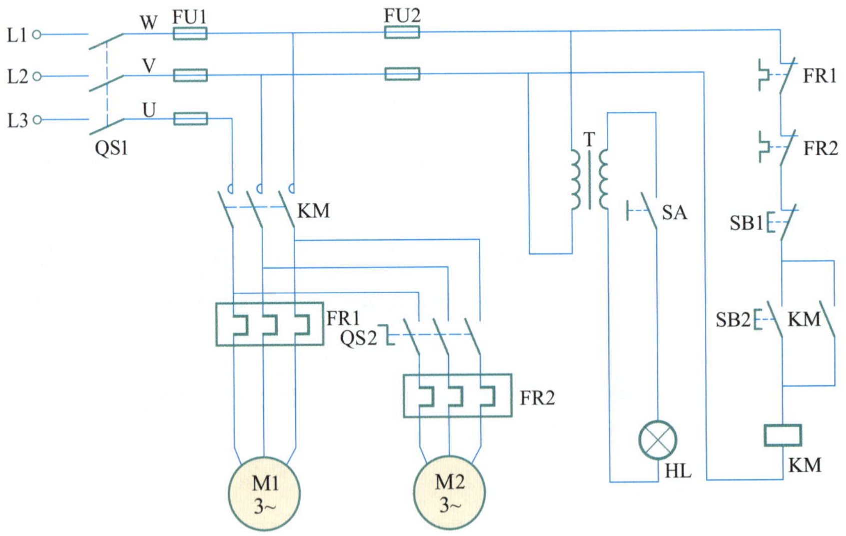

微课：普车床的电气控制系统分析——结构与运动形式

图 2-3
C620-1 型卧式车床电气原理图

1. 知识学习

车床主要用来加工各种回转表面，如内外圆柱面、圆锥表面，成形回转表面和回转体的端面等，有些车床还能加工螺纹。在车床上使用的刀具主要是车刀，有些车床还可使用各种孔加工工具，如钻头、镗刀、铰刀、丝锥、板牙等。

（1）主要结构与型号含义

普通车床的型号含义如图 2-4 所示。

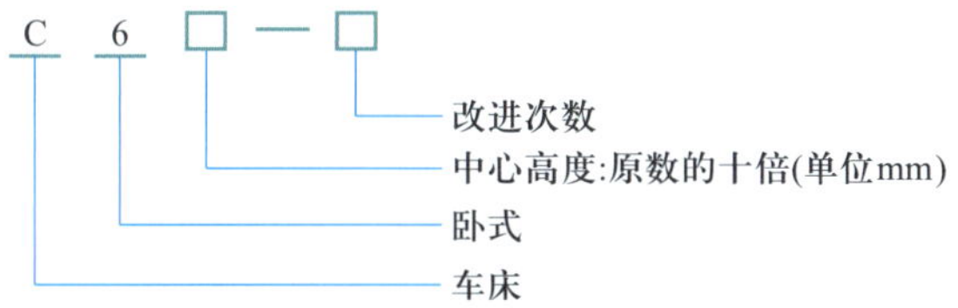

图 2-4
普通车床的型号含义

C620-1 型卧式车床的结构示意图如图 2-5 所示。它由床身、主轴变速箱、挂轮箱、进给箱、溜板箱、溜板与刀架、尾座、光杠、丝杠及冷却、照明装置等部分组成。

1）床身。床身 9 是车床精度要求很高的带有导轨（山形导轨和平导轨）的一个大型基础部件。它支撑和连接车床的各个部件，并保证各部件在工作时有准确的相对位置。

2）主轴变速箱（又称床头箱）。主轴变速箱 3 支撑并传动主轴带动工件作旋转主运动。箱内装有齿轮、轴等组成变速传动机构。变换主轴箱的手柄位置，可使主轴得到多种转速。主轴通过卡盘等夹具装夹工件，并带动工件旋转，以实现车削。

3）交换齿轮箱（又称挂轮箱）。交换齿轮箱 2 把主轴箱的转动传递给进给箱。更换箱内齿轮，配合进给箱内的变速机构，可以进行车削各种螺距螺纹（或蜗杆）的进给运动，并满足车削时对不同纵、横向进给量的需求。

4）进给箱（又称走刀箱）。进给箱 1 是进给传动系统的变速机构。它把交换齿轮箱传递过来的运动经过变速后传递给丝杠，以实现车削各种螺纹；传递给光杠，以实现机动进给。

5）溜板箱。溜板箱 8 接受光杠或丝杠传递的运动以驱动床鞍和中、小滑板及刀架实现车刀的纵、横向进给运动。其上还装有一些手柄及按钮，可以很方便地操纵车床来选择诸如机动、手动、车螺纹及快速移动等运动方式。

6）溜板与刀架。溜板与刀架 6 用于安装车刀并带动车刀作纵向、横向或斜向运动。

7）尾座。尾座 7 安装在床身导轨上，并沿此导轨纵向移动，以调整其工作位置。尾座主要用来安装后顶尖，以支撑较长工件，也可安装钻头、铰刀等进行孔加工。

8）冷却装置。冷却装置主要通过冷却水泵将水箱中的切削液加压后喷射到切削区域，降低切削温度，冲走切屑，润滑加工表面，以提高刀具使用寿命和工件的表面加工质量。

笔 记

1—进给箱　2—挂轮箱　3—主轴变速箱　4—光杠
5—丝杠　6—溜板与刀架　7—尾座　8—溜板箱　9—床身

图 2-5
C620-1 型卧式车床的结构示意图

技能操作视频：车床的组成与运动形式

笔 记

微课：普通车床的电气控制系统分析——控制原理与常见故障

动画：C620 型卧式车床电气控制原理

（2）普通车床的运动形式

车床在加工各种旋转表面时必须具有切削运动和辅助运动。切削运动包括主运动和进给运动，切削运动以外的其他运动皆为辅助运动。

车床的主运动为工件的旋转运动，由主轴通过卡盘或顶尖去带动工件旋转，它承受车削加工时的主要切削功率。车削加工时，应根据被加工零件的材料性质、工件尺寸、加工方式、冷却条件及车刀等来选择切削速度，这就要求主轴能在较大的范围内调速。对于普通车床，调速范围一般大于 70。调速的方法可通过控制主轴变速箱外的变速手柄来实现。车削加工时一般不要求反转，但在加工螺纹时，为避免乱扣，要求反转退刀，再纵向进刀继续加工，这就要求主轴能够正、反转。主轴旋转是由主轴电动机经传动机构拖动的，因此主轴的正、反转可通过采用机械方法（如操作手柄）获得。

车床的进给运动是刀架的纵向或横向直线运动，其运动形式有手动和自动两种。加工螺纹时工件的旋转速度与刀具的进给速度应有严格的比例关系，所以车床主轴箱输出轴经挂轮箱传给进给箱，再经光杠传入溜板箱，以获得纵、横两个方向的进给运动。

车床的辅助运动有刀架的快速移动和工件的夹紧与放松。

2. 项目实施

（1）C620 型卧式车床电气原理图的组成及作用

电气控制原理图可分成主电路、控制电路及照明电路三部分。主电路中 M1 为主轴电动机，拖动主轴旋转，并通过进给机构实现车床的进给运动。M2 为冷却泵电动机，拖动冷却泵供出冷却液。它需经过转换开关 QS2，在 M1 起动后才可以起动，具有顺序联锁关系。电动机 M1、M2 都为单方向旋转，由于它们容量都小于 10kW，可采用全压起动。而主轴的正、反转则由摩擦离合器改变传动链来实现。热继电器 FR1、FR2 实现电动机 M1、M2 的长期过载保护。熔断器 FU1、FU2 实现主电路和控制电路的短路保护。控制电路中接触器 KM 控制电动机 M1、M2，具有欠电压和零电压保护作用。照明电路由照明变压器 T 供给 36 V 安全电压，经灯座开关 SA 控制照明灯 HL。

（2）C620 型卧式车床电气控制线路的分析

合上电源开关 QS1，按下起动按钮 SB2，接触器 KM 的线圈得电，使接触器 KM 的三对主触点闭合，主轴电动机 M1 起动运转。同时，接触器 KM 的一个辅助动合触点闭合，完成自锁，保证主轴电动机 M1 在松开起动按钮后能继续运转。电动机 M2 经转换开关 QS2 控制，确保 M2 与 M1 之间的顺序联锁关系。按下停止按钮 SB1，接触器 KM 线圈失电，KM 主触点断开，主轴电动机 M1 以及冷却泵电动机 M2 便停车。

3. 问题研讨——C620 型卧式车床电气线路常见故障研究与处理

机床在运行过程中常受到许多不利因素的影响，如电器动作过程中的机械振动、过电流的热效应加速电气元件的绝缘老化变质等。下面介绍 C620 型卧式车床的常见电气故障现象及处理方法。

（1）主轴电动机 M1 不能停转

研讨分析：这类故障多数是由于接触器 KM 铁心上的油污使铁心不能释放，KM 的主触点发生熔焊或停止按钮 SB1 的动断触点短路所造成的。

检查处理：切断电源，清洁铁心表面的污垢或更换触点即可排除故障。

（2）主轴电动机的运转不能自锁

研讨分析：当按下按钮 SB2 时，主轴电动机 M1 能够运转，但松开按钮后电动机 M1 立即停转，这是由接触器 KM 的辅助动合触点接触不良或位置偏移，辅助动合触点的连接导线松脱或断裂等现象引起的故障。

检查处理：将接触器 KM 的辅助动合触点进行修整或更换即可排除故障。

（3）按下起动按钮，电动机发出嗡嗡声不能正常起动

研讨分析：出现以上现象可能是电源断相，熔断器有一相熔体熔断或接触器有一对主触点没接触好。

检查处理：应先立即切断电源，否则易烧坏电动机；然后检查电源是否正常，若电源正常，检查熔体是否完好，否则应更换熔体；若熔体完好，应检查主电路接线，查找断点。

（4）按下停止按钮，主轴电动机不停止。

研究分析：出现此类故障的原因一方面是接触器主触点熔焊、主触点被杂物卡住或有剩磁使它不能复位；另一方面是停止按钮动断触点被卡住，不能断开。

检查处理：先断开电源，检查接触器，若主触点熔焊，更换主触点后故障排除；若停止按钮动断触点被卡住，需进行修复或更换停止按钮。

（5）照明灯不亮

研究分析：这类故障的原因可能是照明灯泡已坏、灯座开关 SA 已损坏、变压器一次绕组或二次绕组已烧毁。

检查处理：若照明灯泡已坏或者灯座开关 SA 已损坏则需更换照明灯泡或开关 SA。若变压器一次绕组或二次绕组已烧毁，需进行修复。

4. 项目拓展

（1）对照 C620 型普通车床电气图纸熟悉元件及位置，绘制电器布置图及电气安装接线图，熟悉各项控制操作。

（2）典型故障练习：

1）主轴电动机不能起动，冷却泵电动机可以起动；

2）按下 SB1，主轴电动机不能停止，继续运转。

（3）查阅关于 CA6140 型卧式车床的运动形式和电气控制要求等方面的资料，分析图 2-6 中 CA6140 型卧式车床电气原理图。

虚拟实训：C620 型卧式车床线路排故

虚拟实训：C620 型卧式车床电气控制线路元件布局

虚拟实训：线路运行

技能操作视频：车轴类零件工件的装夹

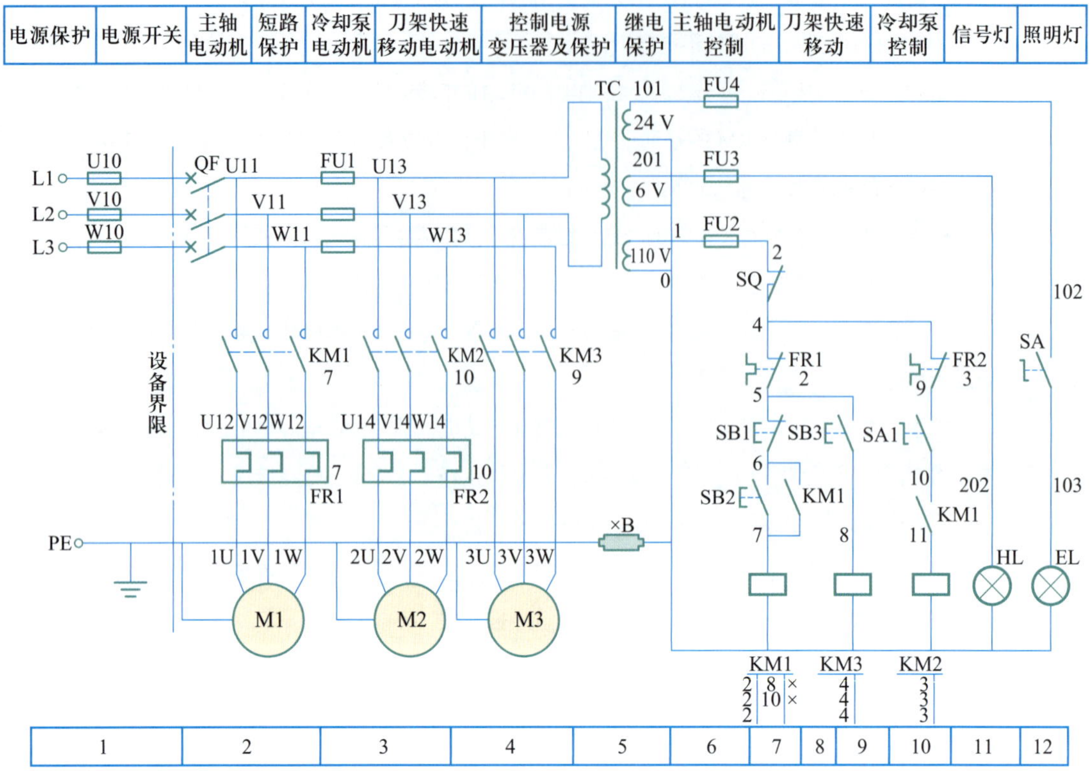

图 2-6
CA6140 型卧式车床电气原理图

项目 3　平面磨床的电气控制系统分析

演示文稿：平面磨床的电气控制系统分析

【知识点】

- □ 平面磨床的主要结构与型号含义
- □ 平面磨床的运动形式
- □ M7120 型平面磨床的电气控制原理

【技能点】

- □ 识读典型机床电气控制线路图
- □ 根据低压电器的工作状态分析 M7120 型平面磨床控制系统运行情况
- □ 分析与排除 M7120 型平面磨床控制系统的常见故障

【项目描述】

笔 记

分析图 2-7 M7120 型卧轴矩台平面磨床的电气控制原理。

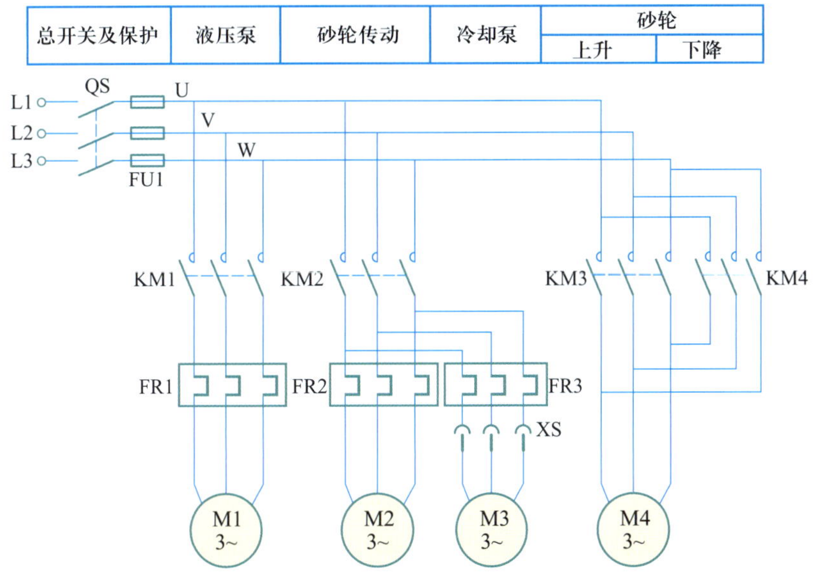

(a) 主电路

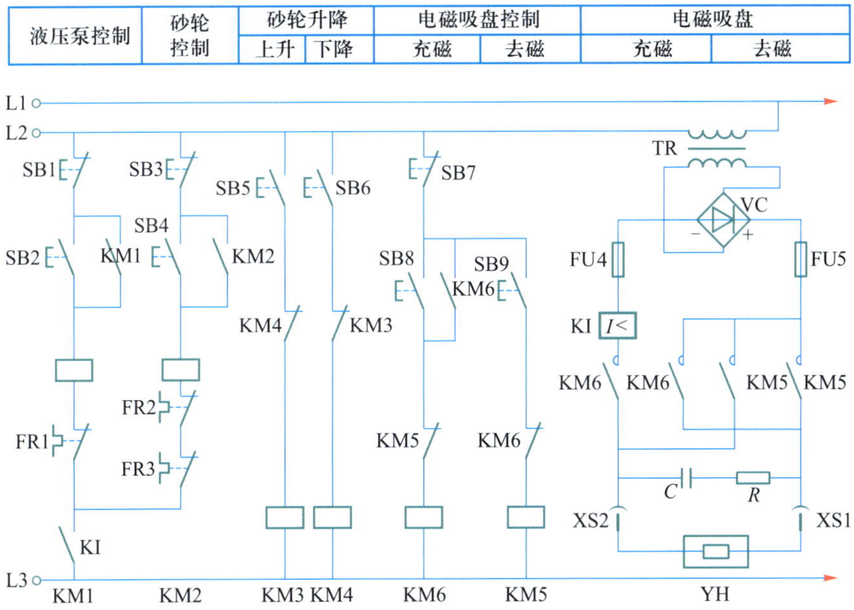

(b) 控制电路

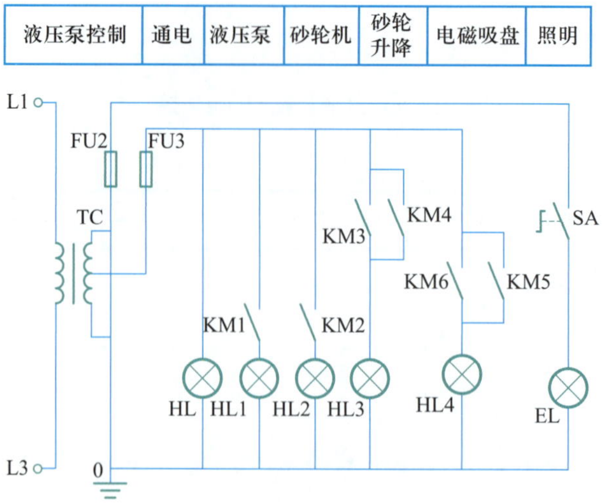

(c) 指示灯电路

图 2-7
M7120 型平面磨床的电气控制原理图

1. 知识学习

磨床是用砂轮的端面或周边对工件的表面进行磨削加工的精密机床。通过磨削，使工件表面的形状、精度和光洁度等达到预期的要求。磨床的种类很多，按其工作性质可分为平面磨床、外圆磨床、内圆磨床、工具磨床以及一些专用磨床，如螺纹磨床、齿轮磨床、球面磨床、花键磨床、导轨磨床与无心磨床等，其中尤以平面磨床应用最为广泛。平面磨床根据工作台的形状和砂轮轴与工作台的关系又可分为卧轴矩台平面磨床、立轴矩台平面磨床、卧轴圆台平面磨床、立轴圆台平面磨床等。

（1）主要结构及型号含义

平面磨床的型号含义如图 2-8 所示。

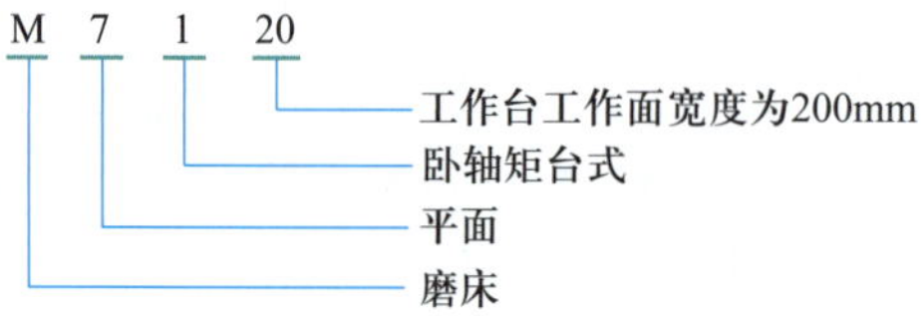

图 2-8
平面磨床的型号含义

微课：平面磨床的电气控制系统分析——结构与运动形式

M7120 型平面磨床是卧轴矩形工作台式，主要由床身、工作台、电磁吸盘、砂轮箱（又称磨头）、滑柱和立柱等部分组成。如图 2-9 所示。

如图 2-9 所示，在箱形床身 1 中装有液压传动装置，工作台 3 通过活塞杆 2 由油压推动作往复运动，床身导轨有自动润滑装置进行润滑。工作台表面有 T 形槽，用以固定电磁吸盘，再由电磁吸盘来吸持加工工件。工作台的行程长度可通过调节装在工作台正面槽中的撞块 9 的位置来改变。换向撞块 9 是通过碰撞工作台往复运动换向手柄改变油路来实现工作台往复运动的。

在床身上固定有立柱 4，沿立柱 4 的导轨上装有滑座 5，砂轮箱 7 能沿其水平导轨移动。砂轮轴由装入式电动机直接拖动。在滑座内部往往也装有液压传动机构。

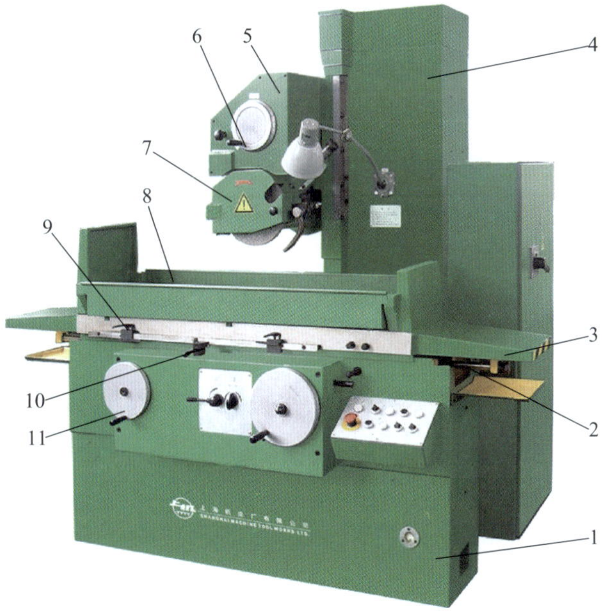

1—床身　2—活塞杆　3—工作台　4—立柱　5—滑座　6—砂轮箱横向移动手轮　7—砂轮箱
8—电磁吸盘　9—工作台换向撞块　10—工作台往返运动换向手柄　11—砂轮箱垂直进刀手轮

图 2-9
卧轴矩台平面磨床外形图

滑座可在立柱导轨上作上下移动，并可由垂直进刀手轮 11 操作。砂轮箱的水平轴向移动可由横向移动手轮 6 操作，也可由液压传动作连续或间接移动，前者用于调节运动或修整砂轮，后者用于进给。

（2）运动形式

矩形工作台平面磨床工作示意图如图 2-10 所示，砂轮的旋转运动是主运动。进给运动有垂直进给，即滑座在立柱上的上下运动；横向进给，即砂轮箱在滑座上的水平运动；纵向进给，即工作台沿床身的往复运动。工作台每完成一次往复运动时，砂轮箱做一次间断性的横向进给；当加工完整个平面后，砂轮箱做一次间断性的垂直进给。辅助运动有工作台及砂轮架的快速移动等。

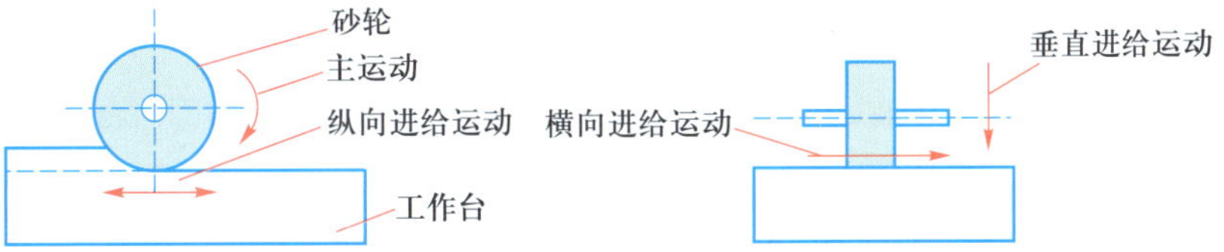

图 2-10
矩形工作台平面磨床工作示意图

2. 项目实施

（1）M7120 型平面磨床电气控制原理图的组成及作用

技能操作视频：磨床的结构组成及作用

由图 2-7 所示可将电气控制原理图分为四个部分，即主电路、电动机控制电路、电磁吸盘控制电路和照明电路。

主电路中 M1 为液压泵电动机，M2 为砂轮转动电动机，M3 为冷却泵电动机，M4 为砂轮升降电动机。四台电动机共用熔断器 FU1 作短路保护，M1、M2 和 M3 分别由热继电器 FR1、FR2、FR3 作长期过载保护。

笔 记

控制电路中接触器 KM2 控制电动机 M2，再经插销 XS 供电给 M3，接触器 KM3、KM4 控制电动机 M4 正反转。液压泵电动机的起停按钮分别为 SB2 和 SB1，砂轮电动机的起停按钮分别为 SB4 和 SB3，砂轮升降电动机的升降控制按钮分别为 SB5 和 SB6，电磁吸盘的充磁、去磁、放松按钮分别为 SB8、SB9 和 SB7。

照明电路通过变压器 TC 及开关 SA 来控制照明电灯的亮灭，熔断器 FU3 为照明电路的短路保护。

电磁吸盘控制电路经变压器 TR 将交流 220V 电压降为 127V，经桥式整流装置变为 110V 的直流电压，再经 KM6（充磁）或 KM5（退磁）供给电磁吸盘的线圈 YH。变压器 TR 二次侧的并联支路 RC 实现整流装置的过电压保护，电流继电器 KI 作欠电流保护。

电磁吸盘与机械夹紧装置相比，具有夹紧迅速、操作快捷、不损伤工件等优点，可同时吸持多个小工件进行磨削加工。在加工过程中，工件发热可自由伸展，不易变形。但它只能对导磁性材料（如钢铁）的工件才能吸持，而对非导磁性材料（如铜铝）的工件则不能吸持。

（2）M7120 型平面磨床电气控制线路的分析

合上电源开关 QS，电源指示灯 HL 亮，欠电压继电器 KV 线圈得电，电压正常时，KV 动合触点闭合，SB2 和 SB1 控制 KM1 线圈得失电，从而实现液压泵电动机的起停；SB4 和 SB3 控制 KM2 线圈得失电，从而实现砂轮电动机的起停；在砂轮电动机的起动后，若插上 XS，则冷却泵电动机工作；SB5 和 SB6 分别控制 KM3 和 KM4 线圈得失电，从而实现砂轮升降电动机的升降，并具有电气互锁。SB8 和 SB9 分别控制 KM6 和 KM5 线圈得失电，从而控制对电磁吸盘线圈提供正反向电流，实现充磁和去磁。

动画：M7120 平面磨床电气控制原理

3. 问题研讨——M7120 型平面磨床电气线路常见故障研究与处理

（1）磨床中各电动机不能起动

研讨分析：可能是主电路回路不正常或是控制电路故障。

检查处理：首先检查电源电压是否正常，有可能是电压过低，造成欠电流继电器 KI 的触点没有闭合；再检查控制电路是否有断路（如热继电器是否动作过）以及按钮动合、动断触点是否正常。逐项排除直到正常工作为止。

（2）砂轮电动机的热继电器 FR2 脱扣

研讨分析：可能是砂轮电动机前轴瓦磨损，电动机发生堵转而电流增大很多；砂轮进刀量太大，使电动机堵转，电流很大；更换后的热继电器 FR2 规格不符合要求或未调整好。

检查处理：检修时应根据具体情况进行处理，直到排除故障为止。

（3）液压泵电动机不能起动

研究分析：可能是按钮 SB1 或 SB2 的触点接触不良或接线脱落；接触器 KM1 的线圈损坏或接线脱落；液压泵电动机损坏。

检查处理：经检查接触器 KM1 接线脱落。重新接线后故障排除。

（4）电磁吸盘没有吸力

研究分析：可能是三相电源的问题，或整流装置输出不正常，再有可能是电磁吸盘线圈接线不良或脱落。

检查处理：首先检查三相交流电源是否正常，熔断器 FU1、FU4、FU5 是否完好、接触是否正常，插销 XS1、XS2 接触是否良好；再检查变压器 TR 及整流装置有无输出。如上述检查均未发现故障，则进一步检查电磁吸盘线圈、KI 线圈，发现 KI 线圈接线脱落。重新接线后故障排除。

（5）电磁吸力不足

研究分析：常见的原因有交流电源电压低，导致直流电压相应下降，以致吸力不足。若直流电压正常，则可能插销 XS1、XS2 接触不良，也可能电磁吸盘线圈内部存在短路。另外的原因是桥式整流电路的故障。如果整流桥有一桥臂发生开路，将使直流输出电压下降一半左右，使吸力减小。

检查处理：首先可测量交流电源电压，再测量整流器输出电压，空载时应为 130~140V。若下降一半则判断为某一整流二极管断路，更换损坏的二极管即可。若有一桥臂被击穿而形成短路，则另一桥臂二极管也会过电流损坏，这时变压器升温极快，应及时切断电源。

微课：平面磨床的电气控制系统分析——控制原理与常见故障分析

4. 项目拓展

（1）对照 M7120 型平面磨床电气图纸熟悉元件及位置，绘制电器布置图及电气安装接线图，熟悉各项控制操作。

（2）典型故障练习：

1）冷却泵电动机不能起动；

2）液压泵电动机不能起动；

3）按下 SB3，砂轮电动机无法停止。

（3）查阅关于 M7130 型平面磨床的运动形式和电气控制要求等方面的资料，分析图 2-11 所示 M7130 型平面磨床电气原理图。

虚拟实训：M7120 型平面磨床电气控制线路元件布局

技能操作视频：磨床的基本操作

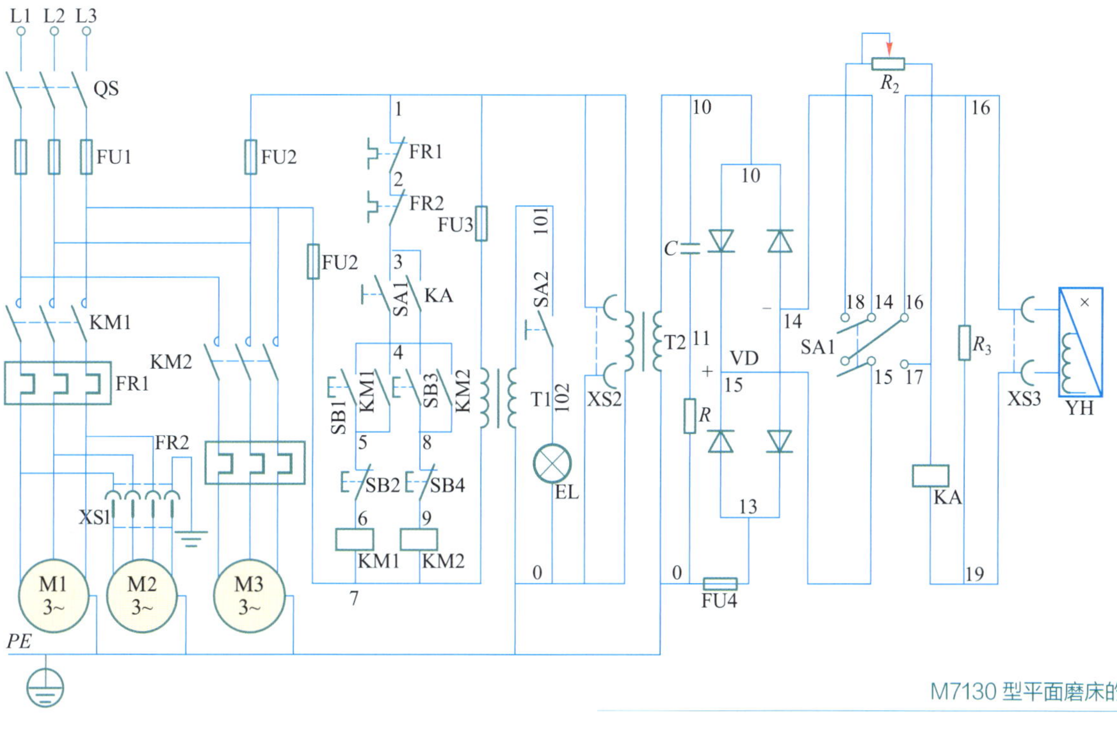

图 2-11
M7130 型平面磨床的电气控制原理图

项目 4 摇臂钻床的电气控制系统分析

演示文稿：摇臂钻床的电气控制系统分析

【知识点】

□ 摇臂钻床的主要结构与运动形式

□ 摇臂钻床的电力拖动特点

□ Z35 型摇臂钻床的电气控制原理

【技能点】

□ 识读典型机床电气控制线路图

□ 根据低压电器的工作状态分析 Z35 型摇臂钻床控制系统运行情况

□ 分析与排除 Z35 型摇臂钻床控制系统的常见故障

【项目描述】

分析图 2-12 所示 Z35 型摇臂钻床的电气控制原理。

总开关及电源保护	冷却泵	主轴	摇臂升降		立柱夹紧		控制电源	保护失电压	主轴	摇臂升降			立柱夹紧		照明
			上升	下降	松开	夹紧				上升	制动	下降	松开	夹紧	

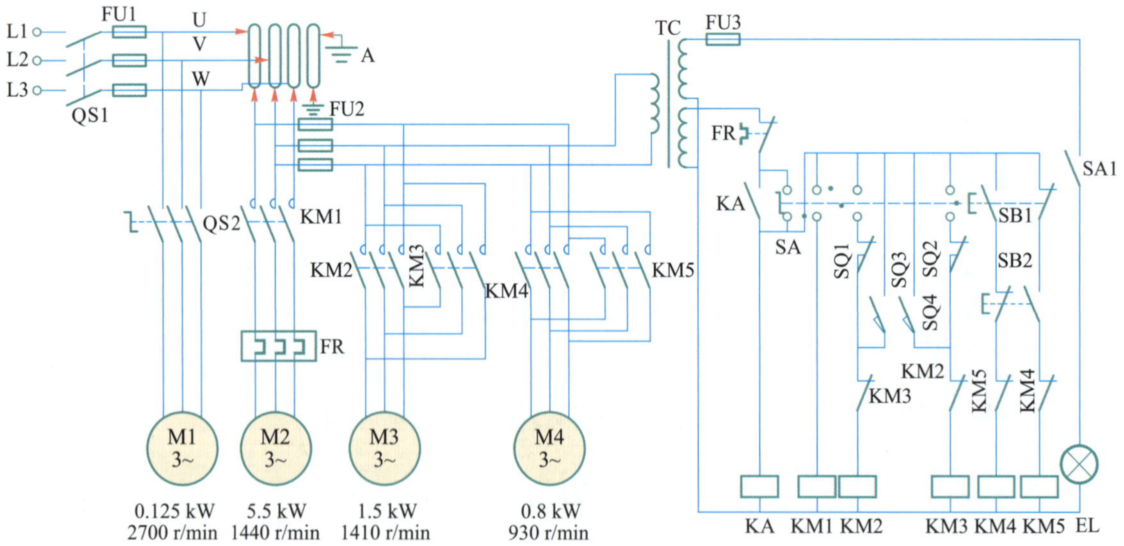

图 2-12
Z35 型摇臂钻床的电气控制原理图

1. 知识学习

摇臂钻床是一种立式钻床，它适用于单件或批量生产中带有多孔大型零件的孔加工，是一般机械加工车间常用的机床。

笔 记

（1）摇臂钻床的主要结构及运动形式

1）主要结构

摇臂钻床适用于中小零件的加工，它主要由底座、内外立柱、摇臂、主轴箱和工作台等组成，其结构示意图如图 2-13 所示。内立柱固定在底座的一端，在它外面套着外立柱，外立柱可绕内立柱回转 360°，摇臂的一端为套筒，它套在外立柱上，并借助丝杠的正反转沿外立柱做上下移动，由于该丝杠与外立柱连为一体，而升降螺母固定在摇臂上，所以摇臂只能与外立柱一起绕内立柱回转。主轴箱安装在摇臂的水平导轨上，可通过手轮操作使其在水平导轨上沿摇臂移动，它由主传动电动机、主轴和主轴传动机构、进给和变速机构以及机床的操作机构等部分组成。加工时，根据工件高度的不同，摇臂借助于丝杠可带着主轴箱沿外立柱上下升降。在升降之前，应将摇臂松开，再进行升降，当达到所需位置时，摇臂自动夹紧在立柱上。

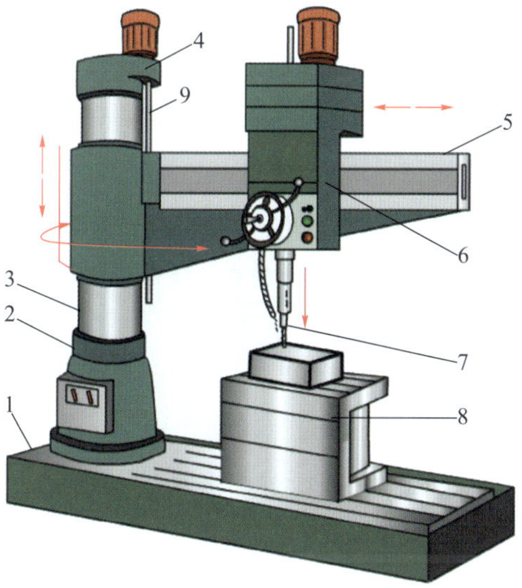

1—底座　3—内立柱　2、4—外立柱　5—摇臂　6—主轴箱　7—主轴　8—工作台　9—丝杠

图 2-13
Z3040 型摇臂钻床结构示意图

2）运动形式

① 主轴带动刀具的旋转与进给运动。主轴的转动与进给运动由一台三相交流异步电动机驱动，主轴的转动方向由机械及液压装置控制。

② 各运动部分的移位运动。主轴在三维空间的移位运动有主轴箱沿摇臂方向的水平移动（平动），摇臂沿外立柱的升降运动（由一台笼型三相异步电动机拖动），外立柱带动摇臂沿内立柱的回转运动（手动）三种。各部件的移位运动用于实现主轴的对刀移位。

③ 移位运动部件的夹紧与放松。摇臂钻床的三种对刀移位装置对应三套夹紧与放松装置。对刀移动时，需要将装置放松，机械加工过程中，需要将装置夹紧。三套夹紧装置分别为摇臂夹紧（摇臂与外立柱之间）、主轴箱夹紧（主轴箱与摇臂导轨之间）、立柱夹紧（外立柱与内立柱之间）。通常主轴箱和立柱的夹紧与放松同时进行。摇臂的夹紧与放松则要与摇臂升降运动结合进行。

微课：摇臂钻床的电气控制系统分析——结构与运动形式

笔 记

（2）摇臂钻床的电力拖动特点及控制要求

摇臂钻床运动部件较多，为简化传动装置采用多台电动机拖动。为了适应多种形式的加工，要求主轴及进给有较大的调速范围。主轴一般速度下的钻削加工常为恒功率负载；而低速时主要用于扩孔、铰孔、攻螺纹等加工，这时则为恒转矩负载。

摇臂钻床的主运动与进给运动皆为主轴的运动，这两种运动由一台主轴电动机拖动，经主轴传动机构和进给传动机构实现主轴旋转和进给，所以主轴变速结构与进给变速机构都装在主轴箱内。该机床的主轴调速范围为 80，正转最低速度为 25r/min，最高速度为 2000r/min，分 6 级变速；进给运动的调速范围为 80，最低进给量是 0.04mm/r，最高进给量是 3.2mm/r，也分为 6 级变速。加工螺纹时，主轴要求正、反转工作，摇臂钻床主轴正、反转一般采用机械方法来实现，所以主轴电动机只需单方向旋转。

摇臂的升降由升降电动机拖动，要求电动机能实现正、反转。

内外立柱的夹紧与放松、主轴箱与摇臂的夹紧与放松可采用手柄机械操作、电气—机械装置、电气—液压装置或电气—液压—机械装置等控制方法来实现。若采用液压装置则必须有液压泵电动机拖动液压泵供给压力油来实现。

摇臂的移动严格按照摇臂松开→移动→摇臂夹紧的程序进行。因此，摇臂的夹紧、放松与摇臂升降按自动控制进行。

另外，根据钻削加工需要，应有冷却泵电动机拖动冷却泵供给冷却液进行刀具的冷却，冷却泵电动机只需单方向旋转。除此之外，还要有机床安全照明、信号指示灯和必要的联锁及保护环节。

2. 项目实施

（1）Z35 型摇臂钻床电气控制原理图组成及作用

Z35 型摇臂钻床的电气控制原理图可分成三个部分，如图 2-12 所示，即主电路、控制电路和照明电路。主电路中共有 4 台电动机，M1 为冷却泵电动机，给加工工件提供冷却液，由转换开关 QS2 直接控制。M2 为主轴电动机，FR 作过载保护。M3 为摇臂升降电动机，可进行正反转。M4 为立柱放松与夹紧电动机，也可进行正反转。电动机 M3 和 M4 都是短时运行的，所以不加过载保护。M3、M4 共用熔断器 FU2 作短路保护。因为外立柱和摇臂要绕内立柱回转，所以除了冷却泵电动机以外，其他的电源都通过汇流排 A 引入。

电动机控制电路的电源由变压器 TC 将 380V 的交流电源降为 127V 后供给；SA 为十字开关，由十字手柄和四个微动开关组成；十字手柄共有五个位置，即上、下、左、右和中，各个位置的工作情况如图 2-14 所示。KA 为失电压继电器，当电源合上时，必须将十字开关向左扳合一次，失电压继电器 KA 线圈通电并自锁。若机床工作时，十字手柄不在左边位置，机床断电后，KA 释放；恢复电源后机床不能自行起动。接触器 KM1 控制主轴电动机 M2 的起停，接触器 KM2、KM3 控制摇臂升降电动机的正反转，同拔叉位置相关联的转动组合开关 SQ3、 SQ4 和限位开关 SQ1、SQ2 共同控制摇臂的升降。接触器 KM4、KM5 控制立柱松开与夹紧电动机 M4。

照明电路的电源也是由变压器 TC 将 380V 交流电压降为 36V 安全照明电源，照明灯一端接地，直接由开关 SA1 控制。

笔 记

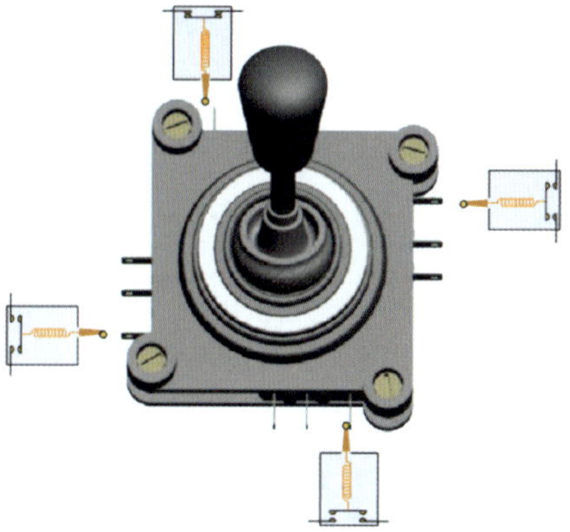

(a) 十字开关外形图

手柄位置	实物位置	工作状态
中		停止
左		失电压保护
右		主轴运转
上		摇臂上升
下		摇臂下降

(b) 十字开关各个位置的工作情况

图 2-14
十字开关外形图及各个位置的工作情况

（2）电气控制原理图分析

合上电源开关 QS，将十字开关向左扳合，失电压继电器 KA 线圈通电并自锁。起动主轴电动机，将十字开关向右扳合，接触器 KM1 线圈通电，主触点 KM1 闭合，主轴电动机 M2 直接起动后运转。主轴的正反转由主轴箱上的摩擦离合器手柄操作。摇臂钻床的钻头旋转和上下移动都由主轴电动机拖动。将十字开关扳回中间位置，主轴电动机 M2 停止。

若加工过程中钻头与工件之间的相对高度不适合时，可通过摇臂的升降来进行调整。欲使摇臂上升，应将十字开关向上扳合，接触器 KM2 线圈通电，主触点 KM2 接通，电动机 M3 正转，带动升降丝杆正转。升降丝杆开始正转时，通过拔叉使传动松紧装置的轴逆时针方向旋转，松紧装置将摇臂松开，此时摇臂上升，同时触点 SQ4 闭合，为夹紧做准备。此时 KM2 的动断触点是断开的，接触器 KM3 的线圈不能得电吸合。

当摇臂上升到所需要的位置时，将十字开关扳回到中间位置，接触器 KM2 线圈断电释放，主触点 KM2 断开，电动机 M3 停止正转；KM2 动断触点闭合，又因触点 SQ4 已闭合，接触器 KM3 线圈通电吸合，主触点 KM3 闭合，电动机 M3 反转带动升降丝杆反转，使松紧装置将摇臂夹紧，摇臂夹紧时触点 SQ4 断开，接触器 KM3 线圈断电释放，主触点 KM3 断开，电动机 M3 停止。

如果要使摇臂下降，应将十字开关向下扳合，接触器 KM3 线圈通电吸合，主触点 KM3 闭合，电动机 M3 反转，带动升降丝杆反转，使得松紧装置先将摇臂松开后，带动摇臂下降，

动画：Z35 型摇臂钻床电气控制原理

笔 记

触点 SQ3 闭合，为夹紧做准备。此时 KM3 的动断触点是断开的，接触器 KM2 的线圈不能得电吸合。当摇臂下降到所需要的位置时，将十字开关扳回到中间位置，接触器线圈 KM3 断电释放，主触点 KM3 断开，电动机 M3 停止反转；KM3 辅助动断触点闭合，且触点 SQ3 已闭合，接触器 KM2 线圈通电吸合，主触点 KM2 闭合，电动机 M3 正转带动升降丝杆正转，升降螺母又随丝杆空转，摇臂停止下降，松紧装置将摇臂夹紧，使触点 SQ3 断开，接触器 KM2 线圈断电释放，主触点 KM2 断开，电动机 M3 停止。

限位开关 SQ1、SQ2 是用来限制摇臂升降的极限位置的。当摇臂上升（此时，接触器 KM2 线圈通电吸合，电动机 M3 正转）到极限位置时，挡块碰到 SQ1，使触点 SQ1 断开，接触器 KM2 线圈断电释放，电动机 M3 停转，摇臂停止上升。当摇臂下降（此时，接触器 KM3 线圈通电吸合，电动机 M3 反转）到极限位置时，挡块碰到 SQ2，使触点 SQ2 断开，接触器 KM3 线圈断电释放，电动机 M3 停转，摇臂停止下降。

Z35 型摇臂钻床的摇臂升降运动不允许与主轴旋转运动同时进行，称之为不同运动间的联锁。完成这一任务是由十字开关操作手柄的几个位置实现的，每一个位置带动相应的微动开关动作，接通一个运动方向的电路。

当摇臂需要旋转时，必须连同外立柱一起绕内立柱运转。这个过程必须经过立柱的松开和夹紧，而立柱的松开和夹紧是靠电动机 M4 的正反转带动液压装置来完成的。当需要松开立柱时，可按下 SB1 按钮，接触器 KM4 线圈通电吸合，主触点 KM4 接通，电动机 M4 正转，通过齿式离合器带动齿轮式油泵旋转，从一定方向送出高压油，经一定的油路系统和传动机构将外立柱松开。松开后可放开 SB1 按钮，KM4 线圈断电，主触点复位，电动机 M4 停转。此时，即可用人力推动摇臂连同外立柱一起绕内立柱转动，当转到所需位置时，可按下 SB2 按钮，接触器 KM5 线圈通电吸合，主触点 KM5 接通，电动机 M4 反转，通过齿式离合器带动齿轮式油泵反向旋转，从另一方向送出高压油，在液压推动下将立柱夹紧。夹紧后可放开 SB2 按钮，KM5 线圈断电释放，主触点复位，电动机 M4 停转。

Z35 型摇臂钻床的主轴箱在摇臂上的松开与夹紧和立柱的松开与夹紧由同一台电动机（M4）和同一液压传动机构同时进行。

3. 问题研讨——Z35 型摇臂钻床电气线路常见故障研究与处理

（1）主轴电动机不能起动

研究分析：常见原因有十字开关的触点 SA 损坏或接触不良；接触器 KM1 的主触点接触不良或接线脱落；失电压继电器 KV 的触点接触不良或接线脱落；熔断器 FU1 的熔丝烧断。

检查处理：针对上述情况应逐项检查，若发现熔断器 FU1 的熔丝烧断，更换后即可排除故障。

（2）主轴电动机不能停止

研究分析：一般是由于接触器 KM1 的主触点熔焊造成。

检查处理：检查 KM1，若发现主触点熔焊，断开电源，更换接触器 KM1 的主触点，故障即可排除。

（3）摇臂升降后不能完全夹紧

研究分析：主要与摇臂夹紧的组合开关 SQ3、SQ4 有关。可能是组合开关 SQ3、SQ4

微课：摇臂钻床的电气控制系统分析——控制原理与常见故障分析

动触点的位置发生偏移，或者转动组合开关 SQ3、SQ4 的齿轮与拔叉上的扇形齿轮的啮合位置发生了偏移，当摇臂未能夹紧时，触点 SQ3（摇臂下降）或触点 SQ4（摇臂上升）就过早地断开了，未到夹紧位置电动机 M3 就停转了。

检查处理：检查后若发现组合开关 SQ3、SQ4 动触点的位置发生偏移，重新调整后故障即可排除。

（4）摇臂升降方向与十字开关标志的扳动方向相反

研究分析：该故障的原因是升降电动机的电源相序接反了，发生这一故障是很危险的。

检查处理：检查若发现升降电动机的电源 L1、L2 相序接反，应立即断开电源开关，及时调整好升降电动机的电源相序。

（5）摇臂升降不能停止

研究分析：一般是因为检修时误将 SQ3、SQ4 的两对触点的接线互换了。以十字开关扳到上升位置为例，接触器 KM2 通电吸合，电动机 M3 通电正转，摇臂先松开后上升，松开后应是触点 SQ4 闭合，为夹紧做准备，接线接错后变为 SQ3 闭合，即使将十字开关扳回到中间位置使终端限位开关触点 SQ1 断开，摇臂也不会停止上升。

检查处理： SQ3、SQ4 触点的接线接错，调换后故障即可排除。

（6）立柱松紧电动机不能起动

研究分析：发生故障的原因可能是按钮 SB1、SB2 的触点接触不良或接线脱落，接触器 KM4、KM5 的主触点接触不良或接线脱落，熔断器 FU2 的熔丝烧断。

检查处理：检查后若发现 KM5 的主触点接线脱落，重新接好后故障即可排除。

（7）立柱夹紧电动机不能停止

研究分析：主要原因是接触器 KM4、KM5 的主触点熔焊。

检查处理：若 KM4 或 KM5 主触点熔焊，立即断开电源，更换接触器主触点后故障即可排除。

4. 项目拓展

（1）对照 Z35 型摇臂钻床电气图纸熟悉元件及位置，绘制电器布置图及电气安装接线图，熟悉各项控制操作。

（2）典型故障练习：

1）摇臂移动后夹不紧；

2）液压泵电动机不能起动；

3）液压系统不能正常工作。

（3）查阅 Z3040 型摇臂钻床的运动形式和电气控制要求等方面的资料，分析图 2-15 Z3040 型摇臂钻床电气原理图。

Z3040 型摇臂钻床的主轴箱、立柱和摇臂的夹紧与松开是由液压泵电动机拖动液压泵送出压力油，推动活塞、菱形块来实现的。其中主轴箱和立柱夹紧与松开由一个油路控制，而摇臂的夹紧、松开因与摇臂升、降构成自动循环，所以由另一个油路单独控制。这两个油路均由电磁阀控制，其夹紧与松开机构液压原理图如图 2-16 所示。

笔 记

虚拟实训：Z35 型摇臂钻床电气控制线路元件布局

虚拟实训：线路运行

技能操作视频：钻床的基本操作

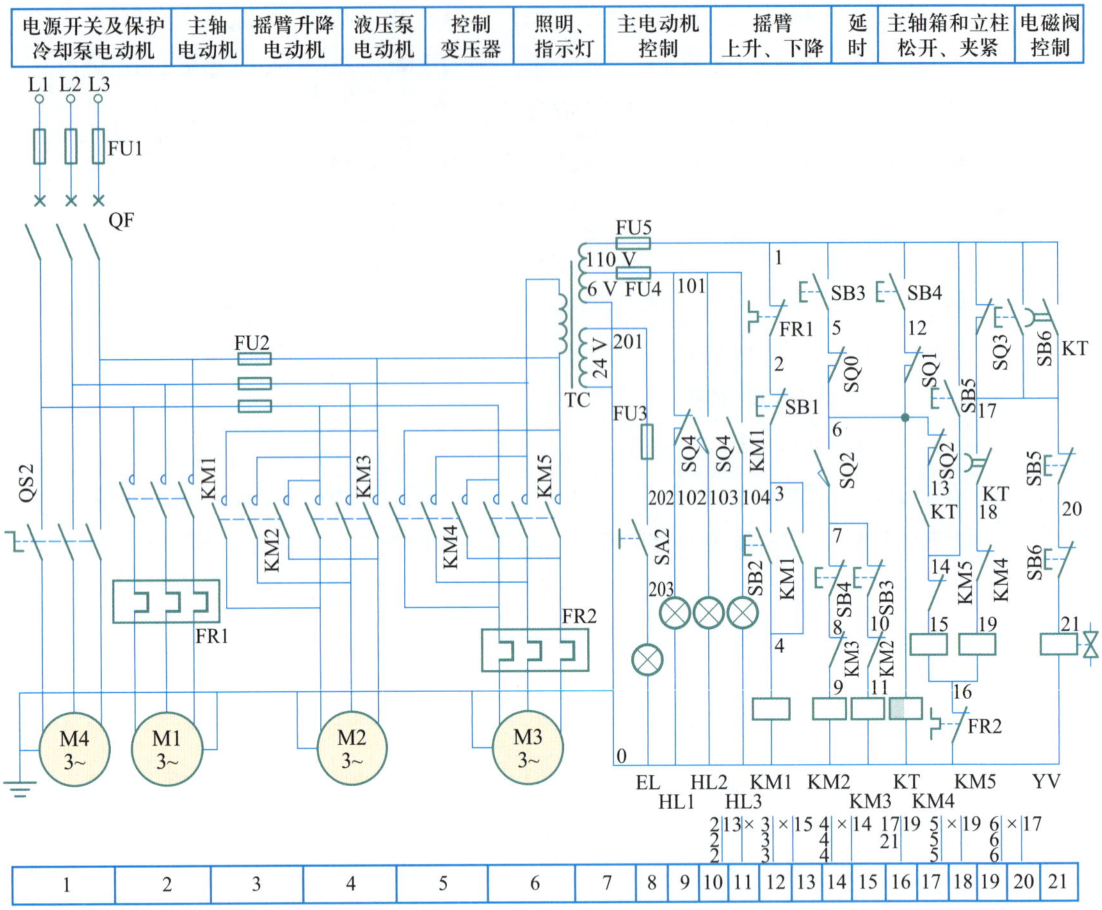

图 2-15
Z3040 型摇臂钻床电气原理图

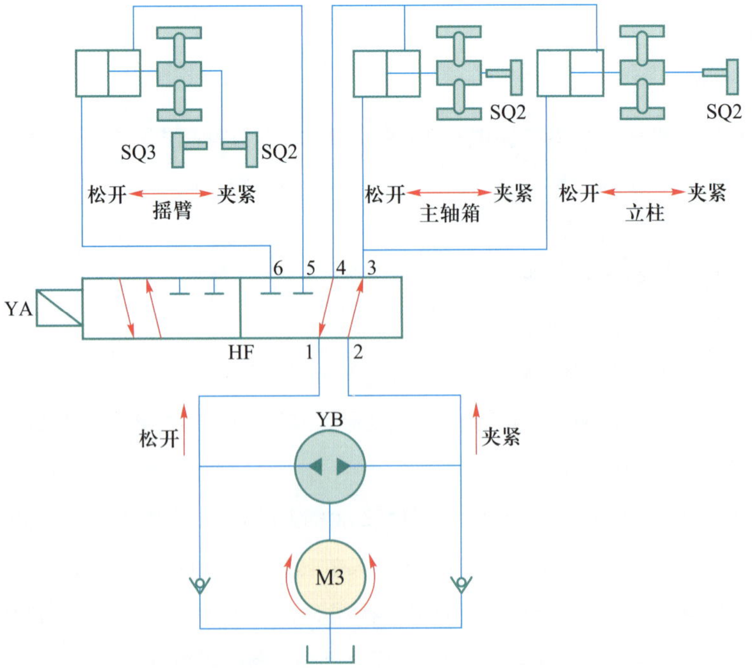

图 2-16
Z3040 型摇臂钻床的夹紧与松开液压原理图

项目 5　龙门刨床横梁升降控制线路设计——电气控制系统设计的主要内容、方法、原则及注意事项

【知识点】

□ 电气控制系统设计的主要内容

□ 电气设计的技术条件

□ 电气控制电路设计的方法

□ 电气控制电路设计的一般原则

□ 多地控制、顺序控制的电气设计技巧

演示文稿：龙门刨床横梁升降控制线路设计——电气控制系统设计的主要内容、方法、原则及注意事项

【技能点】

笔 记

□ 根据生产工艺和电气控制要求，设计龙门刨床横梁升降控制线路

□ 设计一个中等复杂程度的电气控制线路

□ 解决电气设计中“电路竞争”或“寄生电路”等问题

【项目描述】

设计龙门刨床横梁升降控制线路。横梁升降机构的工艺要求如下：

1. 龙门刨床上装有横梁机构，刀架装在横梁上，由于机床加工工件大小不同，要求横梁能沿立柱做上升、下降的调整移动。

2. 在加工过程中，横梁必须紧紧地夹在立柱上，不许松动。夹紧机构要能实现横梁的夹紧或放松。横梁的上升与下降由横梁升降电动机来驱动，横梁的夹紧与放松由横梁夹紧放松电动机来驱动。

3. 在动作配合上，横梁夹紧与横梁移动之间必须有一定的操作程序，如下：

1）按向上或向下移动按钮后，首先使夹紧机构自动放松；

2）横梁放松后，自动转换到向上或向下移动；

3）移动到所需要的位置后，松开按钮，横梁自动夹紧；

4）夹紧后电动机自动停止运动。

4. 横梁在上升与下降时，应有上下行程的限位保护。

5. 正反向运动之间以及横梁夹紧与移动之间要有必要的联锁。

1. 知识学习

（1）电气控制系统设计的主要内容

在生产实际中，无论是批量生产的机械设备，还是在老设备上进行技术改造，或是用动力部件组合的专用机床，在进行机械设计的同时，都必须进行相应的电气设计。电气设计的

笔 记

主要内容包括：

1）原理设计内容

① 拟订控制设计任务书。

② 选择拖动方案、控制方式和电动机。

③ 设计并绘制电气原理图和选择电气元件并制定元器件目录表。

④ 对原理图各连接点进行编号。

2）工艺设计内容

根据电气原理图（包括元器件表），绘制电气控制系统的总装配图及总接线图。

① 电气元件布置图的设计与绘制。

② 电气组件和元件接线图的绘制。

③ 电气箱及非标准零件图的设计。

④ 各类元器件及材料清单的汇总。

⑤ 编写设计说明书和使用维护说明书。

（2）电气设计的技术条件

作为电气设计依据的技术条件通常是以设计技术任务书的形式表达的。在任务书中，除应简要说明所设计的机械设备的型号、用途、工艺过程、技术性能、传动方式、工作条件、使用环境以外，还必须着重说明以下几点：

1）用户供电系统的电压等级、频率、容量及电流种类，即交流（AC）或直流（DC）。

2）有关操作方面的要求，如操作台的布置，操作按钮的设置和作用，测量仪表的种类，故障报警和局部照明要求等。

3）有关电气控制的特性，如电气控制的主令方式（手动还是自动等），自动工作循环的组成，动作程序，限位设置，电气保护及联锁条件等。

4）有关电力拖动的基本特性，如电动机的数量和用途，各主要电动机的负载特性，调整范围和方法，以及对起动、反向和制动的要求等。

5）生产机械主要电气设备（如电动机、执行电器和行程开关等）的布置草图和参数。

（3）电气控制电路设计的方法

电气控制电路的设计方法通常有两种：分析设计法和逻辑代数设计法。一般对于不太复杂的电路，用分析设计法设计比较直观和自然。

分析设计法也称一般设计法、经验设计法。它是根据生产机械的工艺要求和生产过程，选择适当的基本环节（单元电路）或典型电路综合而成的电气控制线路。其步骤如下：

1）根据确定的拖动电机与拖动方案设计主电路。

2）根据主电路和工艺动作的要求，对控制电路的各个环节逐个进行设计。将控制电路的典型环节恰当的应用，要注意结合具体的控制任务来满足一定的工艺动作的要求。当工艺动作要求较为复杂时，可分出层次逐步改进，直到满意为止。若没有现成的典型环节可利用，则需按照生产机械工艺要求逐步进行设计，采取边分析边设计的方法。

3）将控制电路的各个环节拼合成一个整体的设计草图。拼合过程中需注意加入必要的联锁与保护，使电路的整体功能有机协调。

思政小讲堂：质量是设计出来的吗？

笔 记

4）设计好的草图经检查和验证才能转入施工设计。检查工作可由设计者自己进行或请有关人员进行。而验证工作一般都要做通电试验以验证各步动作是否实现了设计要求。

从以上步骤可以看出，分析设计法比较直观易于掌握，但也存在一些缺点：设计电路不一定是最优化的；由于考虑不周而可能出现设计差错；没有固定的设计程序。

逻辑设计法是从生产机械的工艺资料（工作循环图、液压系统图）出发，根据控制电路中的逻辑关系并经逻辑函数式的化简，再绘出相应电路图。这种方法的优点是设计出的控制电路既能符合工艺要求，又能达到电路简单、可靠、经济合理的目的。逻辑设计法适合于较复杂的控制系统的设计，但目前在较复杂的控制系统中已逐步采用 PLC 控制。

（4）电气控制电路设计的一般原则

1）电气控制电路必须满足机械装备工艺要求；

2）控制电路必须能安全可靠地工作；

3）控制电路应力求在安装、操作和维修时简单、经济、方便。下面列举几种情况予以说明。

① 合并同类触点。如图 2-17 所示，图 2-17(b) 比图 2-17(a) 少了一对触点，但功能一致。注意合并同类触点时所用的触点容量应大于两个线圈的额定电流之和。

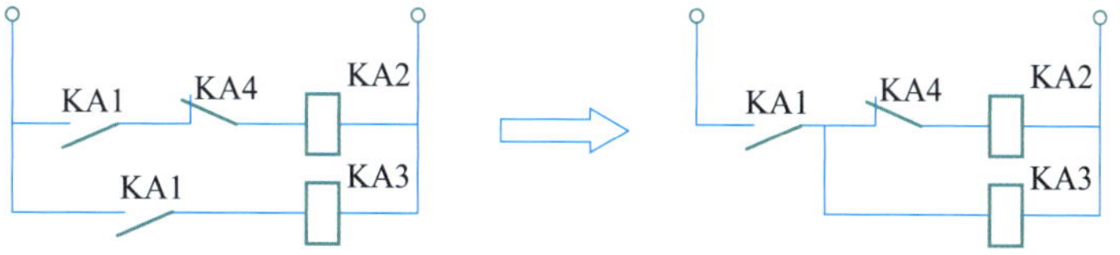

(a) 合并前　(b) 合并后

图 2-17
同类触点合并

② 利用转换触点的方式。利用具有转换触点的中间继电器将两对触点合并成一对转换触点，如图 2-18 所示。

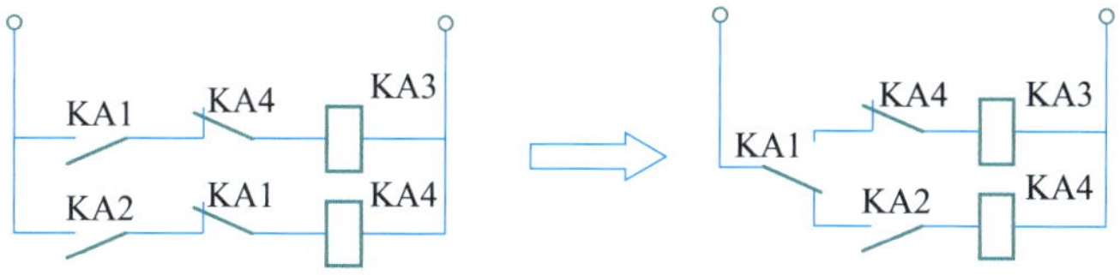

(a) 应用前　(b) 应用后

图 2-18
应用具有转换触点的中间继电器

③ 利用半导体二极管减少触点的数目。如图 2-19 所示，在特定的直流控制电路中，利用二极管的单向导电性可减少一对触点。注意这种方法只适用于使用直流电源的场合，连接时要注意电源的极性。

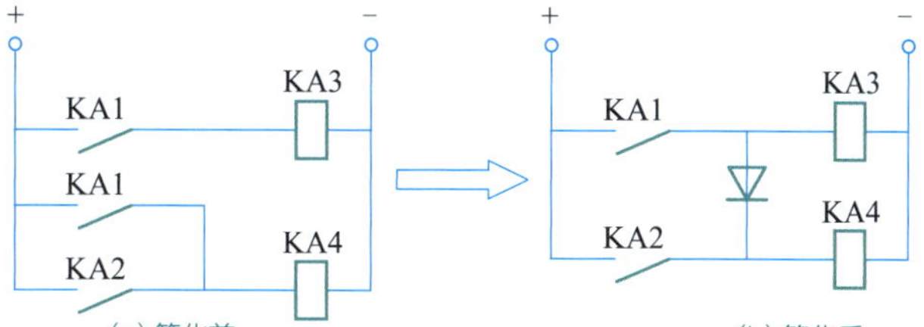

(a) 简化前　(b) 简化后

图 2-19
利用二极管简化控制电路

笔 记

④ 尽量减少电气线路的电源种类。电源有交流和直流两大类，接触器和继电器等也有交直流两大类，要尽量采用同一类电源。电压等级应符合标准等级，如交流一般为：380 V、220 V、127 V、110 V、36 V、24 V、6.3 V，直流为：12 V、24 V、48 V。

⑤ 尽量减少电器不必要的通电时间。

由图 2-20(a) 可知，KM2 线圈得电后，接触器 KM1 和时间继电器 KT 就失去了作用，不必继续通电；图 2-20(b) 线路比较合理，在 KM2 线圈得电后，切断了 KM1 和 KT 线圈的电源，节约了电能，并延长了该电路的寿命。

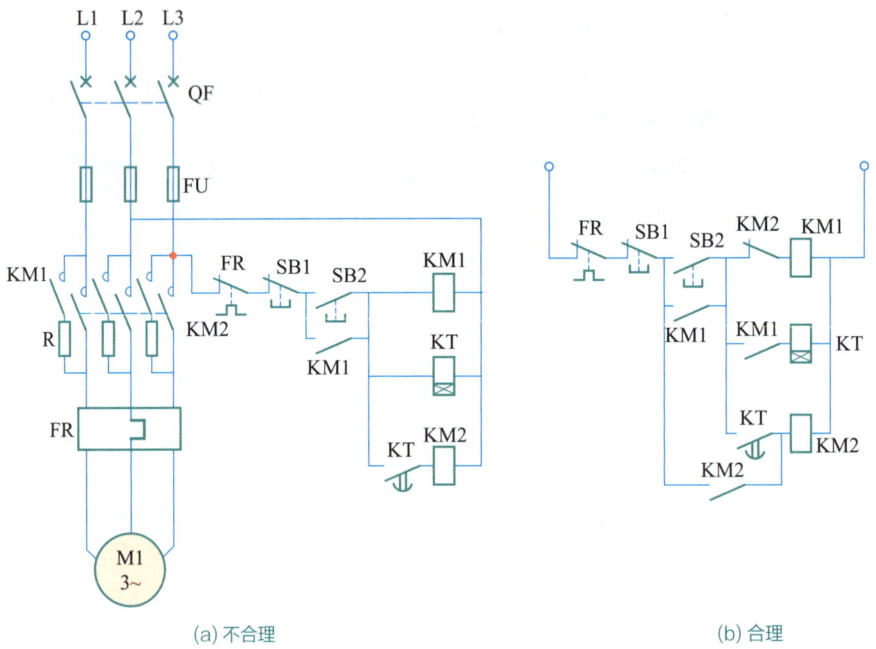

图 2-20
减少通电电器

（5）典型控制

1）多地控制

在一些大型生产机械和设备上，要求操作人员在不同方位都能进行操作与控制，即实现多地控制。多地控制是用多组起动按钮、停止按钮来进行的，这些按钮连接的原则是：所有起动按钮的动合触点要并联，即逻辑或关系；所有停止按钮的动断触点要串联，即逻辑与的关系。图 2-21 是电动机两地控制电路图。

2）顺序控制

在生产实际中，有些设备往往要求其上的多台电动机按一定顺序实现起动和停止，如车床的电动机就要求先起动主轴电动机，再起动冷却泵电动机。两台电动机顺序起停控制电路如图 2-22 所示，图 2-22(a) 为两台电动机顺序控制主电路，图 2-22(b) 为按顺序起动电路图。合上主电路与控制电路电源开关，按下起动按钮 SB1，KM1 线圈通电并自锁，电动机 M1 起动旋转，此时再按下按钮 SB2，KM2 线圈通电并自锁，电动机 M2 起动旋转。如果先按下 SB2 按钮，电动机 M2 不可能先起动，达到按顺序起动 M1、M2 的目的。

生产机械除要求按顺序起动外，有时还要求按一定顺序停止。如带式输送机，前面的第一台运输机先起动，再起动后面的第二台；停车时应先停第二台，再停第一台，这样才不会造成物料在传送带上的堆积和滞留。图 2-22(c) 为按顺序起动，分别停止的控制电路，线路的特点是：在电动机 M2 的控制电路中串接了接触器 KM1 的动合辅助触点。显然，只要 M1 不起动，KM1 动合触点不闭合，KM2 线圈就不能得电，M2 电动机就不能起动。图 2-22(d) 为顺序起动，逆序停止，在图 2-22(c) 线路的 SB12 的两端并联了接触器 KM2 的动合辅助触点，从而实现了 M1 起动后，M2 才能起动，而 M2 停止后，M1 才能停止的控制要求。

笔 记

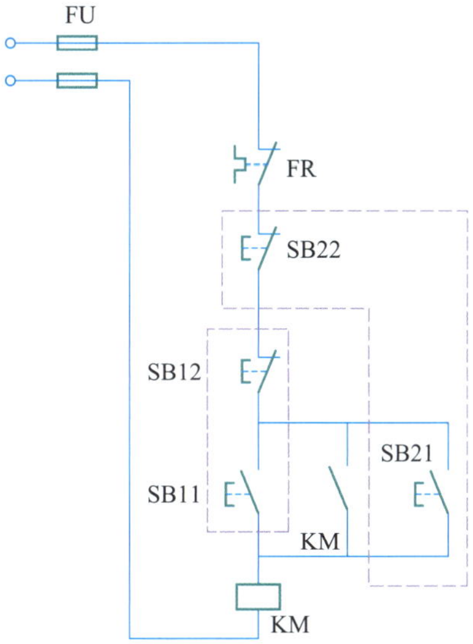

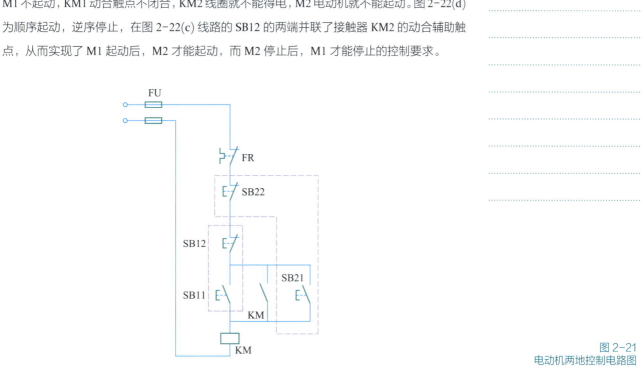

图 2-21
电动机两地控制电路图

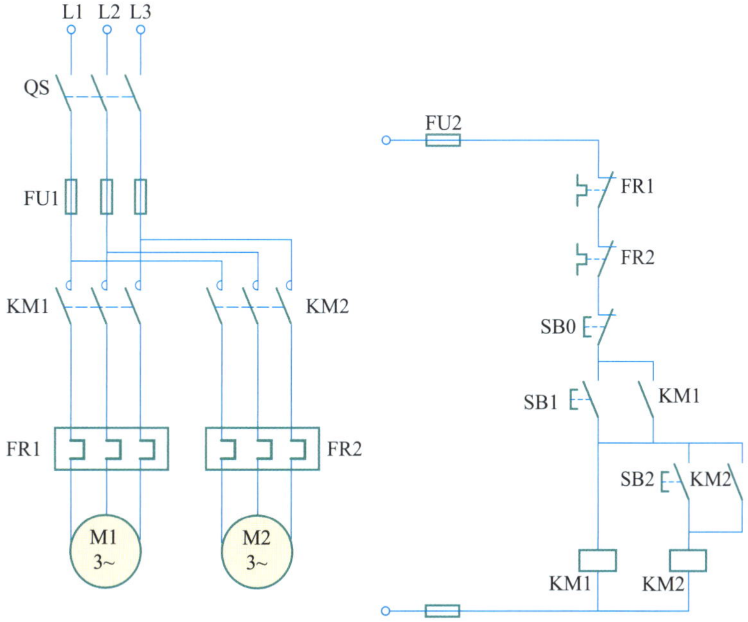

(a) 主电路　(b) 顺序起动，同时停止

动画：多地控制

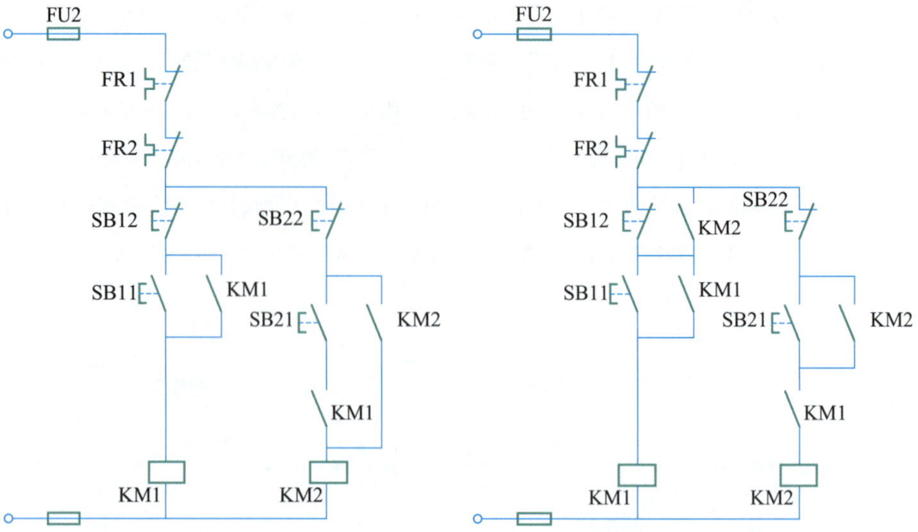

(c) 顺序起动，分别停止　　(d) 顺序起动，逆序停止

图 2-22
两台电动机顺序控制线路

2. 项目实施

视频：
刨床的基本知识

下面以设计龙门刨床横梁升降控制线路为例来说明经验设计法。在了解清楚生产工艺要求之后，可进行控制线路的设计。

根据横梁能上下移动和能夹紧放松的工艺要求，需要用两台电动机来驱动，且电动机能实现正反转。因此，采用 4 个接触器 KM1、KM2、KM3、KM4 分别控制升降电动机 M1 和夹紧放松电动机 M2 的正反转，如图 2-23 所示，由于横梁的升降为调整运动，故升降电动机采用点动控制。

（1）设计基本控制电路

采用两只点动按钮分别控制升降和夹紧放松运动，因为有 4 个接触器线圈需要控制，仅靠两只点动按钮是不够的，需要增加两个中间继电器 KA1 和 KA2。根据工艺要求可以设计出横梁控制电路草图，如图 2-23 所示。

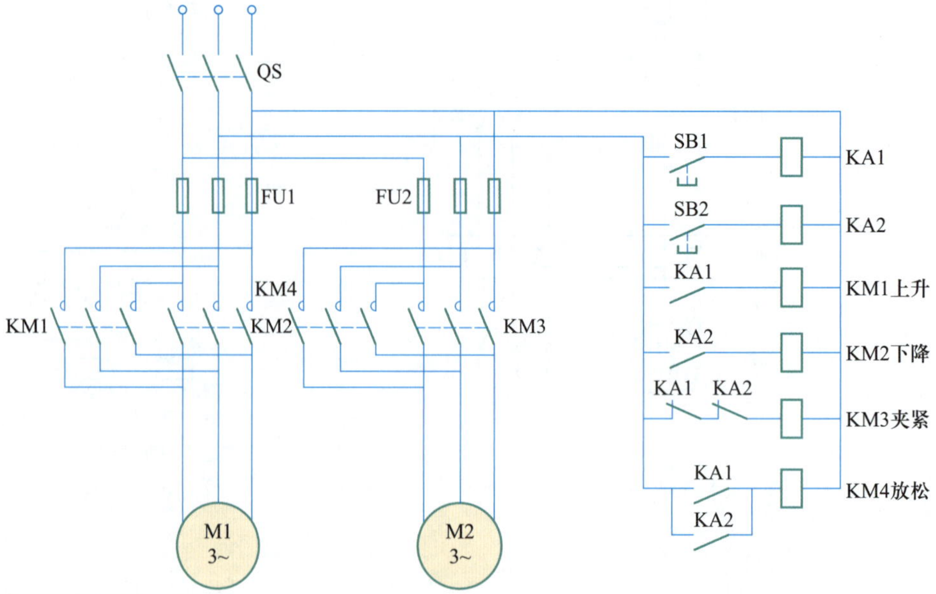

图 2-23
横梁控制电路草图

笔 记

经仔细分析可知，该线路存在以下问题：

1）按上升点动按钮 SB1 后，接触器 KM1 和 KM4 同时得电吸合，横梁的上升与放松同时进行，没有先后之分，不满足“夹紧机构先放松，横梁后移动”的工艺要求。按下降点动按钮 SB2，也出现类似情况。

2）放松线圈 KM4 一直通电，使夹紧机构持续放松，没有设置检测元件检查横梁放松的程度。

3）松开按钮 SB1，横梁不再上升，横梁夹紧线圈得电吸合，横梁持续夹紧，夹紧电动机不能自动停止。根据以上问题，需要恰当地选择控制过程中的变化参量，实现上述自动控制要求。

4）选择控制参量，确定控制原则。

反映横梁放松的参量，有时间参量和行程参量。由于行程参量更加直接地反映放松程度，因此采用行程开关 SQ1 检测放松程度，如图 2-24 所示。当横梁放松到一定程度时，其压块压动 SQ1 使动断触点 SQ1 断开，表示横梁已经放松，接触器 KM4 线圈失电。同时，动合触点 SQ1 闭合，使上升或下降接触器 KM1 和 KM2 通电，横梁向上或向下移动。

反映横梁夹紧程度的有时间参量、行程参量和反映夹紧力的电流。若用时间参量，不易调整准确；若用行程参量，当夹紧机构磨损后，测量也不准确。这里选用反映夹紧力的电流参量是适宜的。因为夹紧力大，电流也大，故可以借助过电流继电器来检查夹紧程度。在图 2-24 中，在夹紧电动机 M2 夹紧方向的主电路中串入过电流继电器 KI，将其动作电流整定在额定电流的两倍左右。过电流继电器 KI 的动断触点串接在接触器 KM3 电路中。当夹紧横梁时，夹紧电动机电流逐渐增大，当超过过电流继电器整定值时，KI 的动断触点断开，KM3 线圈失电，自动停止夹紧电动机的工作。

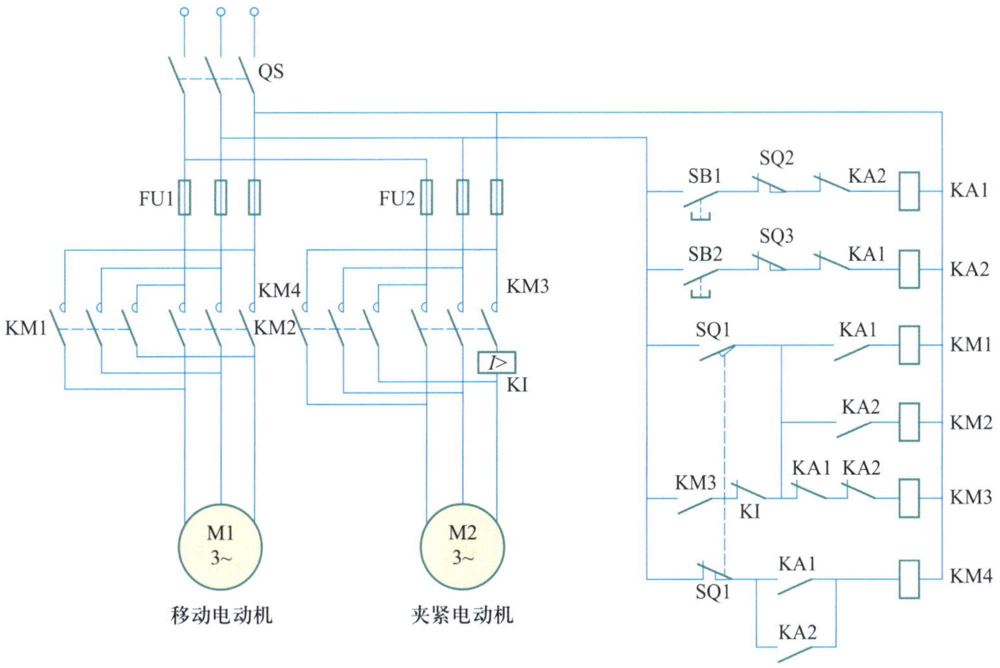

图 2-24
龙门刨床横梁升降控制线路

笔 记

（2）设计联锁保护环节

采用行程开关 SQ2 和 SQ3 分别实现横梁上、下行程的限位保护。行程开关 SQ1 不仅反映了放松信号，而且还起到了横梁移动和横梁夹紧之间的联锁作用。中间继电器 KA1、KA2 的动断触点用于实现横梁移动电动机和夹紧电动机正反向运动的联锁保护。采用熔断器 FU1 和 FU2 做短路保护。

（3）线路的完善和校核

控制线路设计完毕后，往往还有不合理的地方，或者还有需要进一步简化之处，应认真仔细校核。特别是应该对照生产机械工艺要求，反复分析所设计线路是否能逐条予以实现，是否会出现误动作，是否保证了设备和人身安全等。在此，再次对图 2-24 所示线路的工作过程加以审核。

1）按下横梁上升点动按钮 SB1，由于行程开关 SQ1 的动合触点没有压合，升降电动机 M1 不工作，却先使夹紧放松电动机工作，KM4 线圈得电，M2 正转，将横梁放松。当横梁放松到一定程度时，夹紧装置将 SQ1 压下，其动合触点闭合，动断触点断开，发出放松信号。于是夹紧放松电动机停止工作（KM4 线圈失电），并使升降电动机 M1 起动工作，驱动横梁在放松状态下向上移动。

2）当横梁移动到所需位置时，松开上升点动按钮 SB1，使升降电动机 M1 停止工作（KM1 线圈失电）。由于横梁处于放松状态，SQ1 的动合触点一直闭合，从而同时接通了夹紧放松电动机 M2（KM3 线圈得电），使 M2 反向工作。刚起动时，起动电流较大，过电流继电器 KI 动作，但是由于 SQ1 的动合触点闭合，保证了 KM3 线圈仍然得电吸合并自锁。横梁继续夹紧，在夹紧到一定程度时，过电流继电器 KI 的动断触点断开，发出夹紧信号，切断夹紧放松电动机（KM3 线圈失电），电源上升过程到此结束。

3）横梁下降的操作过程与横梁上升操作过程相似，请读者自行分析。

通过审核可知，图 2-24 所示线路满足生产工艺的各项要求。到此，横梁升降机构控制线路设计完毕。

一般不太复杂的电气控制线路都可按照上述方法进行设计。掌握较多的典型环节，具有较丰富的实践经验和熟悉的设计技巧，对设计工作更有益。对于复杂的电路，则宜采用逻辑设计法进行设计。

3. 问题研讨——在电气控制电路设计中有哪些注意事项？

（1）合理选择控制电源

当控制电器较少、控制电路简单时，控制电路可直接使用主电路电源，如普通车床的控制电路；当控制电器较多、控制电路较复杂时，通常都采用控制变压器将控制电压降到 110V 或以下，如镗床的控制电路；对于要求吸力稳定又操作频繁的直流电磁器件，如液压阀中的电磁铁，必须采用相应的直流控制电源。

（2）防止电器线圈的错误连接

电压线圈，特别是交流电压线圈，不能串接使用，如图 2-25 所示。大电感的直流电磁线圈（如电磁铁线圈）不能直接与别的电磁线圈（特别是继电器线圈）相并联。

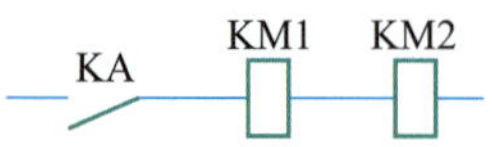

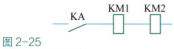

图 2-25
线圈不能串联连接

（3）电器触点的布置要尽可能优化

同一电气元件的动合触点和动断触点靠得很近，若分别接在不同的电源不同的相上，如图 2-26(a) 所示，由于各相的电位不等，当触点断开时，会产生电弧形成短路。

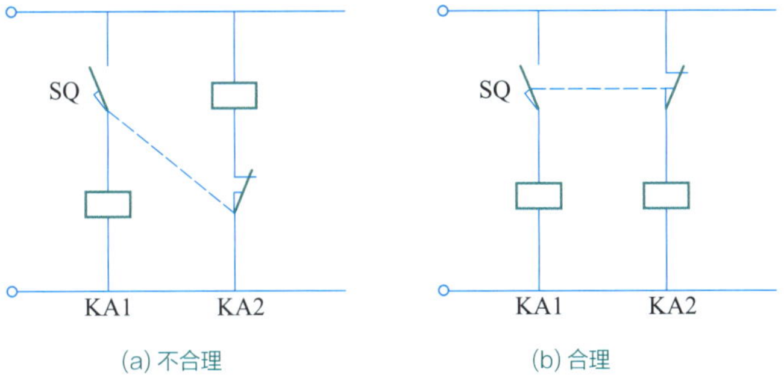

图 2-26
正确连接电器的触点

（4）防止出现寄生电路

所谓的寄生电路是指在电气控制电路动作过程中意外接通的电路。若在控制电路中存在着寄生电路，将破坏电器和电路的工作循环，造成误动作。图 2-27 为一个具有指示灯和热保护的电动机正反转控制电路。在正常工作时，能完成正反向起动、停止与信号的指示。但当热继电器 FR 动作后，电路就出现了寄生电路，如虚线所示，KM1 线圈仍有部分电压使 KM1 不能可靠释放，起不到保护作用。

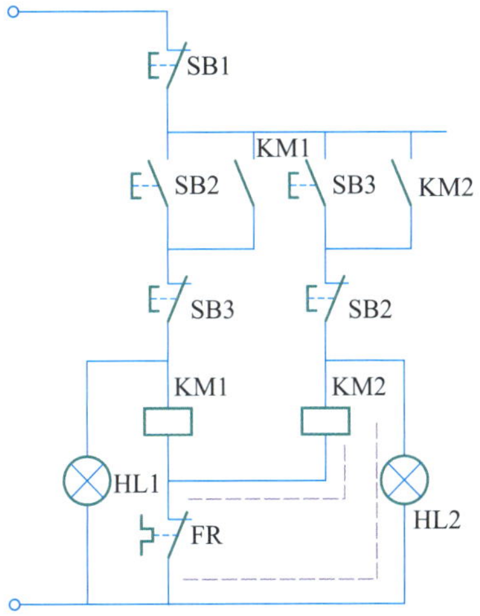

图 2-27
寄生电路

（5）注意电器触点动作之间的“竞争”问题

图 2-28 为一个产生“竞争”现象的典型电路。电路的本意是：按动 SB2 后，KM1、KT 通电，电动机 M1 运转，延时到后，电动机 M1 停转而 M2 运转。正式运行时，会产生这样的奇特现象：有时候可以正常运行，有时候就不行。

原因在于图 2-28(a) 的设计不可靠，存在临界竞争现象。KT 延时到后，其延时动断触点由于机械运动原因先断开，而延时动合触点后闭合。当延时动断触点先断开后，KT 线圈随即断电，由于磁场不能突变为零，而衔铁复位需要时间，故有时候延时动合触点来得及闭合，但是有时候因受到某些干扰而失控。若将 KT 延时动断触点换上 KM2 动断触点后，就绝对可靠了。

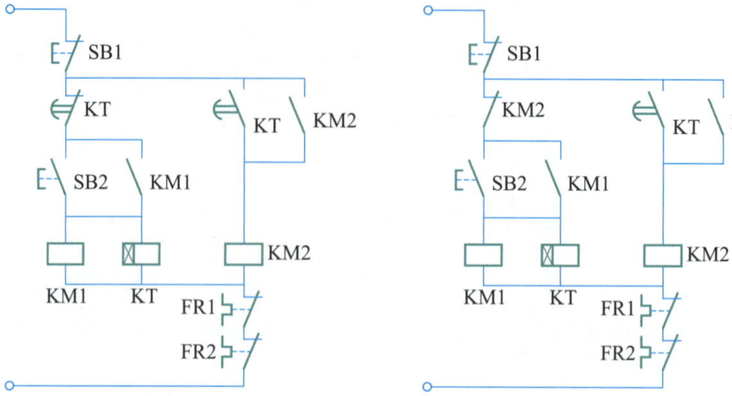

(a) 典型的临界竞争电路　　(b) 改造后的电路

图 2-28
竞争电路

4. 项目拓展

（1）简述确定电力拖动方案的原则。

（2）设计一个小车运行的控制线路，小车由三相交流异步电动机拖动，其动作要求如下：

1）小车由原位开始前进，到终端后自动停止；

2）在终端停留 3 s 后自动返回原位停止；

3）要求能在前进或后退途中任意位置都能停止或起动。

（3）某机床由两台三相笼型异步电动机 M1 与 M2 拖动，其控制要求是：

1）M1 容量较大，要求 Y- △降压起动，采用能耗制动停车；

2）M1 起动后 20 s 后方可起动 M2（M2 可以直接起动）；

3）M2 停车后方可使 M1 停车；

4）M1 与 M2 起、停均要求两地能控制，试设计电气原理图并设置必要的电气保护环节。

（4）试设计两面相向钻孔专用机床的电气原理图，满足下列控制要求：

1）甲、乙两动力头分别起动加工；

2）加工结束，分别退回原位停止；

3）乙动力头加工时，甲动力头应已退回；

4）要有必要的保护环节。

（5）图 2-29 所示是三条带式运输机的示意图。对于这三条带式运输机的电气要求是：

1）起动顺序为 1 号、2 号、3 号，即顺序起动，以防止货物在传送带上堆积；

2）停车顺序为 3 号、2 号、1 号，即逆序停止，以保证停车后传送带上不残存货物；

3）当 1 号或 2 号出故障停车时，3 号能随即停车，以免继续进料。

试绘制三条带式运输机的电气控制原理图，并叙述工作原理。

动画：两地送料小车

微课：万能铣床的电气控制系统分析——结构与运动形式

微课：万能铣床的电气控制系统分析——控制原理与常见故障分析

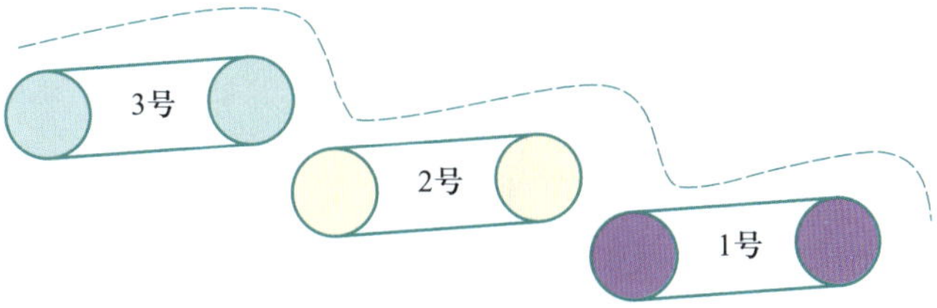

图 2-29
三条带式运输机工作示意图

【练习】

1. 图 2-30 为 C650 型卧式车床主电动机的主电路和控制电路部分。

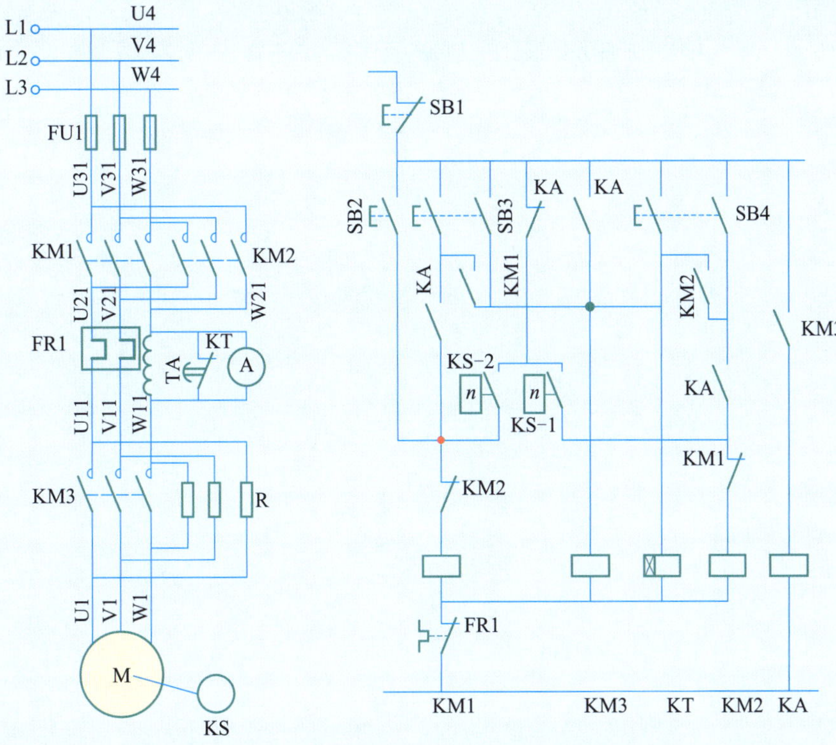

图 2-30
C650 型卧式车床主电动机的
主电路和控制电路图

(1) 分析按下点动按钮 SB2 后的起动工作原理。

(2) 分析按下反向起动按钮 SB4 后的起动工作原理。

(3) 若主电动机正在反向运行，请分析按下停止按钮后反接制动的工作原理。

(4) 图中用到的时间继电器属于那种类型？在电路中作用如何？

(5) 标出图中的电气互锁环节，其作用如何？

(6) 若 C650 型卧式车床的主电动机 M1 只能点动，可能的故障原因是什么？在此情况下冷却泵能否正常工作？

2. 分析图 2-11 所示 M7130 型平面磨床控制系统电气原理图

(1) 电磁吸盘控制电路如何构成?

(2) 分析 M7130 型平面磨床控制系统电气原理图。

(3) 图中变压器 T2 二次侧的并联支路 R、C 和 KI 的作用各是什么?

3. 试分析图 2-15 所示 Z3040 型摇臂钻床的电气原理图。

(1) 试分析 Z3040 型摇臂钻床摇臂升降过程的电气控制。

(2) 试分析 Z3040 型摇臂钻床主轴箱与立柱同时夹紧的电气控制。

(3) Z3040 型摇臂钻床中,电磁铁 YA 的作用是什么?

(4) Z3040 型摇臂钻床中,开关 SQ3 损坏后会产生怎样的故障现象?

(5) Z3040 型摇臂钻床中,KT 是通电延时型继电器还是断电延时型?其作用有哪些?

(6) Z3040 型摇臂钻床中,若按下主轴启动按钮 SB2,主轴是否立刻带动钻头开始旋转?为什么?

4. 电气控制系统设计的主要内容有哪些?有哪些一般原则?

模块三

变压器及其他类型电机的运行与应用

本模块共有 4 个项目。项目 1 介绍广泛应用在通信、广播、冶金、电子实验、电气测量及自动控制等方面的静止的电磁设备——变压器，它与三相异步电动机具有相似的电磁关系。通过“小型变压器的重绕修理”、“三相变压器的并联运行”、“特种变压器的使用”三个工作任务为载体，逐层深入地介绍其基本结构、工作原理、运行与试验方式及常见故障与处理等；项目 2 介绍具有良好的起动、调速性能，被广泛地应用于轧钢机、电力牵引、起重设备及要求调速范围广泛的切削机床中的直流电动机，通过“直流电动机的检查与试验”和“直流电动机的拖动与实现”两个工作任务为载体介绍直流电动机的基本知识、机械特性、检查方法、拖动方法与实现、常见故障及处理方法等；项目 3 介绍应用范围较广的单相异步电动机，因其供电电源方便，被广泛用于家用电器、医疗器械及自动控制系统中。本项目主要介绍单相异步电动机的内部结构、机械特性、起动方法与常见故障分析及排除等；项目 4 介绍在自动控制系统中常作为测量和比较元件、放大元件、执行和解算元件的特种电动机，又称控制电动机。本项目主要介绍反应式步进电动机、交流伺服电动机、交流测速发电机的内部结构、工作特点及其应用场合和方法。

项目 1　变压器的运行与应用

【知识点】

□ 变压器的结构和分类
□ 变压器的工作原理
□ 变压器的电压比
□ 自耦变压器和仪用变压器
□ 三相变压器的联结组
□ 三相变压器的并联运行

【技能点】

□ 小型变压器的拆卸与重绕修理
□ 仪用变压器的正确使用
□ 小型变压器的常见故障分析与排除

任务 1　小型变压器的重绕修理——基本认识、运行与试验方式

演示文稿：小型变压器的重绕修理——基本认识、运行与试验方式

【任务描述】

小型变压器如发生绕组烧毁、绝缘老化、引出线断裂、匝间短路或绕组对铁心短路等故障，均需进行重绕修理。小型单相与三相变压器绕组重绕修理工艺基本相同，在认识变压器

笔 记

的结构、工作原理的基础上完成小型变压器重绕修理工作，包括记录原始数据、拆卸铁心、制作模芯及骨架、绕制绕组、绝缘处理、铁心装配、检查和试验等过程，并能通过试验方式分析和计算变压器运行性能。

1. 知识学习——变压器的基本认识

（1）变压器的构造和分类

变压器是基于电磁感应原理工作的静止的电磁器械。它主要由铁心和线圈组成，通过磁的耦合作用把电能从一次侧传递到二次侧。

在电力系统中，以油浸自冷式双绕组变压器应用最为广泛，下面主要介绍这种变压器的基本结构，如图3-1所示。变压器的器身是由铁心和绕组等主要部件构成的，铁心是磁路部分，绕组是电路部分，另外还有油箱及其他附件。

1）铁心

铁心一般由0.35~0.5 mm厚的硅钢片叠装而成。硅钢片的两面涂以绝缘漆使片间绝缘，以减小涡流损耗。铁心包括铁心柱和铁轭两部分。铁心柱的作用是套装绕组，铁轭的作用是连接铁心柱使磁路闭合。按照绕组套入铁心柱的形式，铁心可分为心式结构和壳式结构两种。叠装时应注意相邻两层的硅钢片需采用不同的排列方法，使各层的接缝不在同一地点，互相错开，减少铁心的间隙，以减小磁阻与励磁电流。但缺点是装配复杂，费工费时，如图3-2所示三相铁心的交叠装配图。现在多采用全斜接缝，以进一步减少励磁电流及转角处的附加损耗，如图3-3所示。

动画：心式和壳式变压器的结构认识

图3-1
三相油浸式电力变压器外观图

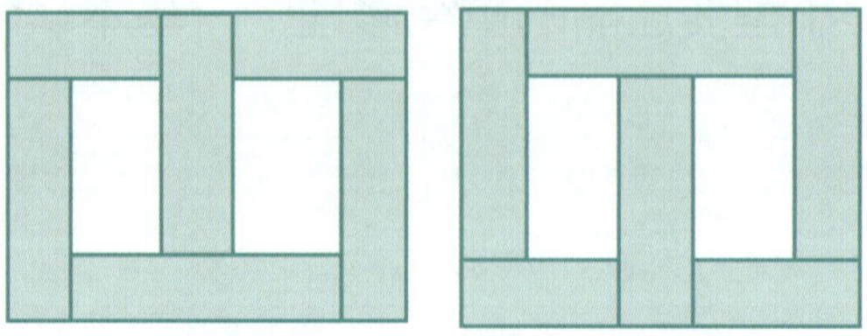

图3-2
铁心叠片（单相直线叠装式）

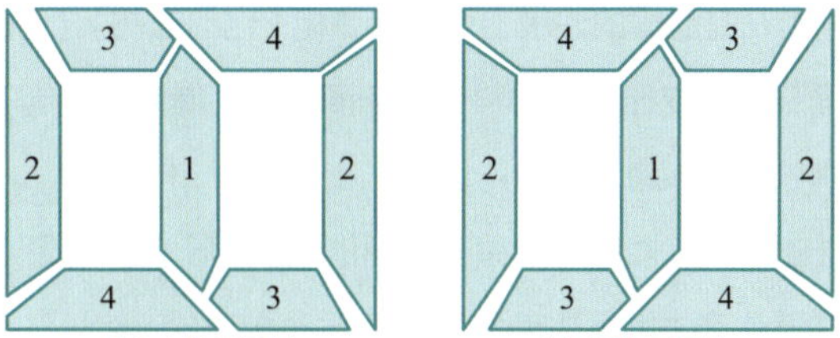

(a) 奇数层叠片　(b) 偶数层叠片

图 3-3
铁心叠片（三相斜上接缝叠装式）

2）绕组

变压器的绕组是在绝缘筒上用绝缘铜线或铝线绕成。一般把接于电源的绕组称为一次绕组或原方绕组，接于负载的绕组称为二次绕组或副方绕组。或者把电压高的线圈称为高压绕组，电压低的线圈称为低压绕组。从高、低绕组的装配位置看，可分为同心式和交叠式绕组，如图 3-4 和 3-5 所示。

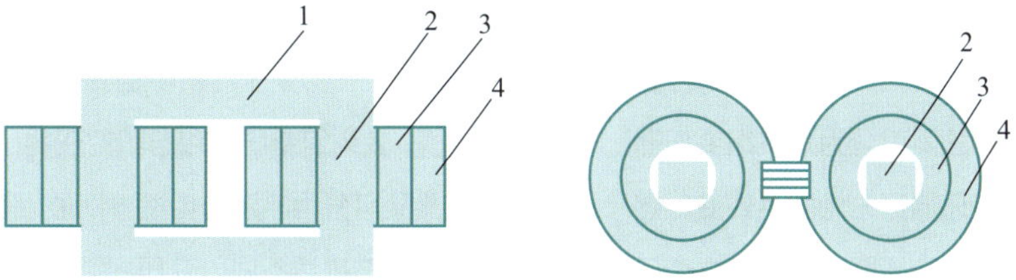

(a) 剖面图　(b) 俯视图

1—铁轭　2—铁心柱　3—低压绕组　4—高压绕组

图 3-4
同心绕组结构

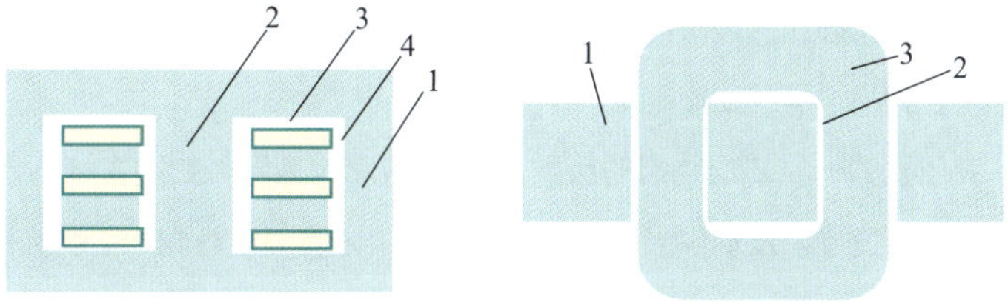

(a) 剖面图　(b) 俯视图

1—铁轭　2—铁心柱　3—低压绕组　4—高压绕组

图 3-5
交叠式绕组结构

① 同心式。同心式绕组的高、低压线圈同心地套在铁心柱上，为了便于对地绝缘，一般是低压绕组靠近铁心柱，高压绕组在低压绕组的外边。同心式绕组结构简单，制造方便，电力变压器均采用这种结构。

② 交叠式。交叠式绕组又称饼式绕组，它将高低压绕组分成若干线饼，沿着铁心柱的高度方向交替排列。为了便于绕组和铁心绝缘，一般最上层和最下层放置低压绕组。

3）附件

电力变压器的附件，主要包括油箱、储油柜、分接开关、安全气道、气体继电器、绝缘套管等，如图 3-1 所示。其作用是保证变压器安全和可靠运行。

① 油箱。油浸式变压器的外壳就是油箱，它保护变压器铁心和绕组不受外力和潮气的侵蚀，并通过油的对流对铁心与绕组进行散热。

笔 记

② 储油柜。在变压器的油箱上装有储油柜（也称油枕），它通过连通管与油箱相通。储油柜内油面高度随变压器油的热胀冷缩而变动。储油柜限制了油与空气的接触面积，从而减少了水分的侵入与油的氧化。

③ 气体继电器。气体继电器是变压器的主要安全保护装置。当变压器内部发生故障时，变压器油气化产生的气体使气体继电器动作，发出信号，示意工作人员及时处理或令其开关跳闸。

④ 绝缘套管。变压器绕组的引出线是通过箱盖上的瓷质绝缘套管引出的，作用是使高低绕组的引出线与变压器箱体绝缘。根据电压等级不同绝缘套管的形式也不同，10~35kV 采用空心充气式或充油式套管；110kV 及以上采用电容式套管。

⑤ 分接开关。分接开关是用于调整电压比的装置，使变压器的输出电压控制在允许的变化范围内。

4）变压器的分类

按相数的不同，变压器可分为单相变压器、三相变压器和多相变压器；按绕组数目不同，变压器可分为双绕组变压器、三绕组变压器、多绕组变压器和自耦变压器；按冷却方式不同，变压器可分为油浸式变压器（油浸式变压器又可分为：油浸自冷式、油浸风冷式和强迫油循环式变压器）、充气式变压器和干式变压器；按用途不同，变压器可分为电力变压器（升压变压器、降压变压器、配电变压器等）、特种变压器（电炉变压器、整流变压器、电焊变压器等）、仪用互感器（电压互感器和电流互感器）和试验用的高压变压器等。

（2）变压器的基本工作原理

变压器是静止的电磁器械，它利用电磁感应原理，将一种交流电转变为另一种或几种频率相同、大小不同的交流电。

变压器的一、二次绕组的匝数分别用 N_1、N_2 表示，如图 3-6 所示。给一次绕组施加直流电压的情况下，发现仅当开关开、闭瞬间，才会使电灯亮一下。给一次绕组施加交流电压的情况下，发现电灯可以一直亮着。

动画：变压器的工作原理

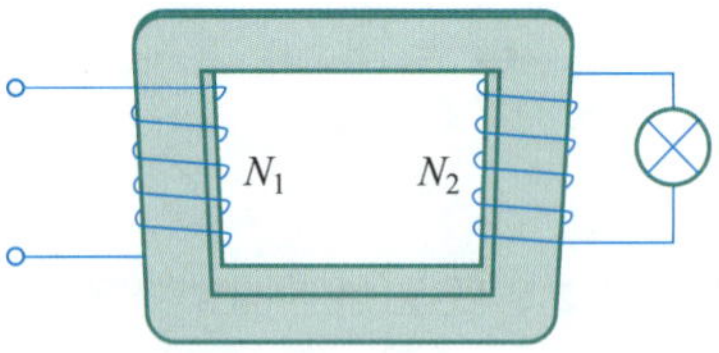

图 3-6
变压器的基本工作原理图

上述情况表明，当变压器的一次绕组接通交流电源时，在绕组中就会有交变的电流通过，并在铁心中产生交变的磁通，该交变磁通与一次、二次绕组交链，在它们中都会感应出交变的感应电动势。二次绕组有了感应电动势，如果接上负载，便可以向负载供电，传输电能，实现了能量从一次侧到二次侧的传递，所以图中的灯也就一直亮着。在变压器的一次绕组上加直流电源时，仅当开关开、闭时才会引起一次绕组中电流变化，使交链二次绕组的磁通发生变化，才会在二次绕组中产生瞬时的感应电动势，因而灯只闪一下就灭了。由此可知，变压器一般只用于交流电路，它的作用是传递电能，而不能产生电能。它只能改变交变电压、电流的大小，而不能改变频率。若长时间加直流电源，会因绕组直流阻抗近乎为零，产生很大电流，将变压器绕组烧毁。

（3）变压器的铭牌数据

1）变压器的型号

变压器的型号说明变压器的系列形式和产品规格，是由字母和数字组成的，如 SL7-200/30。第一个字母表示相数，后面的字母分别表示导线材料、冷却介质和方式等。斜线前边的数字表示额定容量 (kV·A)，斜线后边的数字表示高压绕组的额定电压 (kV)。其具体表示如图 3-7 所示。

图 3-7
变压器的型号含义

该型号变压器即为三相矿物油浸自冷式双绕组铝线无励磁调压、第 7 次设计、额定容量为 200 kV·A、高压边额定电压为 30 kV。

我们一般将容量为 630 kV·A 及以下的变压器称为小型变压器；容量为 800~6300 kV·A 的变压器称为中型变压器；容量为 8000~63000 kV·A 的变压器称为大型变压器；容量在 90000 kV·A 及以上的变压器称为特大型变压器。

新标准的中小型三相变压器的容量等级为：10 kV·A，20 kV·A，30 kV·A，50 kV·A，63 kV·A，80 kV·A，100 kV·A，125 kV·A，160 kV·A，200 kV·A，250 kV·A，315 kV·A，400 kV·A，500 kV·A，630 kV·A，800 kV·A，1000 kV·A，1600 kV·A，2000 kV·A，2500 kV·A，3150 kV·A，4000 kV·A，5000 kV·A，6300 kV·A。

变压器中除了电力变压器外，还有电炉变压器、整流变压器、矿用变压器、船用变压器等。这些不同类型的产品，根据电压等级、所采用的主要材料、容量等级和电压组合的不同分为许多系列和品种，目前变压器的品种已不少于 1000 种。

笔 记

2）变压器的额定值

变压器的额定值是制造厂家设计制造变压器和用户安全合理地选用变压器的依据。主要包括：

① 额定容量 S_N。是指变压器的视在功率，对三相变压器是指三相容量之和。由于变压器效率很高，可以近似地认为高、低压侧容量相等。额定容量的单位是 V·A、kV·A、MV·A。

② 额定电压 U_{1N}/U_{2N}。是指变压器空载时，各绕组的电压值。对三相变压器指的是线电压，单位是 V 和 kV。

③ 额定电流 I_{1N}/I_{2N}。是指变压器允许长期通过的电流，单位是 A。额定电流可以由额定容量和额定电压计算。

对于单相变压器

$$I_{1N}=\frac{S_N}{U_{1N}};\ I_{2N}=\frac{S_N}{U_{2N}} \tag{3-1}$$

笔 记

对于三相变压器

$$I_{1N}=\frac{S_N}{\sqrt{3}U_{1N}};\ I_{2N}=\frac{S_N}{\sqrt{3}U_{2N}} \tag{3-2}$$

④ 额定频率 f。我国规定标准工业用交流电的额定频率为 50 Hz。

除上述额定值外，变压器的铭牌上还标有变压器的相数、连接组和接线图、阻抗电压（或短路阻抗）的百分值、变压器的运行及冷却方式等。

2. 任务实施

（1）记录原始数据

在拆卸铁心前及拆卸过程中，必须记录下列原始数据，作为制作模芯及骨架、选用线规、绕制绕组和铁心装配的依据。

1）铭牌数据，包括型号，容量，相数，一、二次电压，连接组，绝缘等级。

2）绕组数据，包括导线型号、规格，绕组匝数，绕组尺寸，绕组引出线规格及长度，绕组重量。

测量绕组数据的方法包括：测量绕组尺寸；测量绕组层数、每层匝数及总匝数；测量导线直径，即取绕组的长边部分，烧去漆层，用棉纱擦净，对同一根导线应在不同位置测量三次，取其平均值。

对于线径较小、匝数多的绕组，绕组的匝数较难取得精确数据。但如果匝数不正确，修理后变压器的电压比就会达不到要求，因此要特别小心。也可通过计算的方法获得数据。

（2）拆卸铁心

拆卸铁心前，应先拆除外壳、接线柱和铁心夹板等附件。

不同的形状铁心有不同的拆卸方法，但其第一步是相同的，即用螺钉旋具把浸漆后黏合在一起的硅钢片插松。不同形状的铁心的拆卸步骤如下：

1）E 字形硅钢片

① 先拆除横条（轭），用螺钉旋具插松并拆卸两端横条；

② 拆 E 字形片，用螺钉旋具顶住中柱硅钢片的舌端，再用小锤轻轻敲击，使舌片后推，待推出 3~4 mm 后，即可用钢丝钳钳住中柱部位抽出 E 字形片。当拆出 5~6 片后，即可用钢丝钳或手逐片抽出。

2）C 字形硅钢片

① 拆除夹紧箍后，把一端横头夹住在台虎钳上，用小锤左右轻敲另一端横头，使整个铁心松动，注意保持骨架和铁心接口平面的完好；

② 逐一抽出硅钢片。

3）F 字形硅钢片

① 用螺钉旋具在两侧已插松的硅钢片接口处分别用力顶，使被顶硅钢片推出；

② 用钢丝钳钳住已推出硅钢片的中柱部位，向外抽出硅钢片。当每侧拆出 5~6 片后，即可用钢丝钳或手逐片抽出。

4）Π 字形硅钢片

① 把一端横头夹紧在台虎钳上，用小锤左右轻敲另一端横头，使整个铁心松动；

② 用钢丝钳钳住另一端横头，并向外抽拉硅钢片，即可拆卸。

5）日字形硅钢片

① 先插松第一、二片硅钢片，把铁轭开口一端掀起至绕组骨架上边；

② 用螺钉旋具插松中柱硅钢片，并把舌端向后推出几毫米，再用钢丝钳抽出硅钢片。当拆出十余片后，即可用钢丝钳或手逐片抽出。

在拆卸铁心过程中应注意如下几点：

① 有绕组骨架的铁心，拆卸铁心时应细心轻拆，以使骨架保持完整、良好，可供继续使用或作为重绕时的依据；

② 拆卸铁心过程中，必须用螺钉旋具插松每片硅钢片，以便于抽拉硅钢片；

③ 用钢丝钳抽拉硅钢片时，若抽不动时，应先用螺钉旋具插松硅钢片。对于稍紧难抽的硅钢片，可将其钳住后左右摆动几下，使硅钢片松动，就能方便地抽出；

④ 拆下的硅钢片应按只叠放、妥善保管，不可散失。如果少了几片，就会影响修理后变压器的质量；

⑤ 拆卸C字形铁心时，严防跌碰，切不可损伤两半铁心接口处的平面。否则，就会严重影响修理后的变压器的质量。

（3）制作模芯及骨架

在绕制变压器绕组前，应根据旧绕组和旧骨架的尺寸制作模芯和骨架。也可根据铁心尺寸、绕组数据和绝缘结构，设计、制作模芯和骨架。小型变压器一般都把导线直接绕制在绝缘骨架上，骨架成为绕组与铁心之间的绝缘结构。导线线径较大的绕组则采用模芯直接绕制绕组，并用绝缘材料如醇酸玻璃丝漆布等包在铁柱上，作为绕组与铁心之间的绝缘。为此，模芯及骨架的尺寸必须合适、正确，以保证绕组的原设计要求及绕组与铁心的装配。

（4）绕制绕组

小型变压器绕组的绕制，一般在手摇绕线机或自动排线机上进行，要求配有计数器，以便正确地绕制与抽头。绕组的绕制质量要求是：导线尺寸符合要求；绕组尺寸与匝数正确；导线排列整齐、紧密和绝缘良好。其绕制步骤如下：

1）起绕时，在导线引线头上压入一条绝缘带折条，待绕几匝后抽紧起始线头；

2）绕线时，通常按一次绕组、静电屏蔽、二次高压绕组、二次低压绕组为顺序，自左向右依次叠绕。当二次绕组数较多时，每绕好一组后，用万用表测量是否通路，检查是否有断线；

3）每绕完一层导线，应安放一层层间绝缘。根据变压器绕组要求，做好中间抽头。导线自左向右排列整齐、紧密，不得有交叉或叠线现象，待绕到规定匝数为止；

4）当绕组绕至近末端时，先垫入固定出线用的绝缘带折条，待绕至末端时，把线头穿入折条内，然后抽紧末端线头；

5）拆下模芯，取出绕组，包扎绝缘，并用胶水或绝缘胶粘牢。

（5）绝缘处理

为了提高绕组的绝缘强度、耐潮性、耐热性及导热能力。必须经过浸漆处理。要求浸漆与烘干严格按绝缘处理工艺进行，以保证绝缘良好、漆蜡表面光滑并成为一个结实的整体。

笔记

技能操作视频：小型变压器的绕制

笔 记

小型变压器的绝缘处理有时安排在铁心装配后进行，其工艺相同，但要求清除铁心表面残漆，并保证绝缘可靠。

（6）铁心装配

小型变压器的铁心装配，即铁心镶片，是将规定数量的硅钢片与绕组装配成完整的变压器。铁心装配的要求是：紧密、整齐、截面应符合设计要求，以免磁通密度过大致使运行时硅钢片发热并产生振动与噪声。铁心装配的步骤如下：

1）在绕组两边，两片两片的交叉对插，插到较紧时，则一片一片地交叉对插；

2）当绕组中插满硅钢片时，余下大约 1/6 比较难插的紧片，用螺钉旋具撬开硅钢片夹缝插入；

3）镶插条形片（横条），按铁心剩余空隙厚度叠好插进去；

4）镶片完毕后，将变压器放在夹板上，两头用木锤敲打平整，然后用螺钉或夹板固紧铁心，并将引出线焊到焊片上或连接在接线柱上。

3. 问题研讨——分析和计算变压器运行性能的试验方式有哪些?

（1）变压器的运行方式

1）变压器的空载运行

空载运行是指当变压器一次绕组接交流电源、二次绕组开路时的状态。单相变压器空载运行时一次绕组中的交变电流 $\dot{I}_0$ 称为空载电流，由空载电流建立交变的磁通。由于变压器的铁心采用高导磁的硅钢片叠成，所以绝大部分磁通经铁心闭合，这部分磁通称为主磁通 $\dot{\Phi}$；有少量磁通经油和空气闭合，这部分磁通称为漏磁通，一次侧的漏磁通用 $\dot{\Phi}_{\sigma1}$ 表示。空载电流产生交变的主磁通，在其二次侧产生的感应电动势 $\dot{E}_2$ 的大小除了与产生其的主磁通有关外，还与其交变的频率及二次绕组匝数的多少有关。变压器运行原理如图 3-8 所示。

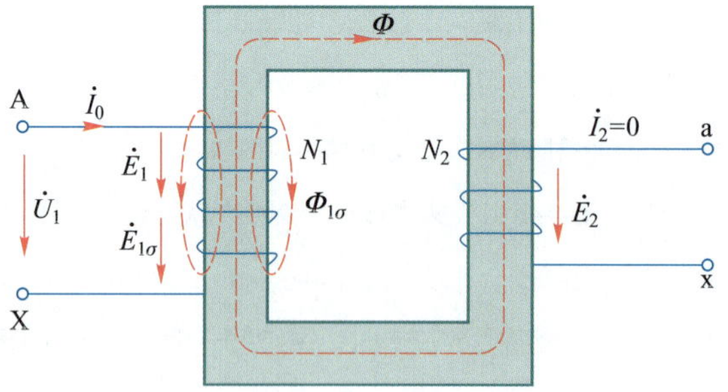

图 3-8
单相变压器空载运行原理图

一次侧、二次侧的电压之比为

$$\frac{U_1}{U_2}=\frac{U_1}{U_{20}}\approx\frac{E_1}{E_2}=\frac{N_1}{N_2}=k \tag{3-3}$$

式中 k——变压器的电压比，$k=N_1/N_2$。

式 (3-3) 说明，变压器运行时，一次、二次的电压之比等于一次、二次绕组的匝数之比。电压比 k 是变压器中一个很重要的参数，若 $N_1>N_2$，则 $U_1>U_2$，是降压变压器；若 $N_1<N_2$，则 $U_1<U_2$，是升压变压器。变压器空载运行时，一次电流较小，二次电流为零。

2）变压器的负载运行

变压器的一次绕组接交流电源，二次绕组带上负载阻抗，这样的运行状态称为负载运行。变压器的负载运行如图 3-9 所示。变压器的负载运行时一次电流较大，二次绕组中电流不为零，它们的关系如下：

$$\frac{I_1}{I_2}=\frac{N_2}{N_1}=\frac{1}{k} \tag{3-4}$$

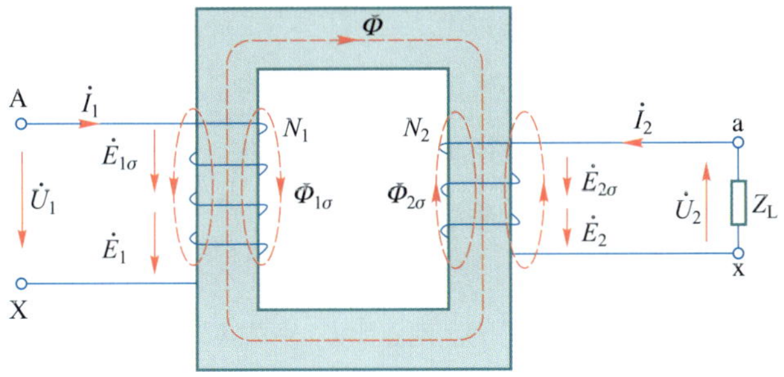

图 3-9
变压器负载运行原理图

负载时的电压比近似等于电动势比、等于匝数比，有

$$\frac{U_1}{U_2}\approx\frac{E_1}{E_2}=\frac{N_1}{N_2}=k \tag{3-5}$$

3）变压器的功率与效率

变压器功率主要包括输入功率 P_1、输出功率 P_2 和损耗功率 p。其中损耗 p 主要包括铁损 p_{Fe} 和铜损 p_{Cu}。铁损主要指铁心中的磁滞和涡流损耗。因为在空载或满载运行时，变压器的磁通基本保持不变，所以铁心损耗也基本不变，故称其为不变损耗。额定电压下空载试验的损耗近似等于铁心损耗，即 $p_0\approx p_{Fe}$。变压器的铜损即为电阻的损耗，它随负载电流而变化，与电流的平方成正比，故称为可变损耗。

变压器的效率为输出功率 P_2 与输入功率 P_1 之比的百分数，即

$$\eta=\frac{P_2}{P_1}\times 100\% \tag{3-6}$$

一般电力变压器的效率很高，通常在 95%以上，大容量变压器的效率可达 99%以上。因此，用直接测量 P_1 和 P_2 的方法来确定效率难以得到准确的结果，因为测量仪表本身的误差就可能超过这一范围。因而工程上常采用间接法，即用测量损耗的方法来计算效率。

$$\begin{aligned}\eta&=\frac{P_2}{P_1}\times 100\%=\frac{P_1-\Sigma p}{P_1}\times 100\%\\&=\left(1-\frac{\Sigma p}{P_1}\right)\times 100\%=\left(1-\frac{\Sigma p}{P_2+\Sigma p}\right)\times 100\%\end{aligned} \tag{3-7}$$

在式 (3-7) 中，变压器的总损耗 Σp 等于铁损与铜损之和，即 $\Sigma p=p_{Fe}+p_{Cu}$。

计算变压器的输出功率时，若忽略二次电压的变化，认为 $U_2=U_{2N}$，则

$$P_2=U_2I_2\cos\varphi_2=U_{2N}I_{2N}\frac{I_2}{I_{2N}}\cos\varphi=\beta S_N\cos\varphi_2 \tag{3-8}$$

笔 记

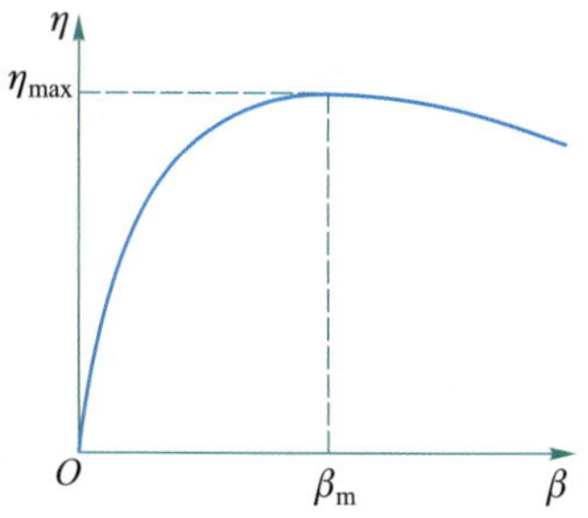

图 3-10
变压器效率特性曲线

变压器效率又为

$$\eta=\left(1-\frac{p_0+\beta^2 p_{sh75}}{\beta S_N\cos\varphi_2+p_0+\beta^2 p_{sh75}}\right)\times 100\% \tag{3-9}$$

变压器的效率特性曲线如图 3-10 所示。

从效率特性曲线可以看出，变压器的效率开始时随负载的增加而增加，在半载附近有最大效率，而后随负载的加大效率有所下降。变压器在某一负载系数下有最大效率，其求法是令 $d\eta/d\beta=0$，可得出在不变损耗和可变损耗相等时，变压器的效率最大。

（2）单相变压器的试验方式

分析和计算变压器的运行性能时，需要用到变压器的参数。变压器的参数是由变压器所用的材料、结构和几何尺寸等所决定的，在使用中，一般是通过试验的方法测算出来。变压器试验的主要项目有空载试验和短路试验。

1）空载试验

变压器空载试验的目的是测定电压比 k，空载电流 I_0 和空载损耗（铁损）p_0 及励磁参数。

空载试验的接线图如图 3-11 所示。一般说来，空载试验可以在高压侧进行，也可以在低压侧进行，但从试验电源、测量仪表和设备、人身安全因素考虑，一般都在低压侧进行。即将低压绕组接到额定频率的电源上，测量低压侧的电压 U_1，空载电流 I_0，空载损耗 p_0 和高压侧的开路电压 U_{20}。

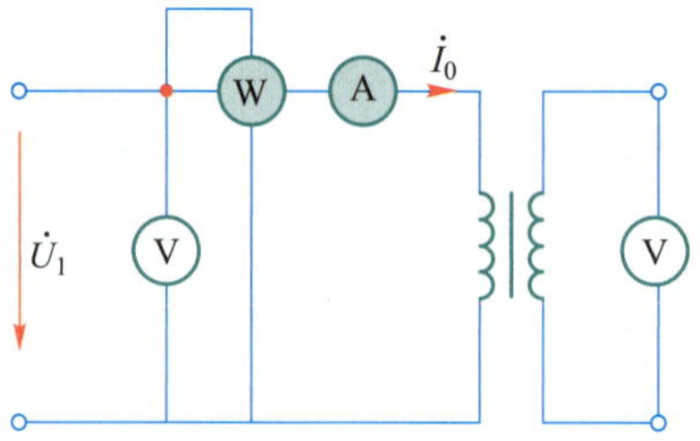

图 3-11
变压器空载实验接线图

根据上述实验数据，可以计算出变压器的变压比

$$k=\frac{U_{1N}}{U_{20}} \tag{3-10}$$

变压器空载时功率因数很低，为 0.2 以下，为了减少测量误差，空载试验应选用低功率因数瓦特表测量空载损耗。

2）短路试验

短路试验的目的是测定阻抗电压 U_{sh}、短路功率（即负载损耗）p_{sh}，计算短路阻抗 Z_{sh}。

因为短路试验所加电压很低，励磁电流很小，所以短路试验可用简化电路进行分析。负载损耗近似等于铜损，即 $p_{sh}\approx p_{Cu}$。

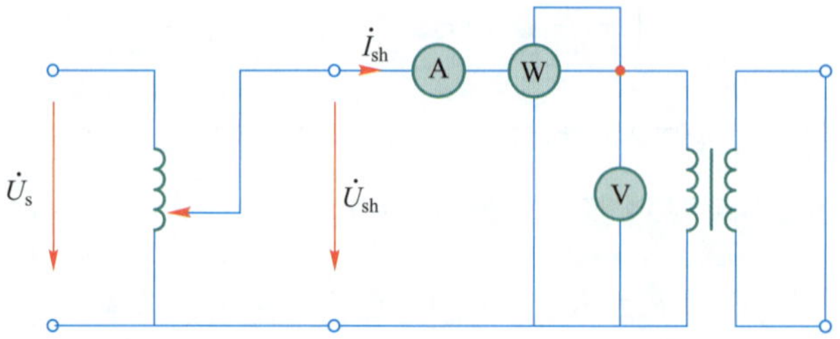

图 3-12
变压器短路实验时简化电路

笔 记

短路试验如图 3-12 所示。二次侧短接，这时整个变压器等值电路的阻抗很小，为避免一次和二次绕组因电流过大而烧坏，在进行短路实验时，一次侧用调压器外施电压从零逐渐增大，直到一次电流达到额定电流时，测出所加电压 U_{sh}（约为额定电压的 4.5% ~10%）和输入功率 p_{sh}。由于高压侧的电流小，测量比较方便，短路实验一般都在高压侧做。

可以根据短路试验的阻抗电压 U_{sh} 和短路电流 I_{sh} 计算短路阻抗，为

$$|Z_{sh}| \approx \frac{U_{sh}}{I_{sh}} \tag{3-11}$$

4. 任务拓展

（1）参观电力变压器生产使用单位，研讨变压器生产工艺及应用情况。

（2）查资料说明近年来变压器相关技术发展的主要趋势。

（3）如何选用变压器?

（4）制作小型变压器线包骨架。

1）要求制作 50 V·A 左右的控制变压器线包骨架，硅钢片可用 GE1B-22 型，铁心叠厚 41 mm。

2）制作步骤及工艺要点见表 3-1 所列，试将制作过程所用数据及有关情况一并记入表中。

表 3-1　变压器骨架制作步骤及工艺记录

步骤	内容	工艺要求	成品草图
1	制作上、下挡板	1) 下料尺寸：长 ______ × 宽 _______ mm^2 2) 中间挖孔：长 ______ × 宽 _______ mm^2 3) 引出线钻孔：上挡板 ____ 个，下挡板 ____ 个，孔径 ϕ______ mm	
2	制作立柱部分叠宽面侧板		
3			

任务 2　三相变压器的并联运行——联结组、并联运行条件

演示文稿：三相变压器的并联运行——联结组、并联运行条件

【任务描述】

在认识三相变压器磁路和联结组含义的基础上，对两台或以上的三相变压器并联运行情况进行分析，并得到在理想运行情况下三相变压器并联运行的条件。

笔 记

1. 知识学习——三相变压器的磁路和联结组

由于目前电力系统都是三相制的，所以三相变压器应用非常广泛。从运行原理上看，三相变压器与单相变压器完全相同。三相变压器在对称负载下运行时，可取其一相来研究，即可把三相变压器化成单相变压器来研究。

（1）三相变压器的磁路

三相变压器在结构上可由三个单相变压器组成，称为三相变压器组。而大部分是把三个铁心柱和磁轭连成一个整体，做成三相心式变压器。

1）三相变压器组的磁路

三相变压器组是由三个相同的单相变压器组成的，如图 3-13 所示。它的结构特点是三相之间只有电的联系而无磁的联系；它的磁路特点是三相磁通各有自己单独的磁路，互不相关联。如果外施电压是三相对称的，则三相磁通也一定是对称的。如果三个铁心的材料和尺寸相同，则三相磁路的磁阻相等，三相空载电流也是对称的。

三相变压器组的铁心材料用量较多，占地面积较大，效率也较低，但制造和运输上方便，且每台变压器的备用容量仅为整个容量的三分之一，故大容量的巨型变压器有时采用三相变压器组的形式。

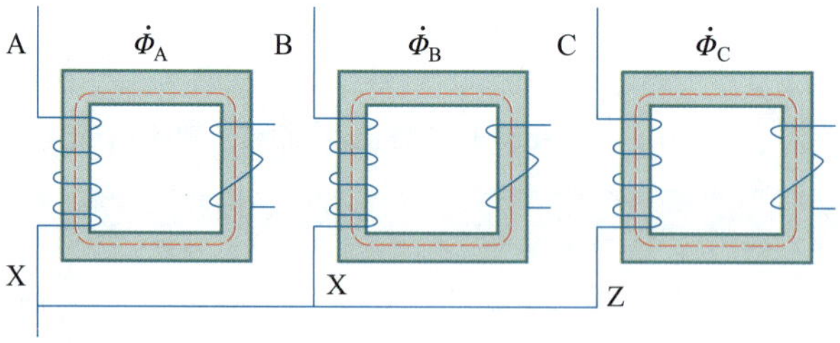

图 3-13
三相变压器组的磁路系统

2）三相心式变压器的磁路

三相心式变压器是由三相变压器组演变而来的。如果把三个单相变压器的铁心按图 3-14(a) 所示的位置靠拢在一起，外施三相对称电压时，则三相磁通也是对称的。因中心柱中磁通为三相磁通之和，且 $\dot{\Phi}_A+\dot{\Phi}_B+\dot{\Phi}_C=0$，所以中心柱中无磁通通过。因此，可将中心柱省去，变成如图 3-14(b) 所示的形状。实际上为了便于制造，常用的三相变压器的铁心是将三个铁心柱布置在同一平面内，如图 3-14(c) 所示。

笔 记

由图 3-14(c) 可以看出，三相心式变压器的磁路是连在一起的，各相的磁路是相互关联的，即每相的磁通都以另外两相的铁心柱作为自己的回路。三相的磁路不完全一样，B 相的磁路比两边 A 相和 C 相的磁路要短些。B 相的磁阻较小，因而 B 相的励磁电流也比其他两相的励磁电流要小。由于空载电流只占额定电流的百分之几，所以空载电流的不对称对三相变压器负载运行的影响很小，可以不予考虑。在工程上取三相空载电流的平均值作为空载电流值，即在相同的额定容量下，三相心式变压器与三相变压器组相比，铁心用料少、效率高、价格便宜、占地面积小、维护简便，因此中、小容量的电力变压器都采用三相心式变压器。

（2）变压器的联结组

国家标准规定变压器高、低压绕组的出线端有统一的标志方法，单相变压器的高压绕组首端用 A 表示，末端用 X 表示；低压绕组的首端用 a 表示，末端用 x 表示。三相变压器的高压绕组首端用 A、B、C 表示，末端用 X、Y、Z 表示；低压绕组的首端用 a、b、c 表示，末端用 x、y、z 表示。如果变压器有中点引出，则高、低压绕组的中点分别以 N 或 n 来标志。这些标志都注明在变压器出线套管上，它牵涉到变压器的相序和一次侧、二次侧的相位关系等等，是不允许任意改变的。变压器的高压绕组和低压绕组都还可以采用 Y 形或 Δ 形接法，而且高、低压绕组线电动势（或线电压）的相位关系可以有多种情形。我们按照联结方式与相位关系，可把变压器绕组的联结分成不同的组合，称为绕组的联结组。

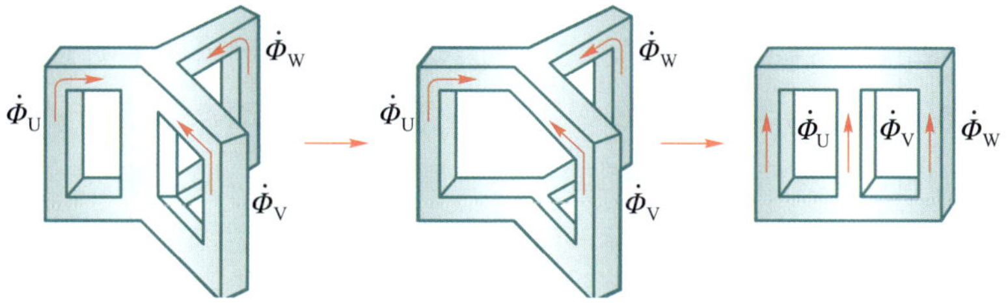

(a)　(b)　(c)

图 3-14
三相心式变压器的磁路

变压器的联结组一般均采用“时钟法”表示。即用时钟的长针代表高压边的线电动势相量，且置于时钟的 12 时处不动；短针代表低压边的相应线电动势相量，它们的相位差除以 30° 为短针所指的钟点数。

变压器绕组的联结不仅仅是组成电路系统的问题，而且还关系到变压器中电磁量的谐波及变压器的并联运行等一系列问题。在使用过程中应明白联结组的含义，以便正确地选用变压器。

笔 记

1）单相变压器的联结组

在掌握联结组概念前，必须先弄清楚绕组的同名端问题。如图 3-15 所示，对绕在同一个铁心柱上的高、低压绕组通电后，铁心中磁通交变，在两个绕组中都会产生感应电动势。设在某一瞬时，高压绕组某一端电位为正，则低压绕组也必然有一个电位为正的对应端，这两个对应的同极性端，我们称为同名端，在图上用符号“ * ”表示。如何判定同名端呢？我们规定，当在某一瞬时，电流分别从两个绕组的某一端流入（或流出）时，若两个绕组的磁通在磁路中方向一致，则这两个绕组的电流流入（或流出）端就是同名端，否则即为异名端。可见，当两个绕组的绕向确定，其同名端也便确定了。另外，绕组端子的标号可以有不同的选取方法，既可把同名端取作高压、低压绕组的首端（或末端），也可把异名端取作高、低压绕组的首端（或末端）。不难看出，高、低压绕组的感应电动势与它们的绕向（或同名端）、端子标号（绕组端子的首、末端的标法）都有关系。

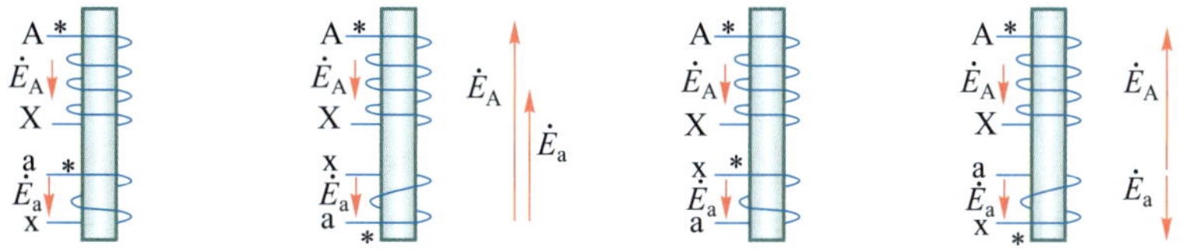

(a) 绕向相同，标号相同　(b) 绕向相反，标号相同　(c) 绕向相同，标号相反　(d) 绕向相反，标号相反

图 3-15
高、低压绕组中相电动势的相位关系

笔 记

下面讨论高、低压绕组中相电动势的相位关系。我们取高、低压绕组的电动势正方向都是从首端指向末端，如图 3-15 所示。

如果两个绕组的绕向相同，标号相同，则相电动势同相，参看图 3-15(a)。设在某一瞬间，铁心中的磁通方向从上指向下，且是增加的，则绕组中感应电动势的方向便如箭头所示，它形成的电流将产生一由下而上的磁通，以阻止铁心中磁通的增加。所以当高压绕组的电动势方向为由 A 到 X 时，低压绕组的电动势方向为由 a 到 x，故高、低压绕组同相位。如果两个绕组的绕向相反，标号相反，则相电动势同相，参看图 3-45(b)。

如果两个绕组的绕向相同，标号相反，则相电动势反相，参看图 3-45(c)，同理可推出，当高压绕组的电动势方向为由 A 到 X 时，低压绕组的电动势方向为由 x 到 a，故高、低压绕组反相位。如果两个绕组的绕向相反，标号相同，则相电动势反相，参看图 3-45(d)。

因此，同一铁心柱上的高、低压绕组的相电动势相位关系取决于绕组的同名端和首、末端的标号。当两个绕组的同名端和首、末端的标号均相同或均相反时，两个绕组相电动势相量是同相位的；当两个绕组的同名端和首、末端的标号有一个相反时，两个绕组相电动势相量的相位是反向的。

所以单相变压器只有两种联结组：若两绕组电动势同相，即高、低压绕组电动势同时位于 12 点钟，称为 I/I-12。若两绕组电动势反相，即高、低压绕组电动势相位相差 180°，高压电动势（长针）指向 12，低压电动势（短针）指向 6，称为 I/I-6。其中 I/I 表示高、低压绕组是单相绕组，12 和 6 表示两绕组电动势的相位关系。

2）三相变压器的联结组

三相变压器的联结组仍用时钟法表示。可以看出，三相变压器的联结组将不仅与绕组的同名端和端子标号有关系，还将与三相绕组的联结方式有关系。

联结组标号的书写形式是：用大、小写的英文字母分别表示高、低压绕组的联结方式，星形用 Y 或 y 表示，有中线引出用 Y_N 或 y_n 表示，三角形用 D 或 d 表示；在英文字母后面写出标号数字，表示高、低压绕组的相应线电动势间相位关系，用时钟法确定即可。

确定联结组的方法和步骤：

① 根据绕组联结方法画出绕组连接图，标明高压侧各相绕组的同名端，根据高压侧的同名端标明同一铁心柱上的低压侧的同名端；

② 标明高压侧相电动势 $\dot{E}_A$、$\dot{E}_B$、$\dot{E}_C$ 的正方向和低压侧相电动势 $\dot{E}_a$、$\dot{E}_b$、$\dot{E}_c$ 的正方向；

③ 作高压侧相电动势的相量图，再根据同名端和端子标号来确定低压侧相电动势的相量位置；

④ 对于不同的联结方式画出高压侧任一线电动势和其相对应的低压侧线电动势的相量位置，再根据它们的相位差，按时钟法确定联结组标号。

现举例说明各联结组的标法。

① Y/y 联结

图 3-16(a) 为 Y/y 联结的三相变压器的绕组连接图，其中 Y 表示高压绕组为星形联结，y 表示低压绕组为星形联结。为求出高压侧线电动势与低压侧线电动势的相位差，需作相量图。其步骤为：a. 高、低压绕组的同名端和端子标号如图 3-16(a) 所示；b. 选定的正方向为从末端指向首端；c. 首先画出三相对称的高压侧相电动势 $\dot{E}_A$、$\dot{E}_B$、$\dot{E}_C$，再根据高、低压

绕组的对应关系画出低压侧相电动势 $\dot{E}_a$、$\dot{E}_b$、$\dot{E}_c$。为了便于分析高、低压线电动势相位关系，可以将低压相电动势 $\dot{E}_a$ 相量的箭头端点与高压相电动势 $\dot{E}_A$ 相量的箭头端点画在一起。d. 然后根据绕组的联结方式，判断出线电动势与相电动势的关系，确定高、低压侧相对应的线电动势相量的方向，如 $\dot{E}_{AB}=\dot{E}_A-\dot{E}_B$，$\dot{E}_{ab}=\dot{E}_a-\dot{E}_b$，可以看到图中对应线电动势 $\dot{E}_{AB}$ 与 $\dot{E}_{ab}$ 之间的相位差是 0°。由此可以得出，该三相变压器的联结组为“Y/y-12 或 Y/y-0”，其相量关系如图 3-16(b) 所示。如果改变高、低压绕组同名端和端子标号时，根据同样的道理，可以得到六种不同的联结组。因为它们的标号都是偶数，所以称为六种偶数联结组。

笔 记

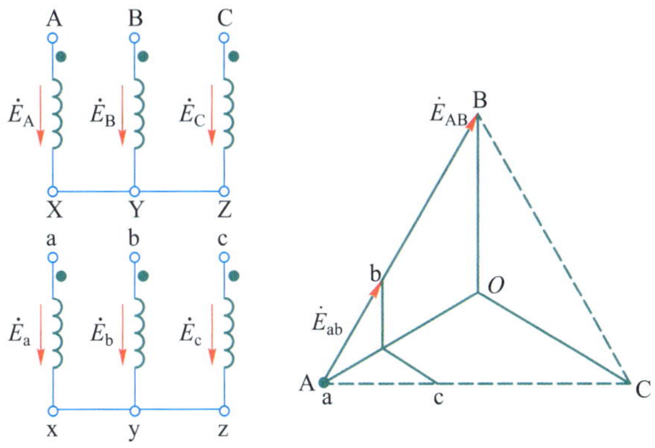

(a) 绕组连接　(b) 相量图

图 3-16
Y/y-12 联结组

② Y/d 联结

图 3-17(a) 为 Y/d 接法的连线图。高压绕组为星形接法，X，Y，Z 接在一起；低压绕组为三角形接法，a 接 y，b 接 z，c 接 x。按 Y/y 联结中相量图的制作步骤可以画出联结组的相量图，如 3-17(b) 所示，$\dot{E}_{AB}$ 超前 $\dot{E}_{abr}$ 330°，可得出联结组为“Y/d-11”。改变绕组的同名端和端子标号，还可以得到五种联结组，所以 Y/d 接法一共可以得到六种奇数联结组。

笔 记

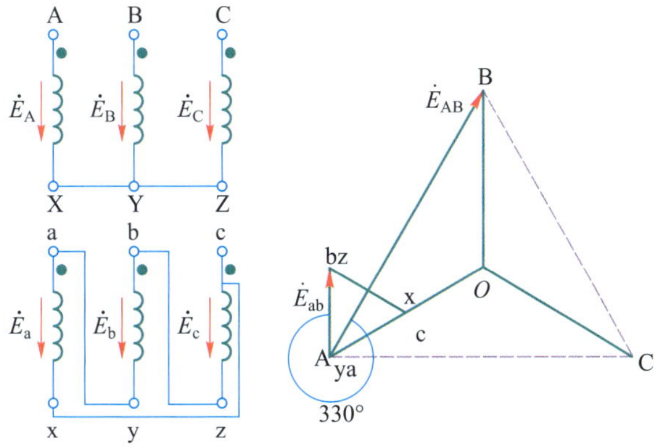

(a) 绕组连接　(b) 相量图

图 3-17
Y/d-11 联结组

笔 记

此外，D/d 接法也可得到六种偶数联结组，D/y 接法也可得到六种奇数联结组，读者可按照上述方法自行画图判断。

③ 标准联结组

单相变压器有两种联结组标号，而三相变压器有很多联结组标号。为了避免制造和使用时造成混乱，国家标准规定：单相双绕组变压器只有一个标准连接组，即 I/I-0。三相双绕组电力变压器有以下五种标准连接组：Y/y_n-0、Y/d-11、Y_N/d-11、Y_N/y-0、Y/y-0，其中前三种最常用。

Y/y_n-0 主要用作配电变压器，其低压侧有中线引出，为三相四线制，既可用于动力负载，也可用于照明线路。需要这种接线的变压器，高压侧的电压一般不超过 35 kV，低压侧电压为 400 V，相电压为 230 V。Y/d-11 主要用于高压侧额定电压为 35 kV 及以下，低压侧为 3000 V 和 6000 V 的大中容量的配电变压器。Y_N/d-11 主要用于高压侧需要中点接地的大型和巨型变压器，高压侧的电压都在 110 kV 以上，主要用于高压输电。

2. 任务实施

（1）理解并联运行的含义

所谓变压器的并联运行，就是将两台或两台以上变压器的一次绕组接到同一电源上，二次绕组接到公共母线上，共同给负载供电，如图 3-18 所示。

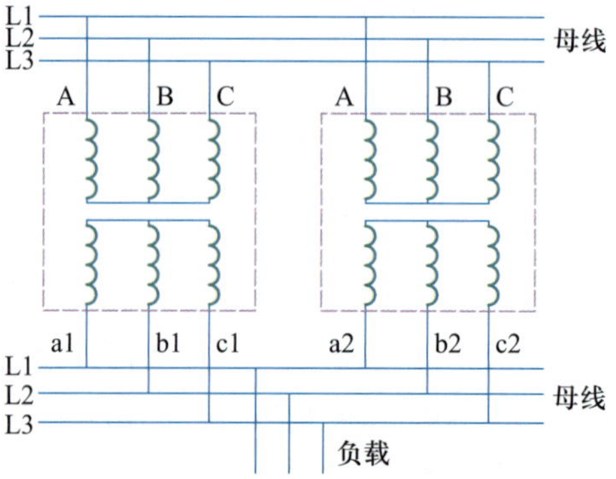

图 3-18
三相 Y/y 接法的变压器并联运行

在现代电力系统中，常采用多台变压器并联运行的方式。采用并联运行的优点有：当某台变压器发生故障或需要检修时，可以把它从电网切除，而电网仍能继续供电，提高了供电的可靠性；可以根据负荷的大小，调整并联运行变压器的台数，以提高运行的效率；随着用电量的增加，分期安装变压器，可以减少设备的初投资；并联运行时每台的容量小于总容量，这样可以减小备用变压器的容量。从现代制造水平来看，容量特别大的变电所只能采用并联运行。当然，并联运行的变压器的台数也不宜过多，因为单台大容量的变压器比总容量与其相同的几台小容量变压器造价要低，且安装占地面积也小。

变压器并联运行的理想情况是：

1）空载运行时，各变压器绕组之间无环流；

2）负载时，各变压器所分担的负载电流与其容量成正比，防止某台过载或欠载，使并联的容量得到充分发挥；

笔 记

3）带上负载后，各变压器分担的电流与总的负载电流同相位，当总的负载电流一定时，各变压器所负担的电流最小，或者说当各变压器的电流一定时，所能承受的总负载电流为最大。

（2）分析变压器并联运行情况

有两台变压器并联运行，它们的额定电流分别是 $I_{2NA}=100$ A，$I_{2NB}=50$ A，它们的短路阻抗 $Z_{shA}=Z_{shB}=0.2\ \Omega$，总负载电流 $I=150$ A，试分析这两台变压器并联运行情况。

分析解答：根据公式 $\dfrac{I_A}{I_B}=\dfrac{Z_{shB}}{Z_{shA}}=\dfrac{0.2}{0.2}=1$

即 $I_A=I_B$，则总电流 $I=I_A+I_B=2I_B$

所以 $I_A=I_B=\dfrac{1}{2}I=(\dfrac{1}{2}\times 150)\ \text{A}=75\ \text{A}$

所以就造成变压器 A 轻载，而变压器 B 过载

3. 问题研讨——要达到理想运行情况，三相变压器并联运行要达到哪些条件?

（1）并联运行的变压器的电压比 k 要相等，否则变压器绕组间会产生环流。如电压比仅有少许差别，仍可并联运行。

设两台变压器的组别相同，但电压比 k 不等，第 I 台的电压比为 k_{I}，第 II 台的电压比为 k_{II}。并联运行时，它们的一次绕组接至电压为 U_1 的同一电网上，由于电压比不等，造成它们的二次绕组电压不等。

第 I 台的电压为

$$U_{2\mathrm{I}}=U_1/k_{\mathrm{I}} \tag{3-12}$$

第 II 台的电压为

$$U_{2\mathrm{II}}=U_1/k_{\mathrm{II}} \tag{3-13}$$

在它们并联运行时，其二次侧的两端就会出现电压差 $\Delta U_2=U_{2\mathrm{I}}-U_{2\mathrm{II}}$，因而在两台变压器的二次绕组内将产生环流。根据磁动势平衡原理，两台变压器的一次绕组内也将同时出现环流。

（2）并联运行的变压器的联结组要相同。如果联结组不同，就等于只保证了二次额定电压大小相等，而相位却不相同，它们的二次电压仍存在电压差。这样一、二次绕组仍将产生极大的环流，这是不允许的。

（3）保证并联运行的变压器的阻抗电压相等。当阻抗电压相等时，各变压器所分担的负载与它们的额定容量成正比。如果两台变压器的阻抗电压不等，则并联时，阻抗电压较小的一台变压器承担的负载较大。

（4）保证并联运行的变压器的短路阻抗比值与电流比值相等。

这一点可在其满足前两个条件的基础上进行分析。因在满足前两个条件的情况下，可以把变压器并联在一起。各变压器有着共同的一次电压 U_1 和二次电压 U_2，在略去励磁电流的情况下，得到如图 3-19 所示的等值电路图。

从图中可以清楚地看出

$$Z_{sh\mathrm{I}}\dot{I}_{\mathrm{I}}=Z_{sh\mathrm{II}}\dot{I}_{\mathrm{II}} \tag{3-14}$$

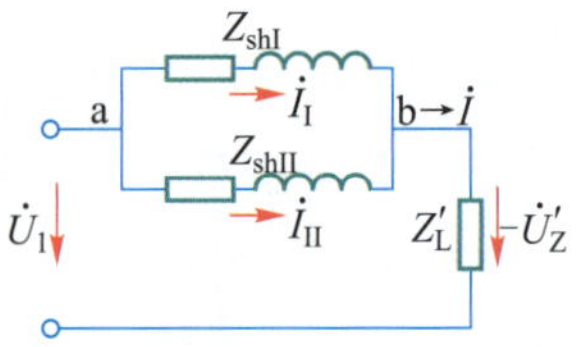

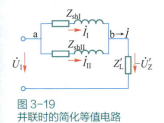

图 3-19
并联时的简化等值电路

$$\frac{\dot{I}_{\mathrm{I}}}{\dot{I}_{\mathrm{II}}}=\frac{Z_{\mathrm{shII}}}{Z_{\mathrm{shI}}} \tag{3-15}$$

因此电流同相的条件是变压器短路阻抗角应该相等。实际上当阻抗角相差 20° 以下时，电流的相量和与电流代数和之间相差很小，故一般可不考虑阻抗角影响，即认为二次侧电流是同相位的。

从上面分析可知，变压器理想并联运行的条件主要有四个，即各变压器之间的电压比、联结组标号、阻抗电压、短路阻抗的比值必须相等。

4. 任务拓展

（1）在实际应用中，变压器连接组的作用是什么？查资料说明变压器有多少种连接组？其中国家标准规定使用的有哪些？

（2）总结采用变压器并联运行方式的使用场合以及注意事项。

演示文稿：
特种变压器的使用——变压器的常见故障及处理

任务 3　特种变压器的使用——变压器的常见故障及处理

【任务描述】

在认识了自耦变压器、仪用互感器等特种变压器的特点和用途的基础上使用仪用互感器进行参数测量，并总结变压器的常见故障及处理方法。

1. 知识学习——自耦变压器、仪用互感器的特点与用途

（1）自耦变压器

普通双绕组变压器一、二次绕组之间没有电的联系，只有磁的耦合。自耦变压器是个单绕组变压器，原理接线如图 3-20 所示。由图可知，它在结构上的特点是二次和一次绕组共用一部分线圈。自耦变压器同双绕组变压器有着同样的电磁平衡关系。

1）电压关系自耦变压器有着与双绕组变压器类似的电压比关系（推导从略），即

$$\frac{U_1}{U_2}=\frac{E_1}{E_2}=\frac{N_1}{N_2}=k \tag{3-16}$$

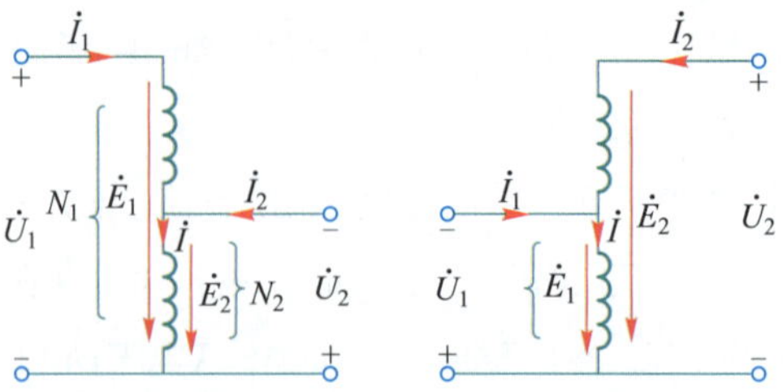

(a) 降压自耦变压器　(b) 升压自耦变压器

图 3-20
自耦变压器原理图

2）电流关系。假定一次绕组电流为 I_1，负载电流为 I_2，则绕组 N_2 中流的电流 $I=I_1+I_2$。

则有

$$\frac{I_1}{I_2}=\frac{N_2}{N_1}=\frac{1}{k} \tag{3-17}$$

笔 记

3）自耦变压器的功率绕组公共部分 BC 中的电流 $\dot{I}=\dot{I}_1+\dot{I}_2$，当 $\dot{I}_1$ 为正，即从 A 端流入时，根据 $\dot{I}_1N_1+\dot{I}_2N_2\approx 0$ 可知，$\dot{I}_2$ 为负，即流向 a 端。在降压自耦变压器中，电流 $I_2\geqslant 0$，故这时 I 为负值，方向与正方向相反。此时 $I_2=I_1+I$。

将输出电流 I_2 乘以二次电压 U_2，即可得到输出的视在功率

$$S_2=U_2I_2=U_2I_1+U_2I \tag{3-18}$$

式 (3-18) 中 U_2I_1 是由电流 I_1 直接传到负载的功率，故称为传导功率；而 U_2I 是通过电磁感应传到负载的功率，故称为电磁功率。由此可见，自耦变压器二次侧所得的功率不是全部通过磁耦合关系从一次侧得到的，而是有一部分功率直接从电源得到，这是自耦变压器的特点。

变压器的用铁和用铜量决定于线圈的电压和电流，即决定于线圈的容量。因此可以得出：在输出容量相同的情况下，自耦变压器比普通双绕组变压器省铁、省铜、尺寸小、质量轻、成本低、损耗小、效率高。电压比 k 越接近 1，优点越显著，因此自耦变压器的变压比 k 常取 1.25~2。

自耦变压器的一、二次侧有电的直接联系，当过电压侵入或公共线圈断线时，二次侧将受到高压的侵袭，因此自耦变压器的二次侧也必须采取高压保护，防止高压入侵损坏低压侧的电气设备。

自耦变压器可做成单相与三相的、升压与降压的。自耦变压器主要用于连接不同电压的电力系统中，也可用作交流电动机的降压起动设备和实验室的调压设备等。

（2）仪用互感器

在生产和科学试验中，往往需要测量交流电路中的高电压和大电流，这就不能用普通的电压表和电流表直接测量。一是考虑到仪表的绝缘问题；二是直接测量易危及操作人员的人身安全。因此，人们选用变压器将高电压变换为低电压，大电流转变为小电流，然后再用普通的仪表进行测量。这种供测量用的变压器称为仪用互感器，分为电压互感器和电流互感器两种。

1）电压互感器

电压互感器实际上是一台小容量的降压变压器。它的一次侧匝数很多，二次侧匝数较少。工作时，一次侧并接在需测电压的电路上，二次侧接在电压表或功率表的电压线圈上。

电压互感器原理接线图如图 3-21 所示。

电压互感器二次绕组接阻抗很大的电压表，工作时相当于变压器的空载运行状态。测量时用二次电压表读数乘以电压比 k 就可以得到线路的电压值，如果测 U_2 的电压表是按 kU_2 来刻度，从表上便可直接读出被测电压值。

电压互感器有两种误差：一种为电压比误差，指二次电压的折算值 U'_2 和一次电压 U_1 间的算术差；另一种为相角误差，即二次电压的折算值和一次电压间的相位差。按电压比误差的相对值，电压互感器的准确级可分成 0.1、0.2、0.5、1.0、3.0 等五个等级。

使用电压互感器必须注意以下几点：

① 电压互感器不能短路，否则将产生很大的电流，导致绕组过热而烧坏。

② 电压互感器的额定容量是根据对应准确级确定的，在使用时二次侧所接的阻抗值不能小

动画：电压互感器的使用

动画：电流互感器的使用

于规定值，即不能多带电压表或电压线圈。否则电流过大，会降低电压互感器的准确级等级。

③ 铁心和二次侧绕组的一端应牢固接地，以防止因绝缘损坏时二次侧出现高压，危及操作人员的人身安全。

2）电流互感器

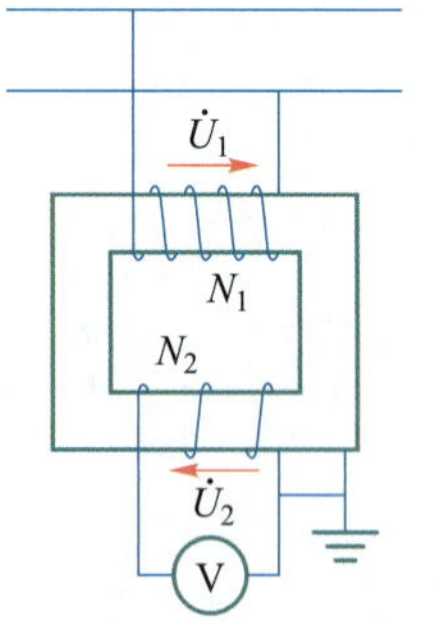

图 3-21
电压互感器原理接线图

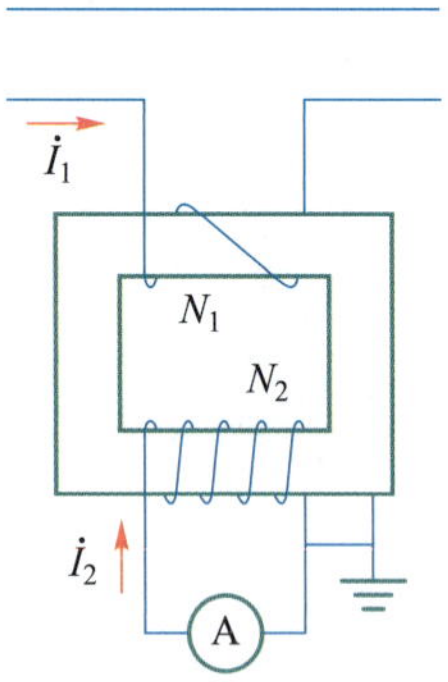

图 3-22
电流互感器原理接线图

图 3-22 是电流互感器的原理接线图，它的一次绕组匝数很少，有的只有一匝；二次绕组匝数很多。它的一次侧与被测电流的线路串联，二次侧接电流表或瓦特表的电流线圈。因电流互感器线圈的阻抗非常小，串入被测电路对其电流基本上没有影响。电流互感器工作时二次侧所接电流表的阻抗很小，相当于变压器的短路工作状态。

测量时一次电流等于电流表测得的电流读数乘以 $1/k$。利用电流互感器可将一次电流的范围扩大为 10~25000 A，而二次额定电流一般为 5 A。另外，一次绕组还可以有多个抽头，分别用于不同的电流比例。

由于互感器内总有励磁电流，因此总有电压比误差和角度误差。按电压比误差的相对值，电流互感器分成 0.1、0.2、0.5、1.0、3.0、5.0 等六个等级。

使用电流互感器必须注意以下几点：

① 电流互感器工作时，二次侧不允许开路。因为开路时，$I_2=0$。失去二次侧的去磁作用，一次侧磁动势 I_1N_1 成为励磁磁动势，将使铁心中磁通密度剧增。这样，一方面使铁心损耗剧增，铁心严重过热，甚至烧坏；另一方面还会在二次绕组产生很高的电压，有时可达数千伏以上，能将二次侧线圈击穿，还将危及测量人员的安全。在运行中换电流表时，必须先把电流互感器二次侧短接，换好仪表后再断开短路线。

② 二次绕组回路串入的阻抗值不得超过有关技术标准的规定，否则将影响电流互感器的准确级。

③ 为了安全，电流互感器的二次绕组必须牢固接地，以防止绝缘损坏时高压传到二次侧，危及测量人员的人身安全。

2. 任务实施

在教师指导下使用仪用互感器进行相关参数的测量，并将测量步骤和测量数据填写在表 3-2 中。

表 3-2 仪用互感器的使用训练记录

使用仪器	铭牌值	测量步骤	数据记录
电压互感器	额定电压比：		
电流互感器	额定电压比：		

3. 问题研讨——变压器的常见故障有哪些？如何处理？

小型变压器的故障主要是铁心故障和绕组故障，此外还有装配和绝缘不良等故障。常见故障的现象、原因和处理方法如表 3-3 所示。

表 3-3　小型变压器的常见故障与处理方法

故障现象	造成原因	处理方法
电源接通后无电压输出	1) 一次绕组断路或引出线脱焊 2) 二次绕组断路或引出线脱焊	1) 拆换修理一次绕组或焊牢引出线接头 2) 拆换修理二次绕组或焊牢引出线接头
温升过高或冒烟	1) 绕组匝间短路或一、二次绕组间短路 2) 绕组匝间或层间绝缘老化 3) 铁心硅钢片间绝缘太差 4) 铁心叠厚不足 5) 负载过重	1) 拆换绕组或修理短路部分 2) 重新绝缘或更换导线重绕 3) 拆下铁心，对硅钢片重新涂绝缘漆 4) 加厚铁心或重做骨架、重绕绕组 5) 减轻负载
空载电流偏大	1) 一、二次绕组匝数不足 2) 一、二次绕组局部匝间短路 3) 铁心叠厚不足 4) 铁心质量太差	1) 增加一、二次绕组匝数 2) 拆开绕组，修理局部短路部分 3) 加厚铁心或重做骨架、重绕绕组 4) 更换或加厚铁心
运行中噪声过大	1) 铁心硅钢片未插紧或未压紧 2) 铁心硅钢片不符合设计要求 3) 负载过重或电源电压过高 4) 绕组短路	1) 插紧铁心硅钢片或压紧铁心 2) 更换质量较高的同规格硅钢片 3) 减轻负载或降低电源电压 4) 查找短路部位，进行修复
二次侧电压下降	1) 电源电压过低或负载过重 2) 二次绕组匝间短路或对地短路 3) 绕组对地绝缘老化 4) 绕组受潮	1) 增加电源电压，使其达到额定值或降低负载 2) 查找短路部位，进行修复 3) 重新绝缘或更换绕组 4) 对绕组进行干燥处理
铁心或底板带电	1) 一次或二次绕组对地短路或一、二次绕组匝间短路 2) 绕组对地绝缘老化 3) 引出线头碰触铁心或底板 4) 绕组受潮或底板感应带电	1) 加强对地绝缘或拆换修理绕组 2) 重新绝缘或更换绕组 3) 排除引出线头与铁心或底板的短路点 4) 对绕组进行干燥处理或将变压器置于环境干燥场合使用

4. 任务拓展

查资料说明旋转变压器、整流变压器、磁性调压器等特种变压器的特点和用途。

笔 记

技能操作视频：1000 kV 以下电力变压器的维护

虚拟实训：变压器的检测

项目 2 直流电动机的运行与应用

【知识点】

☐ 直流电机结构与工作原理
☐ 直流电动机的分类
☐ 直流电动机的铭牌数据
☐ 直流电机的机械特性
☐ 直流电机的拖动（起动、调速、制动）的方法与原理

【技能点】

☐ 直流电动机的检查与试验
☐ 直流电机的反转、调速和制动控制的设计与实现
☐ 直流电动机常见故障的分析与排除

演示文稿：直流电动机的检查与试验——基本知识、机械特性

任务 1 直流电动机的检查与试验——基本知识、机械特性

【任务描述】

对欲投入运行的一台直流电动机进行全面的检查和试验工作，并能掌握直流电动机的结构、工作原理及铭牌含义，理解其机械特性。

1. 知识学习——直流电动机的基本知识

（1）直流电动机的工作原理

笔 记

图 3-23 是一台最简单的直流电动机的模型。图中 N 和 S 是一对固定的磁极，可以是电磁铁，也可以是永久磁铁。磁极之间有一个可以转动的铁质圆柱体，称为电枢铁心。铁心表面固定一个用绝缘导体构成的电枢线圈 abcd，线圈的两端分别接到相互绝缘的两个弧形铜片 E 和 F 上，铜片称为换向片，它们的组合体称为换向器。换向器固定在转轴上且与转轴绝缘。在换向器上放置固定不动而与换向片滑动接触的电刷 A 和 B，线圈 abcd 通过换向器和电刷接通外电路。

直流电动机工作时接于直流电源上，如 A 刷接电源负极，B 刷接电源正极，则电流从 B 刷流入，经线圈 abcd，由 A 刷流出。图 3-23 所示之瞬间，在 S 极下的导体 ab 中电流是由 a 到 b；在 N 极下的导体 cd 中电流方向由 c 到 d。根据电磁力定律知道，载流导体在磁场中要受力，其方向可由左手定则判定。导体 ab 受力的方向向上，导体 cd 受力的方向向下。两个电磁力对转轴所形成的电磁转矩为顺时针方向，电磁转矩使电枢顺时针方向旋转。

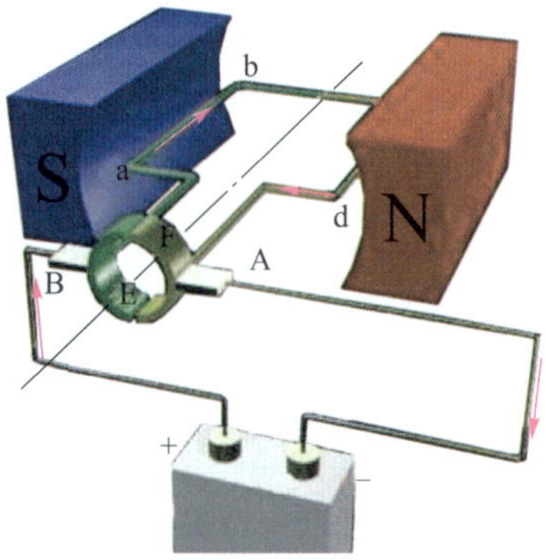

动画：直流电动机的工作原理

图 3-23
直流电动机的工作原理

当线圈转过 180°，换向片 E 转至与 A 刷接触，换向片 F 转至与 B 刷接触。电流由正极经换向片 F 流入，导体 cd 中电流由 d 流向 c，导体 ab 中电流由 b 流向 a，由换向片 E 经 A 刷流回负极。用左手定则判定，电磁转矩仍为顺时针方向，这样电动机就沿一个方向连续旋转下去。

由此可知，加在直流电动机上的直流电源通过换向器和电刷在电枢线圈中流过的电流方向是交变的，而每一极性下的导体中的电流方向始终不变，因而产生单方向的电磁转矩，使电枢向一个方向旋转。这就是直流电动机的基本工作原理。

一台直流电动机原则上既可作为发电机运行，也可以作为电动机运行，只是外界条件不同而已。在直流电动机的电刷上加直流电源，将电能转换成机械能，是作为电动机运行；若用原动机拖动直流电动机的电枢旋转，将机械能变换成电能，从电刷引出直流电动势，则作为发电机运行。同一台电机，既可作电动机运行又可作发电机运行的原理，在电机理论中称为可逆原理。但在实际应用中，一般只作一个方面使用。

笔 记

（2）直流电动机的结构与分类

从直流电动机的基本工作原理知道，直流电动机的磁极和电枢之间必须有相对运动，因此，任何电动机都有固定不动的定子和旋转的转子两部分组成，这两部分之间的间隙称为气隙。直流电动机的结构如图 3-24 和图 3-25 所示。图 3-24 是直流电动机的轴向剖面图，图 3-25 是直流电动机的径向剖面图。

下面分别介绍直流电动机各部分的构成。

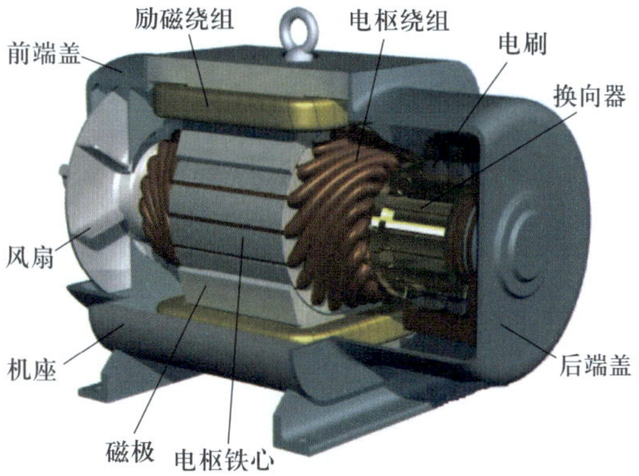

动画：直流电动机的结构

图 3-24
直流电动机的轴向剖面图

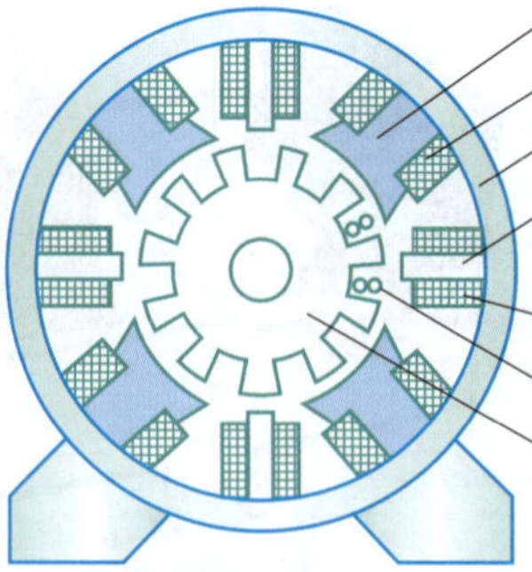

图 3-25
直流电动机的径向剖面图

1）定子

定子的作用是产生磁场和作电动机的机械支撑，它包括主磁极、换向极、机座、端盖、轴承、电刷装置等，如图 3-26 所示。

① 机座。机座一般由铸钢或厚钢板焊接而成。它用来固定主磁极、换向极及端盖，借助底脚将电动机固定于机座上。机座还是磁路的一部分，用以通过磁通的部分称为磁轭。

② 主磁极。主磁极的作用是产生主磁通。除个别小型直流电机采用永久磁铁外，一般直流电机的主磁极由主磁极铁心和励磁绕组组成。主磁极铁心一般由 1~1.5 mm 厚的钢板冲片叠压紧固而成。为了改善气隙磁通量密度的分布，主磁极靠近电枢表面的极靴较极身宽。励磁绕组由绝缘铜线绕制而成。直流电动机中的主磁极总是成对的，相邻主磁极的极性按 N 极和 S 极交替排列。改变励磁电流的方向，就可改变主磁极的极性，也就改变了磁场方向。

图 3-26
直流电动机的定子

③ 换向极。在两个相邻的主磁极之间的中性面内有一个小磁极，这就是换向极。它的构造与主磁极相似，由铁心和绕组构成。中小容量直流电动机的换向极铁心是用整块钢制成的，大容量直流电动机和换向要求高的电动机换向极铁心用薄钢片叠成。换向极绕组要与电枢绕组串联，因通过的电流大，导线截面较大，匝数较少。换向极的作用是产生附加磁场，改善电动机的换向，减少电刷与换向器之间的火花。

④ 电刷装置。电刷装置由电刷、刷握、压紧弹簧和刷杆座等组成，如图 3-27 所示。电刷是用碳—石墨等制成的导电块，电刷装在刷握的刷盒内，用压紧弹簧把它压紧在换向器表面上。压紧弹簧的压力可以调整，保证电刷与换向器表面有良好的滑动接触。刷握固定在刷杆上，刷杆装在刷杆座上，彼此之间都绝缘。刷杆座装在端盖或轴承盖上，位置可以移动，用以调整电刷位置。电刷数一般等于主磁极数，各同极性的电刷经软线汇在一起，再引到接线盒内的接线板上。电刷的作用是使外电路与电枢绕组接通。

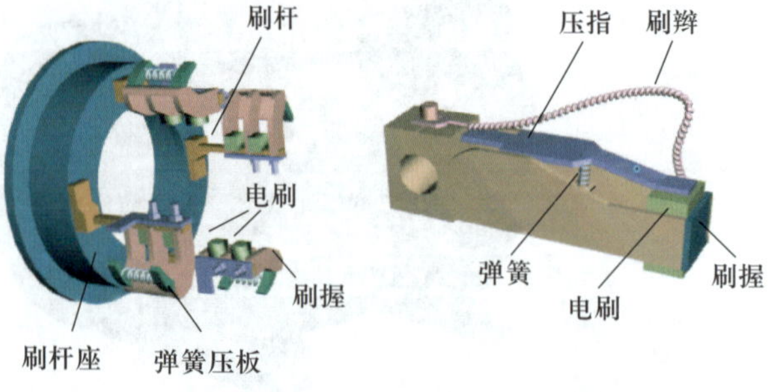

(a) 电刷装置结构　(b) 电刷在刷握中的安放

图 3-27
电刷装置

2）转子

转子又称电枢，是用来产生感应电动势实现能量转换的关键部分。它包括电枢铁心和电枢绕组、换向器、转轴、风扇等，结构如图 3-28 所示。

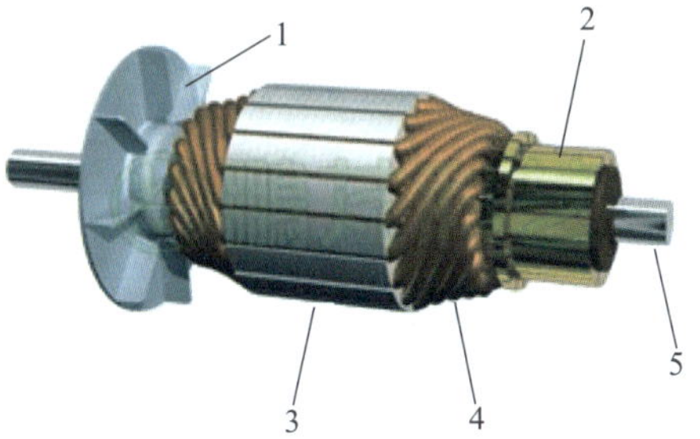

1—风扇　2—换向器　3—电枢铁心　4—电枢绕组　5—转轴

图 3-28
直流电机的电枢

① 电枢铁心。电枢铁心一般用 0.5 mm 厚的涂有绝缘层的硅钢片冲叠而成，这样铁心在主磁场中运动时可以减少磁滞和涡流损耗。铁心表面有均匀分布的齿和槽，槽中嵌放电枢绕组。电枢铁心也是磁的通路，固定在转子支架或转轴上。

② 电枢绕组。电枢绕组是用绝缘铜线绕制的线圈（也称元件），按一定规律嵌放到电枢铁心槽中，并与换向器作相应的连接。电枢绕组是电动机的核心部件，电动机工作时在其中感生感应电动势和电磁转矩，实现能量的转换。

③ 换向器。它是由许多带有燕尾的楔形铜片组成的一个圆筒，铜片之间用云母片绝缘，用套筒、V 形环和螺母紧固成一个整体。电枢绕组中不同线圈上的两个端头接在一个换向片上。金属套筒式换向器如图 3-29 所示。换向器的作用是与电刷一起转换电枢电流方向，使每一个磁极下导体电流的方向一流。

3）直流电动机的分类

根据上述结构的特点，以直流电动机为例，按励磁绕组在电路中连接方式（即励磁方式）可分为他励、并励、串励和复励四种。直流电动机按励磁分类的接线图如图 3-30 所示。

笔 记

图 3-29
金属套筒式换向器剖面图

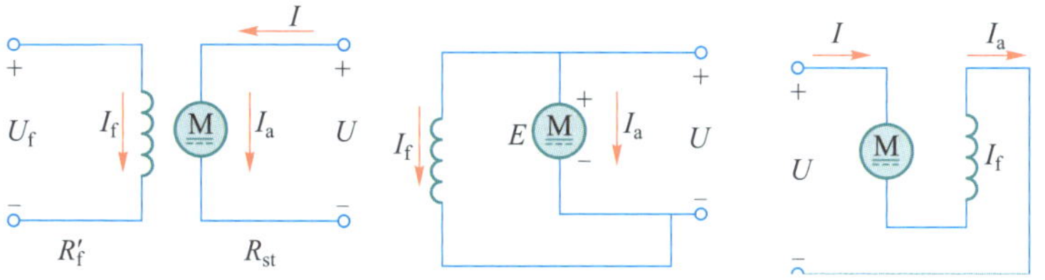

(a) 他励　(b) 并励　(c) 串励　(d) 复励

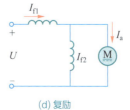

图 3-30
直流电动机按励磁分类的接线图

笔 记

他励电动机——励磁绕组和电枢绕组分别由不同的直流电源供电，如图 3-30(a) 所示。

并励电动机——励磁绕组和电枢绕组并联，由同一直流电源供电，如图 3-30(b) 所示。由图可知，并励电动机从电源输入的电流 I 等于电枢电流 I_a 与励磁电流 I_f 之和，即：$I=I_a+I_f$。

串励电动机——励磁绕组和电枢绕组串联后接于直流电源，如图 3-30(c) 所示。由图可知，串励电动机从电源输入的电流、电枢电流和励磁电流是同一电流，即：$I=I_a=I_f$。

复励电动机——有并励和串励两个绕组，它们分别与电枢绕组并联和串联，如图 3-30(d) 所示。

直流电动机励磁方式的不同使得它们的特性有很大差异，因而能满足不同生产机械的要求。

直流发电机的分类与此类同，只是在示意图中要注意各项参数的方向，读者可自行分析。

（3）直流电机铭牌数据

凡表征电机额定运行情况的各种数据称为额定值。额定值一般都标注在电机的铭牌上，所以也称为铭牌数据，它是正确合理使用电机的依据。

直流电机的额定数据主要有：

额定电压 U_N (V)。在额定情况下，电刷两端输出（发电机）或输入（电动机）的电压。

额定电流 I_N (A)。在额定情况下，允许电机长期流出或流入的电流。

额定功率（额定容量）P_N (kW)。电机在额定情况下允许输出的功率。对于发电机，是指向负载输出的电功率

$$P_N = U_N I_N \tag{3-19}$$

对于电动机，是指电动机轴上输出的机械功率

$$P_N = U_N I_N \eta_N \tag{3-20}$$

额定转速 n_N (r/min)。在额定功率、额定电压、额定电流时电机的转速。

额定效率 η_N。输出功率与输入功率之比，称为电机的额定效率，即

$$\eta_N = \frac{\text{输出功率}}{\text{输入功率}} \times 100\% = \frac{P_2}{P_1} \times 100\% \tag{3-21}$$

电机在实际运行时，由于负载的变化，往往不是总在额定状态下运行。电机在接近额定的状态下运行，才是经济的。

2. 任务实施

对拆装或修理后的直流电动机进行检查和试验，具体内容与方法如下：

（1）检查项目

检修后欲投入运行的电动机，所有的紧固元件应拧紧，转子转动应灵活。此外还应检查下列项目：

1）检查出线是否正确，接线是否与端子的标号一致，电动机内部的接线是否碰触转动的部件。

2）检查换向器的表面，应光滑、光洁，不得有毛刺、裂纹、裂痕等缺陷。换向片间的云母片不得高出换向器的表面，凹下深度为 1~1.5 mm。

3）检查刷握。刷握应牢固而精确地固定在刷架上，各刷握之间的距离应相等，刷距偏差不超过 1 mm。

4）检查刷握的下边缘与换向器表面的距离、电刷在刷握中装配的尺寸要求、电刷与换向片的吻合接触面积。

5）电刷压力弹簧的压力。一般电动机应为 12~17 kPa；经常受到冲击振动的电动机应为 20~40 kPa。统一电动机内各电刷的压力，一般与其平均值的偏差不应超过 10% 。

6）检查电动机气隙的不均匀度。当气隙在 3 mm 以下时，其最大容许偏差值不应超过其算术平均值的 20%；当气隙在 3 mm 以上时，偏差不应超过算术平均值的 10% 。测量时可用塞规在电枢的圆周上检测各磁极下的气隙，每次在电动机的轴向两端测量。

（2）试验项目

1）绝缘电阻测试。对 500V 以下的电动机，用 500 V 的摇表分别测各绕组对地及各绕组之间的绝缘电阻，其阻值应大于 0.5 MΩ 。

2）绕组直流电阻的测量。采用直流双臂电桥来测量，每次应重复测量三次，取其算术平均值。测得的各绕组的直流电阻值，应与制造厂或安装时最初测量的数据进行比较，相差不得超过 2%。

3）确定电刷中性线常采用的方法有以下三种：

① 感应法。将毫伏表或检流计接到电枢相邻两极下的电刷上，将励磁绕组经开关接至直流低压电源上。使电枢静止不动，接通或断开励磁电源时，毫伏表将会左右摆动，移动电刷位置，找到毫伏表摆动最小或不动的位置，这个位置就是中性线位置。

② 正反转发电机法。将电动机接成他励发电机运行，使输出电压接近额定值。保持电动机的转速和励磁电流不变，使电动机正转和反转，慢慢移动电刷位置，直到正转与反转的电枢输出电压相等，此时的电刷位置就是中性位置。

③ 正反转电动机法。对于允许可逆运行的直流电动机，在外加电压和励磁电流不变的情况下，使电动机正转和反转，慢慢移动电刷位置，直到正转与反转的转速相等，此时电刷的位置就是中性线位置。

4）耐压试验。在各绕组对地之间和各绕组之间施加频率为 50 Hz 的正弦交流电压。施加的电压值为：对 1 kW 以下、额定电压不超过 36 V 的电动机，加 500 V+2 倍额定电压，历时 1 min 不击穿为合格；对 1 kW 以上、额定电压在 36 V 以上的电动机，加 1000 V+2 倍额定电压，历时 1 min 不击穿为合格。

5）空载试验。应在上述各项试验都合格的条件下进行。将电动机接入电源和励磁，使其在空载下运行一段时间，观察各部位，看是否有过热现象、异常噪声、异常振动或出现火花等，初步鉴定电动机的接线、装配和修理的质量是否合格。

6）负载试验。一般情况可以不进行此项试验。必要时可结合生产机械来进行。负载试验的目的是考验电机在工作条件下的输出是否稳定。对于发电机主要是检查输出电压、电流是否合格；对电动机，主要是看转矩、转速等是否合格。同时，检查负载情况下各部位的温升、噪声、振动、换向以及产生的火花等是否合格。

7）超速试验。目的是考核电动机的机械强度及承受能力。一般在空载下进行，使电动

笔 记

虚拟实训：直流电动机的装配

笔 记

笔 记

机超速达 120% 的额定转速，历时 2 min，机械结构没有损坏，没有残余变形为合格。

3. 问题研讨——直流电动机有哪些机械特性?

表征电动机运行状态的两个主要物理量是转速 n 和电磁转矩 T。电动机的机械特性就是研究电动机的转速 n 和电磁转矩 T 之间的关系，即 $n=f(T)$。机械特性可分为固有机械特性和人为机械特性。在电力拖动系统中，他励直流电动机应用比较广泛，这里就以他励电动机的机械特性为例介绍。

（1）直流电动机的电枢电动势和电磁转矩

导体在磁场中运动会产生感应电动势，直流电动机运行时绕组中都会产生感应电动势。这里所说的电动势是指两电刷间的电动势，即电枢绕组每一条支路的感应电动势。

图 3-31 表示直流电动机空载（即电枢绕组中无电流）时，气隙磁通量密度 B 沿电枢圆周的分布曲线。

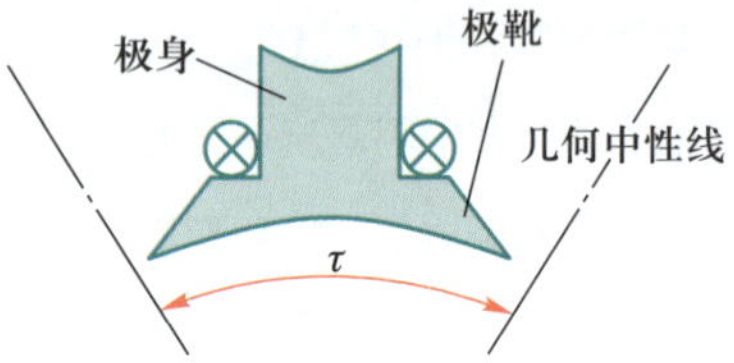

(a) 气隙形状

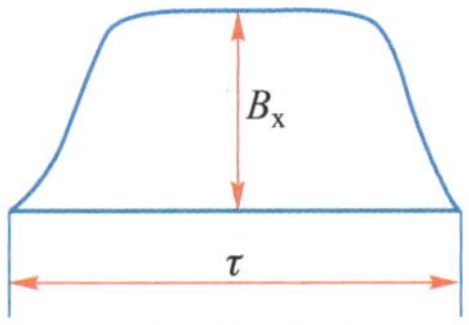

(b) 气隙磁密分布

图 3-31
空载时气隙磁通量密度的分布

当电枢旋转时，分布在电枢上的导体将产生感应电动势

$$E_a=\frac{N}{2a}B_{av}L\frac{2p\tau n}{60}=\frac{pN}{60a}B_{av}L\tau n=C_e\phi n \tag{3-22}$$

式中 E_a——电枢感应电动势 (V);

ϕ——$\phi=B_{av}L\tau$，每极磁通量 (Wb);

n——电枢转速 (r/min);

C_e——$C_e=\dfrac{pN}{60a}$，电动势常数。

分析式 (3-22)，可以得出如下结论:

1）当磁通量 ϕ 为常值时，感应电动势与转速成正比;

2）当转速恒定时，感应电动势与磁通量成正比，而与磁通量密度的分布无关;

3）电刷在磁极的中心线上，与位于两极中间处的元件相连，得到的感应电动势最大。

根据电磁力定律，载流导体在磁场中要受到电磁力的作用。电磁力对电枢的轴心形成转矩，称为电磁转矩，用 T 表示，如图 3-32 所示。

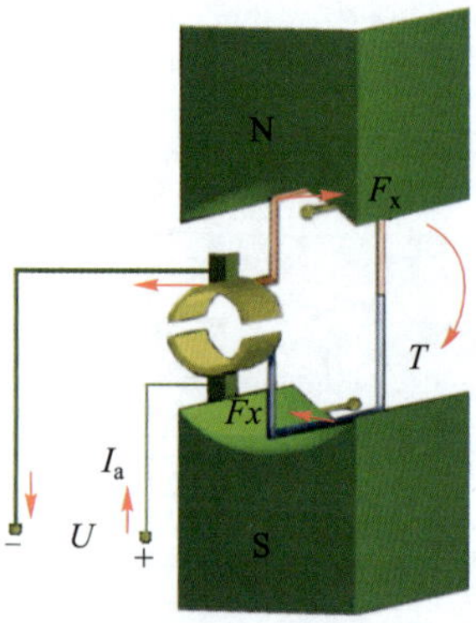

图 3-32
电磁转矩

$$T=NB_{av}L\frac{I_a}{2a}\cdot\frac{2p\tau}{2\pi}=\frac{pN}{2\pi a}B_{av}L\tau I_a=C_T\phi I_a \tag{3-23}$$

式中　T——电磁转矩 (N·m)；

ϕ——每极磁通量 (Wb)；

I_a——电枢电流；

C_T——$C_T=\dfrac{pN}{2\pi a}$，转矩常数。

电枢电动势 $E_a=C_e\phi n$ 和电磁转矩 $T=C_T\phi I_a$ 是直流电动机中的两个重要公式。对于同一台直流电动机，电动势常数 C_e 和转矩常数 C_T 有一定的关系。由 $C_e=\dfrac{pN}{60a}$ 和 $C_T=\dfrac{pN}{2\pi a}$，可得：

$$C_e=\frac{2\pi a}{60a}C_T=0.105C_T \tag{3-24}$$

或

$$C_T=9.55C_e \tag{3-25}$$

（2）直流电动机的机械特性方程

他励直流电动机的接线图如图 3-33 所示。R_f 是励磁回路所串联的调节电阻，R 是电枢回路所串联的电阻。

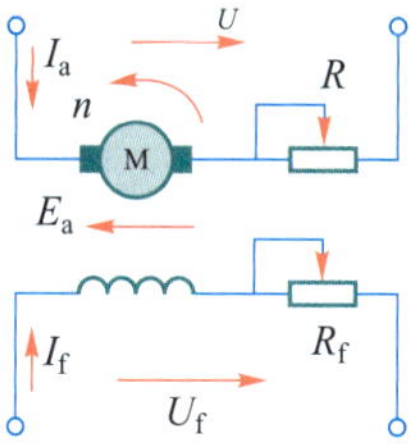

图 3-33
他励直流电动机的接线图

它的机械特性可由基本方程式导出。电压平衡方程为

$$U=E_a+(R_a+R)I_a \tag{3-26}$$

由式 (3-22) $E_a=C_e\phi n$，得

$$n=\frac{U}{C_e\phi}-\frac{R_a+R}{C_e\phi}I_a \tag{3-27}$$

因电磁转矩 $T=C_T\phi I_a$，可得 $I_a=\dfrac{T}{C_T\phi}$，将此式代入式 (3-27) 可得他励直流电动机的机械特性方程为

$$n=\frac{U}{C_e\phi}-\frac{R_a+R}{C_eC_T\phi^2}T=n_0-\beta T \tag{3-28}$$

式中　$n_0=\dfrac{U}{C_e\phi}$——理想空载转速 (r/min)；

$\beta=\dfrac{R_a+R}{C_eC_T\phi^2}$——机械特性的斜率。

（3）固有机械特性

固有机械特性是指电动机的工作电压、励磁磁通为额定值、电枢回路中没有串附加电阻时的机械特性，其方程为

$$n=\frac{U_N}{C_e\phi_N}-\frac{R_a}{C_e\phi_N}I_a \tag{3-29}$$

或

$$n=\frac{U_N}{C_e\phi_N}-\frac{R_a}{C_eC_T\phi_N^2}T \tag{3-30}$$

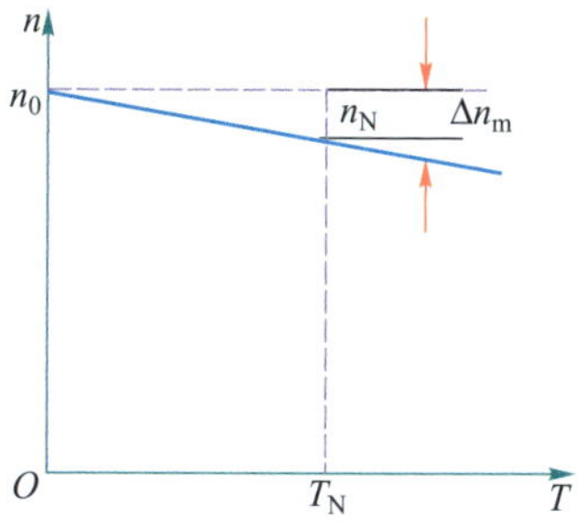

图 3-34
他励直流电动机固有机械特性曲线图

固有机械特性曲线如图 3-34 所示。

他励直流电动机固有机械特性具有以下几个特点：

1）随着电磁转矩 T 的增大，转速 n 降低，其特性是略微下降的直线。

笔 记

2）当 $T=0$ 时，$n=n_0=\dfrac{U_N}{C_e\phi_N}$，称为理想空载转速。

3）机械特性斜率 $\beta=\dfrac{R_a}{C_eC_T\phi_N^2}$，其值很小，特性曲线较平，习惯上称为硬特性。若其值较大，则称软特性。

4）当 $T=T_N$ 时，$n=n_N$，此点为电动机的额定工作点。此时，转速差 $\Delta n_N=n_0-n_N=\beta T_N$，称为额定转差。一般 $\Delta n_N\approx 0.05n_N$。

5）当 $n=0$，即电动机起动时，$E_a=C_e\phi_Nn=0$，此时电枢电流 $I_a=\dfrac{U_N}{R_a}=I_s$，称为起动电流；电磁转矩 $T=C_T\phi_NI_s=T_S$，称为起动转矩。由于电枢电阻 R_a 很小，I_s 和 T_s 都比额定值大很多（可达几十倍），会给电机和传动机构等带来危害。

（4）直流电动机的人为机械特性

一台电动机只有一条固有机械特性，对于某一负载转矩只有一个固定的转速，这显然无法达到实际拖动对转速变化的要求。为了满足生产机械加工工艺的要求，例如起动、调速和制动到各种工作状态的要求等，还需要人为地改变电动机的参数，如电枢电压、电枢回路电阻和励磁磁通，相应得到的机械特性即是人为机械特性。

4. 任务拓展

（1）查阅资料查找直流电动机的结构特点对其在生产实践中的应用有何影响。

（2）分析直流电动机不能正常旋转的主要原因有哪些。

（3）对他励直流电动机进行空载试车，分别改变电枢电压、电枢回路电阻和励磁回路电阻，测量电动机稳定运行后的电枢电流和空载转速值，试寻找其变化规律。

演示文稿：直流电动机的拖动与实现——常见故障及处理方法

任务 2 直流电动机的拖动与实现——常见故障及处理方法

【任务描述】

在理解直流电动机起动、调速和制动的方法及原理的基础上，设计电气控制原理图，并将相应的拖动方法实现。

1. 知识学习——直流电动机的拖动

在电力拖动系统中，电动机是原动机，起主导作用。电动机的起动、调速和制动特性是衡量电动机运行性能的重要指标。下面就以他励直流电动机的拖动为例，介绍直流电动机起动、调速和制动的方法。

（1）直流电动机起动和反转

1）起动的要求

直流电动机的转速从零增加到稳定运行速度的整个过程称为起动过程（或称起动）。要使电动机起动过程达到最优的要求，应考虑的问题包括：① 起动电流 I_s 的大小；② 起动转矩 T_s 的大小；③ 起动时间的长短；④ 起动过程是否平滑；⑤ 起动过程的能量损耗和发热

笔 记

量的大小；⑥ 起动设备是否简单及其可靠性如何。上述这些问题中，起动电流和起动转矩两项是主要的。直流电动机在起动过程中，要求起动电流不能很大，起动转矩要足够大，缩短起动时间，提高生产率，特别是对起动频繁的系统更为重要。

直流电动机在起动最初，起动电流 I_s 一般都较大，因为此时 $n=0$，$E_a=0$。如果电枢电压为额定电压 U_N，因为 R_a 很小，则起动电流可达额定电流的 10~20 倍。这样大的起动电流会使换向恶化，产生严重的火花。而与电枢电流成正比的电磁转矩也会过大，对生产机械产生过大的冲击力。因此起动时需限制起动电流的大小。为了限制起动电流，一般采用电枢回路串电阻起动或降压起动。

同时，电动机要能起动，起动时的电磁转矩应大于它的负载转矩。从公式 $T_S=C_T\phi I_s$ 来看，当起动电流降低时，起动转矩会下降。要使 T_s 足够大，励磁磁通就要尽量大。为此，在起动时需将励磁回路的调节电阻全部切除，使励磁电流尽量大，以保证磁通 ϕ 为最大。

2 ）起动的方法

① 电枢回路串电阻分级起动

图 3-35(a) 为他励电动机的起动接线图，图中 KM1、KM2、KM3 为短接起动电阻 R_1、R_2，R_3 的接触器；KM 为接通电枢电源的接触器。起动时先接通励磁电源，保证满励磁起动，

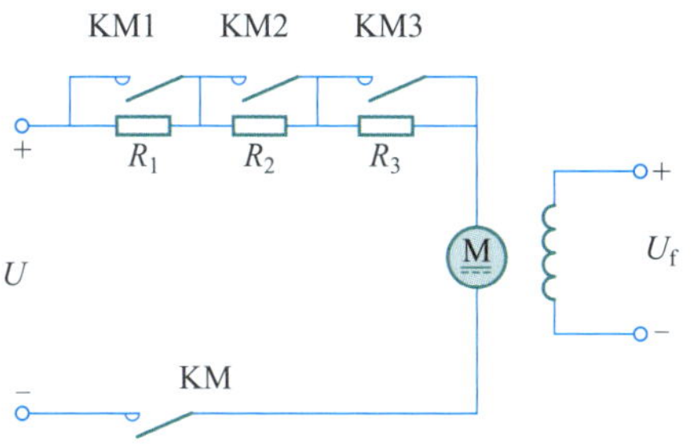

(a) 起动接线图

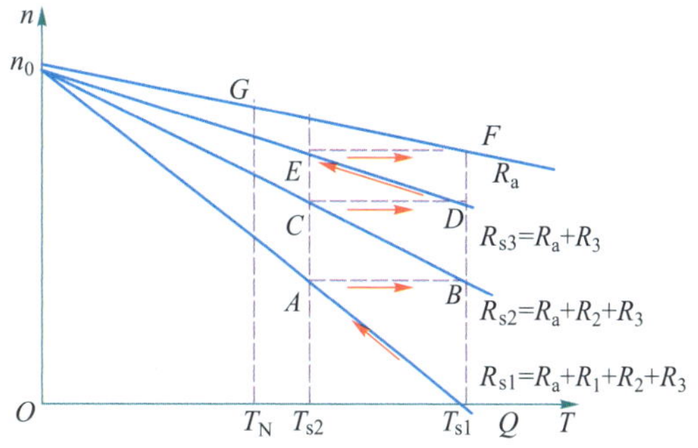

(b) 机械特性图

图 3-35
电枢回路串电阻起动

接触器 KM 再接通电枢电路的电源。起动开始瞬间的起动转矩 $T_{s1}>T_L$，否则不能起动。因起动过程中电枢回路串接电阻不同，它们的机械特性有两个特点：一是理想空载转速 n_0 与固有机械特性的转速相同，即电枢回路串入的电阻 R 改变时，n_0 不变；二是特性斜率 β 与电枢回路串入的电阻有关，R 增大，β 也增大。故电枢回路串不同电阻时的机械特性是通过理想空载点的一簇放射形直线。起动过程的机械特性如图 3-35(b) 所示。

当 $T_{s1}>T_L$，电动机开始起动。工作点由起动点 Q 沿电枢总电阻为 R_{s1} 的人为特性上升，电枢电动势随之增大，电枢电流和电磁转矩则随之减小。当转速升至 n_1 时，起动电流和起动转矩下降至 I_{s2} 和 T_{s2}（图 3-35(b) 中 A 点），这是为了保持起动过程中电流和转矩有较大的值，以加速起动过程。此时闭合 KM1，切除 R_1。此时的电流 I_{s2} 称为切换电流。当 R_1 被断掉后，电枢回路总电阻变为 $R_{s2}=R_a+R_2+R_3$。由于机械惯性，转速和电枢电动势不能突变，电枢电阻减小将使电枢电流和电磁转矩增大，电动机的机械特性由图 3-35(b) 中 A 点平移到 B 点。再依此切除起动电阻 R_2、R_3，电动机的工作点就从 B 点到 D 点，最后稳定运行在自然机械特性的 G 点，电动机的起动过程结束。

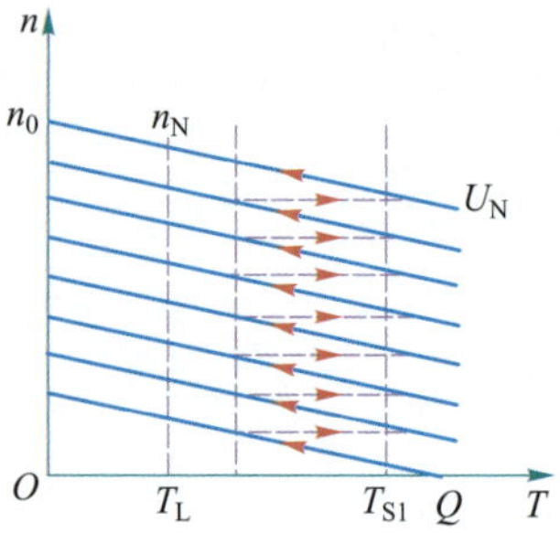

图 3-36
降压起动的机械特性

起动过程中，起动电阻上有能量损耗。这种起动方法广泛应用于中小型直流电动机。

② 降压起动

当他励直流电动机的电枢回路由专用的可调压直流电源供电时，可以采用降压起动的方法。降低电枢电压时的机械特性特点：一是理想空载转速 n_0 与电枢电压 U 成正比，即 $n_0 \propto U$，且 U 为负时，n_0 也为负；二是特性斜率不变，与原有机械特性相同。因而改变电枢电压 U 的人为机械特性是一组平行于固有机械特性的直线。降压起动过程的机械特性如图 3-36 所示。

在降压起动过程中，起动电流将随电枢电压降低的程度成正比地减小。起动前先调好励磁，然后把电源电压由低向高调节，最低电压所对应的人为特性上的起动转矩 $T_{s1}>T_L$ 时，电动机就开始起动。起动后，随着转速上升，可相应提高电压，以获得需要的加速转矩。

降压起动过程中能量损耗很少，起动平滑，但需要专用电源设备，多用于要求经常起动的场合和大中型电动机的起动。

3）直流电动机的反转

电力拖动系统在工作过程中，常常需要改变转动方向，为此需要电动机反方向起动和运行，即需要改变电动机产生的电磁转矩的方向。由电磁转矩公式 $T=C_T\phi I_a$ 可知，欲改变电磁转矩的方向，只需改变励磁磁通方向或电枢电流方向即可。所以，改变直流电动机转向的方法有两个：

① 保持电枢绕组两端极性不变，将励磁绕组反接；

② 保持励磁绕组极性不变，将电枢绕组反接。

（2）直流电动机的调速

1）调速及其指标

为了提高生产率和保证产品质量，大量的生产机械要求在不同的条件下采用不同的速度。负载不变时，人为地改变生产机械的工作速度称为调速。调速可以采用机械的、电气的或机电配合的方法来实现。这里只讨论电气调速。

电气调速即通过改变电动机的参数来改变转速。电气调速可以简化机械结构，提高传动效率，便于实现自动控制。

电动机调速性能的好坏，常用下列各项指标来衡量：

① 调速范围 (D)。调速范围是指电动机拖动额定负载时，所能达到的最大转速与最小转速之比。不同的生产机械要求的调速范围是不同的，如车床 D=20~100，龙门刨床 D=10~140，轧钢机 D=3~120。

② 静差率（又称相对稳定性，δ）。静差率是指负载转矩变化时，电动机的转速随之变化的程度。用理想空载增加到额定负载时电动机的转速降落 Δn_N 与理想空载转速 n_0 之比来衡量。电动机的机械特性越硬，相对稳定性就越好。不同生产机械对相对稳定性的要求不同，一般设备要求 $\delta < 30\%$ ~50%，而精度高的造纸机则要求 $\delta \leqslant 0.1\%$ 。

③ 调速的平滑性。在一定的调速范围内，调速的级数越多越平滑，相邻两级转速之比称为平滑系数（φ）。φ 值越接近 1 则平滑性越好。当 φ=1 时，称为无级调速，即转速连续可调。不同生产机械对调速的平滑性要求不同。

笔 记

④ 调速的经济性。经济性是指调速所需设备投资和调速过程中的能量损耗。

⑤ 调速时电动机的容许输出。容许输出是指在电动机得到充分利用的情况下，在调速过程中所能输出的最大功率和转矩。

2）调速方法

根据直流电动机的转速公式

$$n=\frac{U-I_a(R_a+R)}{C_e\phi} \tag{3-31}$$

可知，当电枢电流 I_a 不变时，只要电枢电压 U、电枢回路串入的附加电阻 R 和励磁磁通三个量中，任一个发生变化，都会引起转速变化。因此，他励直流电动机有三种调速方法：电枢串电阻调速、降低电枢电压调速和减弱磁通调速。

① 电枢串电阻调速

以他励直流电动机拖动恒转矩负载为例，保持电源电压和励磁磁通为额定值不变，在电枢回路串入不同的电阻时，电动机将运行于不同的转速。电枢串电阻调速的机械特性如图 3-37 所示。电枢回路没有串入电阻时，工作点为自然机械特性曲线与负载特性的交点 A。在电枢回路串入调速电阻 R_1 的瞬间，因转速和电动势不能突变，电枢电流相应的减小，工作点由 A 过渡到 A'。此时 $T_{A'}>T_L$，工作点由 A' 沿串入电阻 R_1 的新的机械特性下移，转速也随着下降，反电动势减小，I_a 和 T 逐渐增加，直至 B 点，当 $T_B=T_L$ 时恢复转矩平衡，系统以较低的转速稳定运行。同理，若在电枢回路串入更大的电阻 R_2，则系统将进一步降速并以更低的转速稳定运行。

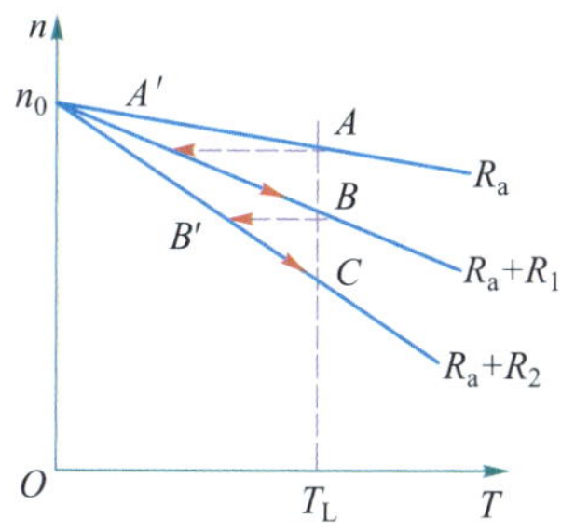

图 3-37
电枢回路串电阻调速

电枢回路串电阻调速时，所串电阻越大，稳定运行转速越低。所以，这种方法只能在低于额定转速的范围内调速。电枢电路串电阻调速，设备简单，但串入电阻后机械特性变软，转速稳定性较差，电阻上的功率损耗较大。这种调速方法适用于调速性能要求不高的中、小型电动机。

微课：直流电动机电枢串电阻调速

② 降低电枢电压调速

以他励直流电动机拖动恒转矩负载为例，保持励磁磁通 ϕ 为额定值不变，电枢回路不串电阻，降低电枢电压 U 时，电动机将运行于较低的转速，降压调速的机械特性如图 3-38 所示。电压由 U_N 开始逐级下降时，工作点的变化情况如图中箭头所示，由 $A\rightarrow A'\rightarrow B\cdots$。

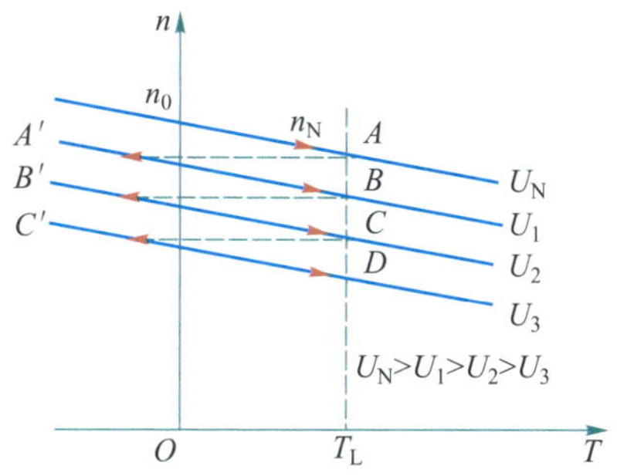

图 3-38
降低电枢电压调速的机械特性图

降低电枢电压调速，需要有单独的可调压的直流电源，加在电枢上的电压不能超过额定电压 U_N，所以调速范围也只能在低于额定转速的范围内调节。降低电枢电压时，电动机机

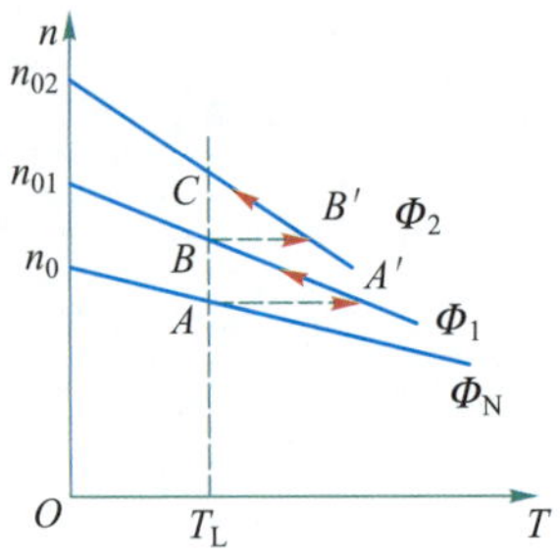

图 3-39
减弱磁通调速的机械特性图

械特性的硬度不变，因此运行在低速范围的稳定性较好。当电压连续可调时，可进行无级调速，调速平滑性好。与电枢回路串电阻相比，电枢回路中没有附加的电阻损耗，电动机的效率高。这种调速方法适用于对调速性能要求较高的设备，如造纸机、轧钢机等。

③ 减弱磁通调速

减弱磁通调速的特点是理想空载转速随磁通的减弱而上升，机械特性斜率 β 则与励磁磁通的平方成反比。随着磁通 ϕ 的减弱 β 增大，机械特性变软。减弱磁通调速的机械特性如图 3-39 所示。

以他励直流电动机拖动恒转矩负载为例，保持电枢电压不变，电枢回路不串电阻，减小电动机的励磁电流使励磁磁通 ϕ 降低，可使电动机的转速升高。如果忽略磁通变化的电磁过渡过程，则励磁电流逐级减小时，工作点的变化过程如图中箭头所示，由 $A\rightarrow A'\rightarrow B\cdots$。

笔记

减弱磁通调速，在正常的工作范围内，励磁磁通越弱，电动机的转速越高。因此减弱磁通调速只能在高于额定转速的范围内调节。但是电动机的最高转速受到换向能力、电枢机械强度和稳定性等因素的限制，所以转速不能升的太高。减弱磁通调速是在励磁回路进行调节，所用设备容量小，因此损耗小，同时，控制方便可实现无级调速，平滑性好。这种调速方法的缺点是机械特性软，当磁通减弱相当多时，运行将不稳定，还有可能达不到升高转速的目的。

在实际的他励直流电动机调速系统中，为了获得更大的调速范围，常常把降压调速和减弱磁通调速配合起来使用。以额定转速为基速，采用降压向下调速和减弱磁通向上调速相结合的双向调速方法，从而在很宽的范围内实现平滑的无级调速，而且调速时损耗较小，运行效率较高。

（3）直流电动机的制动

电动机的电磁转矩方向与旋转方向相反时，就称为电动机处于制动状态。

制动的方法有机械制动和电磁制动。由于电磁制动的制动转矩大，且制动强度比较容易控制，在一般的电力拖动系统中多采用这种方法，或者与机械制动配合使用。电动机的电磁制动分为三种：能耗制动、反接制动和回馈制动。

1）能耗制动

如图 3-40 所示，开关合向 1 的位置时，电动机为电动状态。电枢电流 I_a、电磁转矩 T、转速 n 及电动势 E_a 的方向如图 3-40（a）所示。如果将开关从电源断开，迅速合向 2 的位置，电动机被切断电源并接到一个制动电阻 R_z 上，如图 3-40（b）所示。在拖动系统机械惯性作用下，电动机继续旋转，转速 n 的方向来不及改变。由于励磁保持不变，因此电枢仍具有感应电动势 E_a，其大小和方向与处于电动状态相同。由于 U=0，所以电枢电流

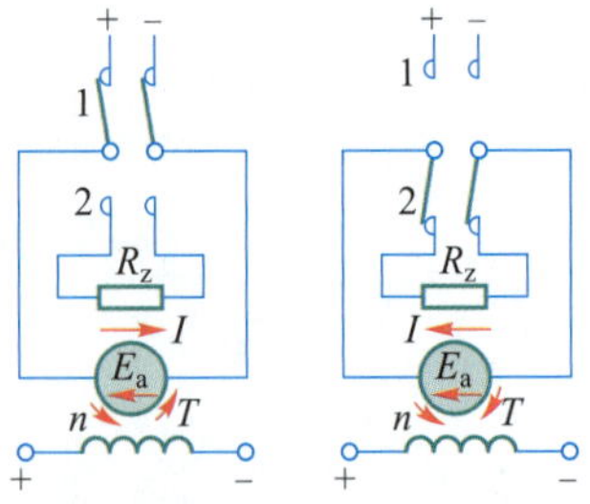

图 3-40
电动机的运行状态

$$I_a=\frac{U-E_a}{R}=-\frac{E_a}{R} \tag{3-32}$$

微课：直流电动机的能耗制动

式中的负号说明电流与原来电动机运行状态的方向相反，这个电流称为制动电流。制动电流产生的制动转矩也和原来的方向相反，变成制动转矩，使电动机很快减速以至停转。这种制动是把储存在系统中的动能变换成电能，消耗在制动电阻中，故称为能耗制动。

在能耗制动过程中，电动机转变为发电机运行。和正常发电机不同的是电动机依靠系统本身的动能发电。在能耗制动时，因 $U=0$，$n_0=0$，因此电动机的机械特性方程变为

$$n=-\frac{R}{C_e\Phi}I_a=-\frac{R}{C_eC_T\Phi}T \tag{3-33}$$

式中，$R=R_a+R_z$。

由此可见，能耗制动的机械特性位于第二象限，为过原点的一条直线，对应的机械特性如图3-41所示。如果制动前，电动机工作在电动状态，在固有特性曲线上的A点，开始制动时，转速n不能突变，工作点将沿水平方向跃变到能耗制动特性上的B点。在制动转矩的作用下，电动机减速，工作点将沿特性曲线下降，制动转矩也逐渐减小，当$T=0$时，$n=0$，电动机停转。

如果负载是位能负载（吊车等），当转速降到零时，在位能负载转矩的作用下，电动机将被拖动向反方向旋转。机械特性延伸到第四象限（如图3-41中虚线所示）。转速稳定在C点时，电动机运行在反向能耗制动状态下，实现等速下放重物。

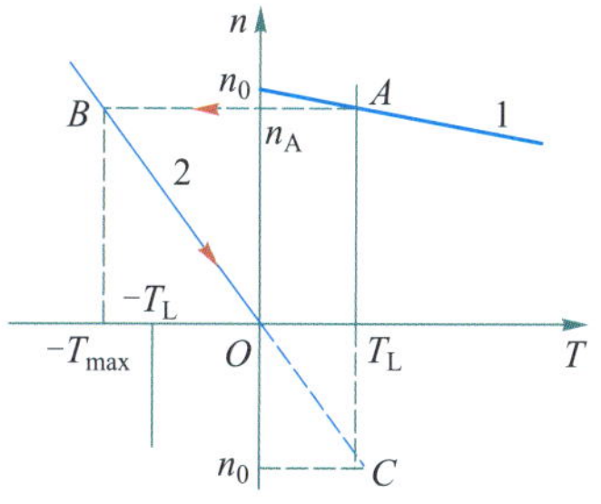

图3-41
能耗制动的机械特性

实质上，能耗制动的机械特性是一条电枢电压为零、电枢串电阻的人为机械特性。改变制动电阻的大小，可以得到不同斜率的特性曲线。R_z越小，特性曲线的斜率越小，曲线就越平，制动转矩就越大，制动作用就越强。但为了避免过大的制动转矩和制动电流对系统带来不利的影响，通常限制最大制动电流不超过（2~2.5）I_N，即

$$R=R_a+R_z\geqslant\frac{E_a}{(2\sim2.5)I_N}\approx\frac{U_N}{(2\sim2.5)I_N} \tag{3-34}$$

能耗制动操作简便，但制动转矩在转速较低时变得很小。为了使电动机更快地停止，可以在转速降到较低时，加上机械制动。能耗制动多用于有轨电车的制动停车的场合。

2）反接制动

反接制动分两种：电枢反接制动和倒拉反接制动。

① 电枢反接制动

图3-42为电枢反接制动的接线图。当电动机正转运行时，KM1闭合（KM2断开），电动势E_a和转速n的方向如图3-42所示，这时的电枢电流I_a和电磁转矩T用图中虚线箭头表示。当KM2闭合（KM1断开）时，加到电枢绕组两端的电压极性与电动机正转时相反。因旋转方向未变，磁场方向未变，感应电动势方向也不变。电枢电流为

$$I_a=\frac{-U_N-E_a}{R_a}=-\frac{U_N+E_a}{R_a} \tag{3-35}$$

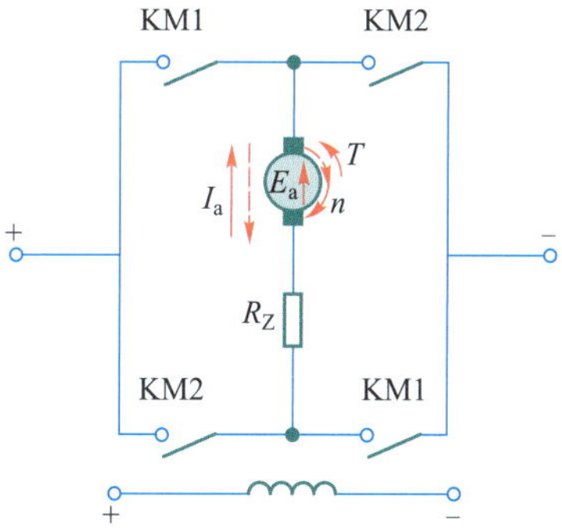

图3-42
电枢反接制动的接线图

电流为负值，表明其方向与正转时相反（图中用实线箭头表示）。由于电流方向改变，磁通方向未变，因此电磁转矩方向改变了。电磁转矩与转速方向相反（图中用实线箭头表示），产生制动作用使转速迅速下降。这种因电枢两端电压极性的改变而产生的制动，称为电枢反接制动。

电枢反接制动瞬时，作用在电枢回路的电压$(U+E_a)\approx2U$，因此必须在电枢电压反接的同时在电枢回路中串入制动电阻R_z，以限制过大的制动电流（制动电流允许的最大值$\leqslant2.5I_N$）。

笔 记

电枢反接的机械持性方程式为

$$n=-\frac{U_N}{C_e\phi_N}-\frac{R_a+R_z}{C_e\phi_N}I_a=-n_0-\frac{R_a+R_z}{C_eC_T\phi_N^2}T \tag{3-36}$$

可见，电枢反接的机械特性曲线通过$-n_0$点，与电枢串入电阻R_z时的人为机械特性相平行，如图3-43所示。制动前电动机运行在固有特性曲线1上的A点，当电枢反接并串入制动电阻的瞬间，电动机过渡到电枢反接的人工特性曲线2上的B点。电动机的电磁转矩变为制动转矩，开始反接制动，使电动机沿曲线2减速。当转速减至零时（D点），如不立即切断电源，电动机很可能会反向起动。如果是反抗性负载，加速到曲线2上的E点稳定运行；如果是位能负载，负载转矩又大于拖动系统的摩擦阻转矩，电动机最后将运行于曲线2上的C点。为了防止电机反转，在制动到快停车时，应切除电源，并使用机械制动将电机止住。

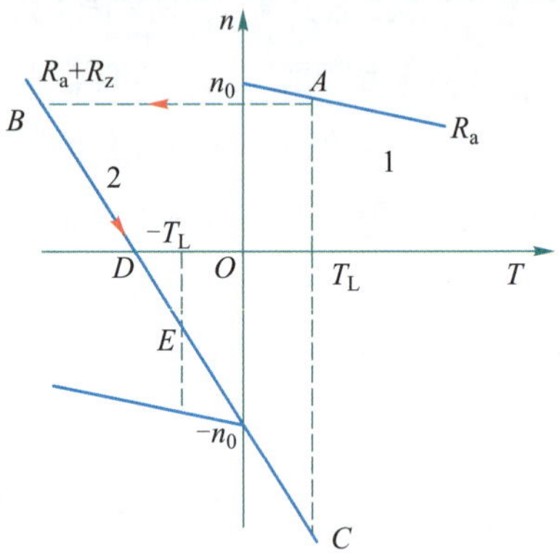

图 3-43
电枢反接制动的机械特性图

② 倒拉反接制动

笔 记

当电动机被外力拖动向着与电磁转矩相反的方向旋转时，称为倒拉反接运转。如图3-44所示电动机提升重物，电磁转矩T和转速n的方向相同，电动机为电动状态。它的接线使电动机逆时针方向旋转，此时电动机稳定运行在固有机械特性曲线的A点。若在电枢回路串入大电阻R_z，使电枢电流大大减小，电动机将过渡到对应的串电阻的人为机械特性曲线上的B点，如图3-45所示。此时电磁转矩小于负载转矩，电动机的转速沿人为机械特性下降。随着转速的下降，反电动势减小，电枢电流和电磁转矩又回升。当转速降至零，电动机的电磁转矩仍小于负载转矩时，电动机便在负载位能转矩作用下，开始反转，电动机变为下放重物，最终稳定在C点，如图3-45所示。反转后感应电动势方向也随之改变，变为与电源电压方向相同。由于电枢电流方向未变，磁通方向也未变，所以电磁转矩方向亦未变，但因旋转方向改变，所以电磁转矩变成制动转矩，这种制动称为倒拉反接制动，多用于下放重物。

3）回馈制动（再生发电制动）

当电动机在电动状态运行时，由于某种原因（如用电动机拖动机车下坡）使电动机的转速高于理想空载转速，此时$n>n_0$，使得$E_a>U$，电枢电流为

$$I_a=\frac{U-E_a}{R}=-\frac{E_a-U}{R} \tag{3-37}$$

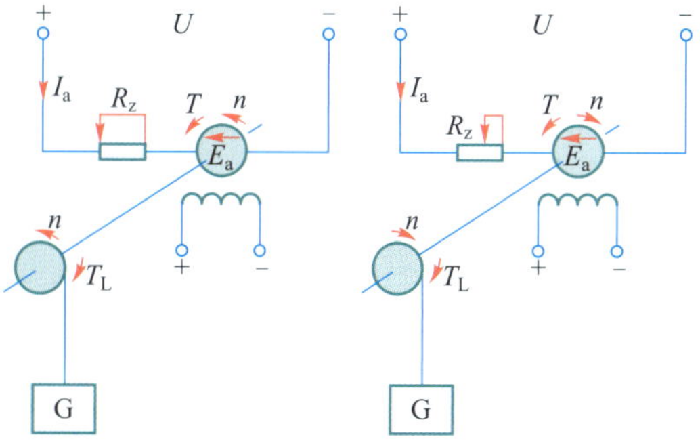

(a) 电动状态　　(b) 倒拉反接制动状态

图 3-44
倒拉反接制动原理图

可见，电枢中的电流与电动状态时相反，因磁通方向未变，则电磁转矩 T 的方向随着 I_a 的反向而反向，对电动机起到制动作用。在电动状态时电枢电流从电网的正端流向电动机，而在制动时，电枢电流从电枢流向电网，因而称为回馈制动。

回馈制动的机械特性与电动状态完全相同，由于回馈制动时，$n>n_0$，I_a 和 T 均为负值，所以它的机械特性曲线是电动状态的机械特性曲线向第二象限的延伸，如图 3-46 中的曲线1。电枢回路串电阻将使特性曲线的斜率增大，转速过高，因此回馈制动时禁止串接电阻，如图 3-46 中的曲线 2。在反转时若处于再生发电状态，机械特性曲线如图 3-46 中曲线 3 所示。

回馈制动不需要改接线路即可从电动状态转化到制动状态。电能可回馈给电网，使电能获得应用，较为经济，多用于高速下滑和高速下放重物的场合。

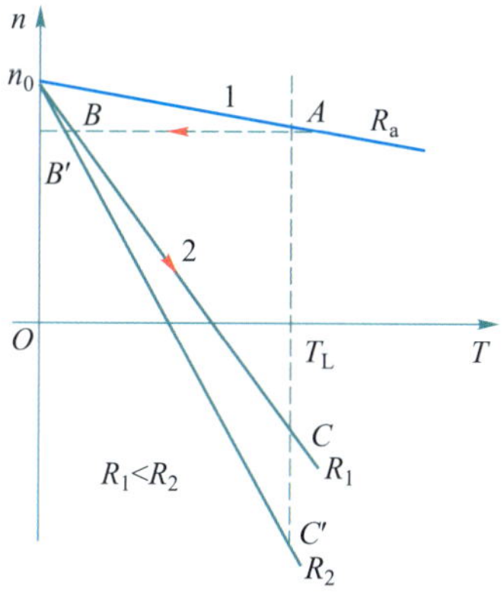

图 3-45
倒拉反接制动机械特性图

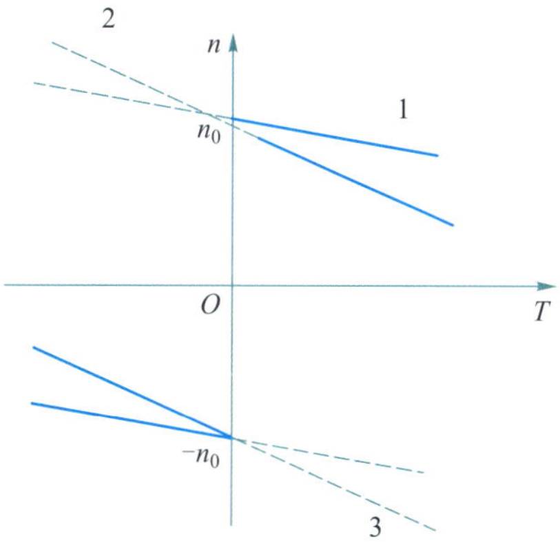

图 3-46
回馈制动的机械特性

2. 任务实施

（1）并励直流电动机正反转控制设计及实现

1）电气原理图的设计

并励直流电动机正反转控制原理图如图 3-47 所示。工作过程：合上电源开关 QF，按下正转起动按钮 SB1，直流接触器 KM1 线圈得电，KM1 的动断辅助触点打开形成互锁，防止 KM2 线圈得电，KM1 的动合辅助触点闭合形成自锁，保持 KM1 线圈持续得电，KM1 的主触点闭合，电动机电枢接通正向电压，电动机正转。按下停止按钮 SB3，KM1 线圈失电，触点复位，电动机断开电源停止正转。按下反转起动按钮 SB2，直流接触器 KM2 线圈得电，KM2 的动断辅助触点打开形成互锁，防止 KM1 线圈得电，KM2 的动合辅助触点闭合形成

动画：并励直流电动机的正反转控制工作原理

自锁，保持 KM2 线圈持续得电，KM2 的主触点闭合，电动机电枢接通反向电压，电动机反转。按下停止按钮 SB3，KM2 线圈失电，触点复位，电动机断开电源停止反转。

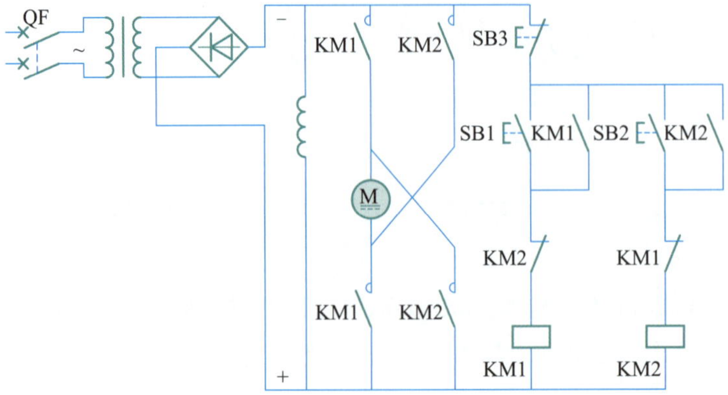

图 3-47
并励直流电动机正反转控制原理图

2）并励直流电动机正反转控制线路的安装与调试

对照电气原理图，绘制安装接线图如图 3-48 所示，按照安装接线图进行元件布局、安装接线和调试，具体装调方法与模块一中的任务实施相似。

虚拟实训：元件布局

虚拟实训：线路连接

虚拟实训：线路运行

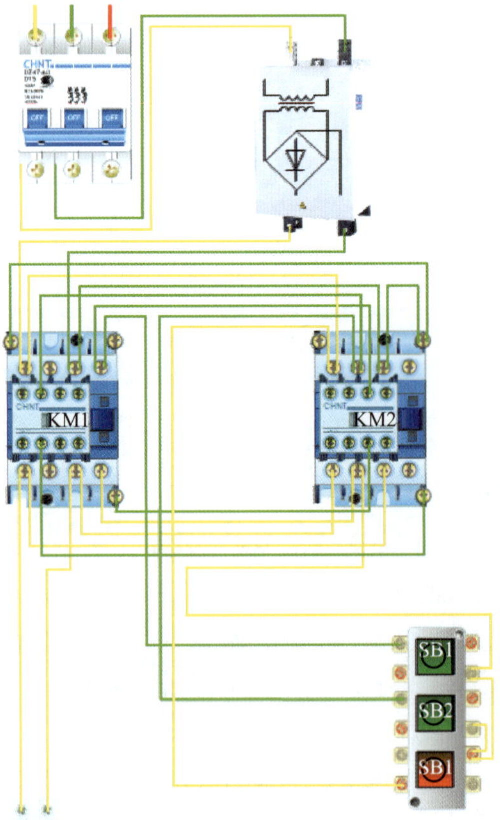

图 3-48
并励直流电动机的正反转控制安装接线图

笔 记

（2）并励直流电动机的电枢串电阻调速控制设计与实现

1）电气原理图的设计

并励直流电动机电枢串电阻调速控制原理图如图 3-49 所示。工作过程：按下起动按钮 SB2，接触器 KM1 线圈得电，KM1 的动合辅助触点闭合形成自锁，保持 KM1 线圈持续得电，KM1 的主触点闭合，电动机电枢串电阻 $R1$ 和 $R2$ 低速起动。按下起动按钮 SB3，中间继电器 KA1 线圈得电，KA1 的动合辅助触点闭合形成自锁，保持 KA1 线圈持续得电，KA1 的主触点闭合，短接电阻 $R2$，使电动机的转速升高。按下起动按钮 SB4，中间继电器 KA2 线圈得电，KA2 的动断辅助触点打开形成互锁，使 KA1 线圈失电，KA1 触点复位，KA2 的动合辅助触点闭合形成自锁，保持 KA2 线圈持续得电，KA2 的主触点闭合，短接所有电阻，使电动机高速运行。

2）并励直流电动机的电枢串电阻调速控制线路安装调试

对照电气原理图，绘制安装接线图如图 3-50 所示，按照安装接线图进行元件布局、安装接线和调试。

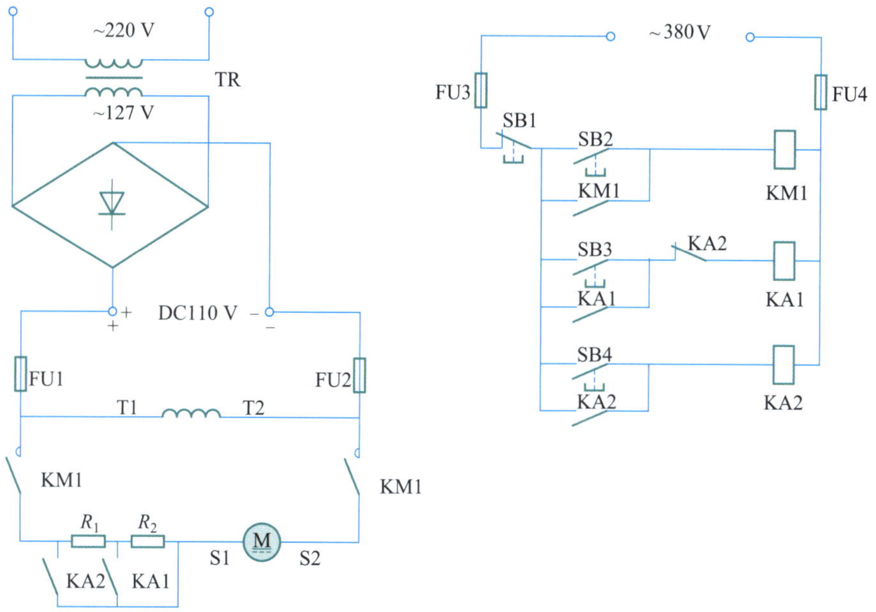

动画：并励直流电动机调速控制工作原理

图 3-49
并励直流电动机调速控制原理图

（3）并励直流电动机的能耗制动控制设计与实现

1）电气原理图的设计

并励直流电动机的能耗制动控制原理图如图 3-51 所示。工作过程：按下起动按钮 SB2，交流接触器 KM1 线圈得电，KM1 的动断辅助触点打开，使与电枢并联的电阻 R 断开，KM1 的动合辅助触点闭合形成自锁，保持 KM1 线圈持续得电，KM1 的主触点闭合，电动机接通电源起动。制动：按下停止按钮，交流接触器 KM1 线圈失电，KM1 的主触点打开，电动机与电源断开，KM1 的动断辅助触点闭合，电阻 R 接入电枢回路开始能耗制动，当转速降到零，电动机停止运行制动结束。

虚拟实训：元件布局

虚拟实训：线路连接

虚拟实训：线路运行

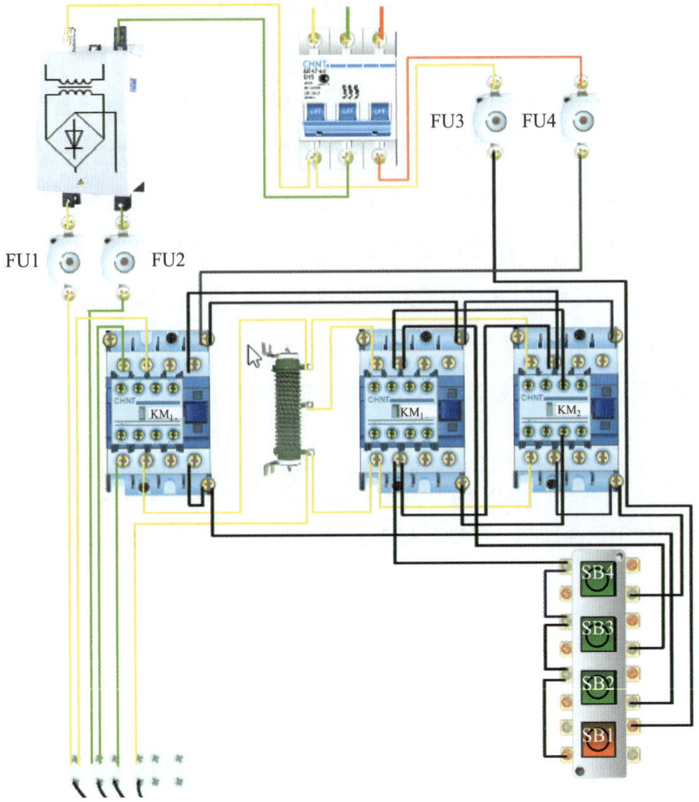

图 3-50
并励直流电动机的电枢串电阻调速安装接线图

虚拟实训：故障分析与处理

动画：并励直流电动机的制动控制工作原理

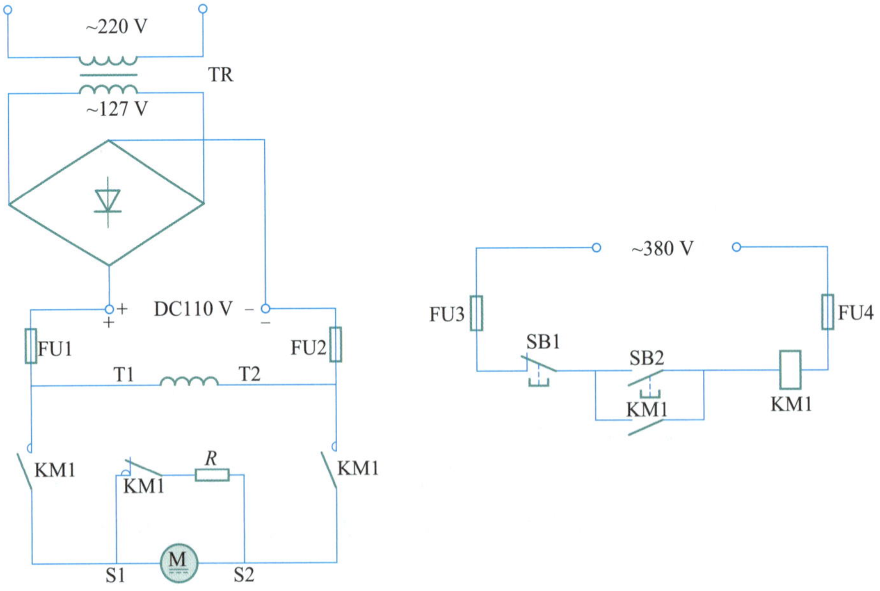

图 3-51
并励直流电动机的能耗制动控制原理图

2）并励直流电动机的制动控制线路安装与调试

对照电气原理图，绘制安装接线图如图 3-52 所示，按照安装接线图进行元件布局、安装接线和调试。

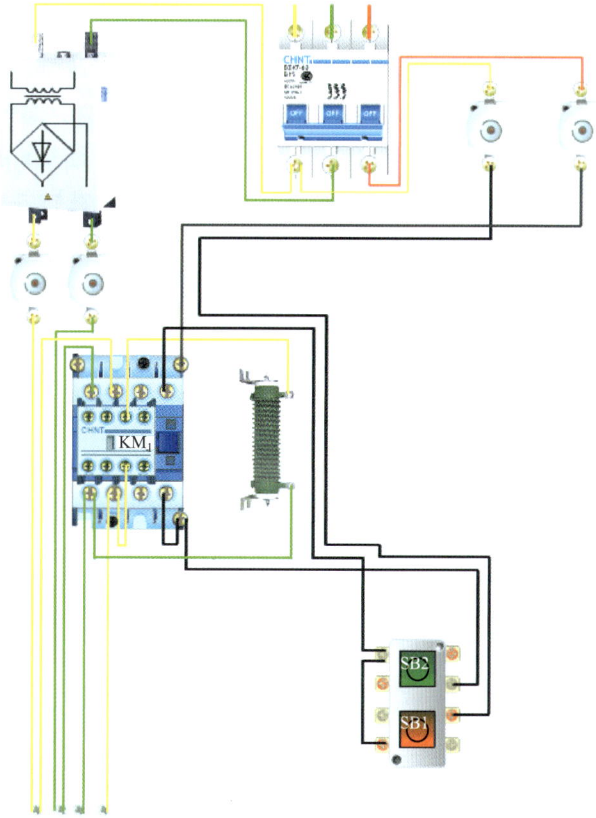

图 3-52
并励直流电动机的制动安装接线图

虚拟实训：元件布局

虚拟实训：线路连接

虚拟实训：线路运行

3. 问题研讨——直流电动机如何进行常见故障的处理?

直流电动机和其他电动机一样，在使用前应按产品使用说明书认真检查，以避免发生故障、损坏电动机和有关设备。在使用直流电动机时，应经常观察电动机的换向情况，还应注意电动机各部分是否有过热情况。

在运行中，直流电动机的故障是多种多样的，产生故障的原因较为复杂，并且互相影响。当直流电动机发生故障时，首先要对电动机的电源、线路、辅助设备和电动机所带负载进行仔细的检查，看它们是否正常，然后再从电动机机械方面加以检查，如检查电刷架是否有松动、电刷接触是否良好、轴承转动是否灵活等。就直流电动机的内部故障来说，多数故障会从换向火花增大和运行性能异常反映出来，所以要分析故障产生的原因就必须仔细观察换向火花的显现情况和运行时出现的其他异常情况，通过认真地分析，根据直流电动机内部的基本规律和积累的经验做出判断，找到原因。表 3-4 列出了直流电动机的常见故障与处理方法。

笔 记

技能操作视频：
小型直流电动机
常见故障的排除

笔 记

表 3-4 直流电动机的常见故障与处理方法

故障现象	可能原因	处理方法
电刷下火花过大	1. 电刷与换向器接触不良	1. 研磨电刷接触面，并在轻载下运30~60 min
	2. 刷握松动或装置不正	2. 紧固或纠正刷握装置
	3. 电刷与刷握配合太紧	3. 略微磨小电刷尺寸
	4. 电刷压力大小不当或不均	4. 用弹簧秤校正电刷压力，使其为12~17 kPa
	5. 换向器表面不光洁、不圆或有污垢	5. 清洁或研磨换向器表面
	6. 换向片间云母凸出	6. 换向器刻槽、倒角、再研磨
	7. 电刷位置不在中性线上	7. 调整刷杆座至原有记号之位置，或按感应法校得中性线位置
	8. 电刷磨损过度或所用牌号及尺寸不符	8. 更换新电刷
	9. 过载	9. 恢复正常负载
	10. 电动机底脚松动，发生振动	10. 固定底脚螺钉
	11. 换向极绕组短路	11. 检查换向极绕组，修理绝缘损坏处
	12. 电枢绕组断路或电枢绕组与换向器脱焊	12. 查找断路部位，进行修复
	13. 换向极绕组接反	13. 检查换向极的极性，加以纠正
	14. 电刷之间的电流分布不均匀	14. (1) 调整刷架使其等分 (2) 按原牌号及尺寸更新新电刷
	15. 电刷分布不等分	15. 校正电刷使其等分
	16. 电枢平衡未校好	16. 重校转子动平衡
电动机不能起动	1. 无电源	1. 检查线路是否完好，起动器连接是否准确，熔体是否熔断
	2. 过载	2. 减少负载
	3. 起动电流太小	3. 检查所用起动器是否合适
	4. 电刷接触不良	4. 检查刷握弹簧是否松弛或改善接触面
	5. 励磁回路断路	5. 检查变阻器及磁场绕组是否断路，更换绕组
电动机转速不正常	1. 电动机转速过高，且有剧烈火花	1. 检查磁场绕组与起动器连接是否良好、是否接错，磁场绕组或调速器内部是否断路
	2. 电刷不在正常位置	2. 根据所刻记号调整刷杆座位置
	3. 电枢及磁场绕组不工作	3. 检查是否短路
	4. 串励电动机轻载或空载运转	4. 增加负载
	5. 串励磁场绕组接反	5. 纠正接线
	6. 磁场回路电阻过大	6. 检查磁场变阻器和励磁绕组电阻，并检查接触是否良好

续表

故障现象	可能原因	处理方法
电枢冒烟	1. 长时间过载 2. 换向器或电枢短路 3. 负载短路 4. 电动机端电压过低 5. 电动机直接起动或反向运转过于频繁 6. 定、转子相擦	1. 立即恢复正常负载 2. 查找短路的部位，进行修复 3. 检查线路是否有短路 4. 恢复电压至正常值 5. 使用适当的起动器，避免频繁的反复运转 6. 检查相擦的原因，进行修复
磁场线圈过热	1. 并励磁场绕组部分短路 2. 电动机转速太低 3. 电动机端电压长期超过额定值	1. 查找短路的部位，进行修复 2. 提高转速至额定值 3. 恢复端电压
机壳漏电	1. 接地不良 2. 绕组绝缘老化或损坏	1. 查找原因，并采取相应的措施 2. 查找绝缘老化或损坏的部位，进行修复并进行绝缘处理

笔 记

4. 任务拓展

（1）总结直流电动机不能正常旋转的主要原因有哪些。

（2）分析电动机冒烟的主要原因有哪些。

（3）查阅资料总结直流调速技术的发展趋势及其在生产实践中的应用。

项目 3　单相异步电动机的故障分析及排除

【知识点】

演示文稿：单相异步电动机的故障分析及排除

☐ 单相异步电动机的结构

☐ 单相异步电动机脉动磁场的特点

☐ 单相异步电动机的机械特性

☐ 两相异步电动机的结构及机械特性

☐ 单相异步电动机的起动方法

【技能点】

☐ 三相异步电动机的单相运行

☐ 单相异步电动机的常见故障分析与排除

笔 记

【项目描述】

因单相异步电动机用电电源方便，所以其应用范围较广。特别是小功率单相异步电动机被广泛用于家用电器、医疗器械及自动控制系统等。在对单相异步电动机的特点和起动方式认识的基础上进行单相电容式异步电动机常见故障分析与排除

1. 知识学习——单相异步电动机的机械特性、结构、原理和起动方法

（1）单相异步电动机的机械特性

因单相异步电动机只有一相绕组，转子为笼型。当定子绕组通入单相交流电后，在气隙中将产生一随时间作正弦变化的脉振磁动势 $\dot{F}$。通过严格的数学方法证明可将这一脉振磁动势分解为两个旋转方向相反的圆形旋转磁动势 $\dot{F}_+$ 和 $\dot{F}_-$。它们的大小均为脉振磁动势最大幅值的一半，转速的大小均为同步转速 $n_1=\dfrac{60f_1}{p}$。为了直观，我们通过图解法来说明上述结论的正确性，如图 3-53 所示。

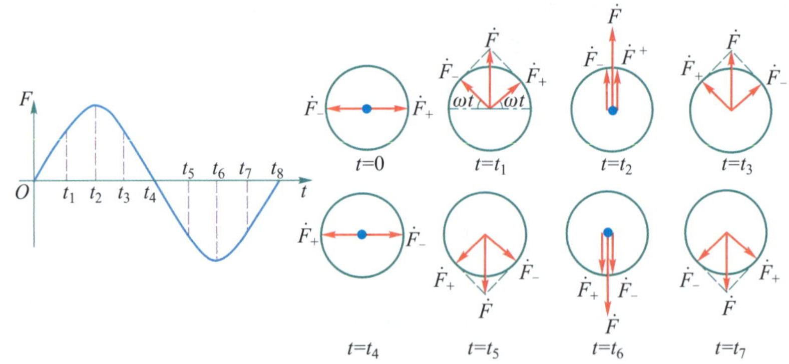

图 3-53
脉振磁动势的合成

图中画出了脉振磁动势大小随时间变化的正弦波和不同瞬时由 $\dot{F}_+$ 和 $\dot{F}_-$ 合成的磁动势 $\dot{F}$。从图中可以看出，任何瞬间 $\dot{F}_+$ 和 $\dot{F}_-$ 都等于 $\dot{F}$。转子在脉振磁动势 $\dot{F}$ 的作用下所受的电磁转矩 T 也就等于两个旋转磁动势分别作用下所受电磁转矩 T_+ 与 T_- 的合成。其机械特性，即为两个方向相反的、与三相异步电动机的情况一样的圆形旋转磁动势电动机机械特性的叠加，如图 3-54 所示。图中 $T=f(s)$ 是由对称的 $T_+=f(s)$ 和 $T_-=f(s)$ 叠加而成，也就是单相绕组通电时的电动机机械特性曲线，它具有如下几个特点：

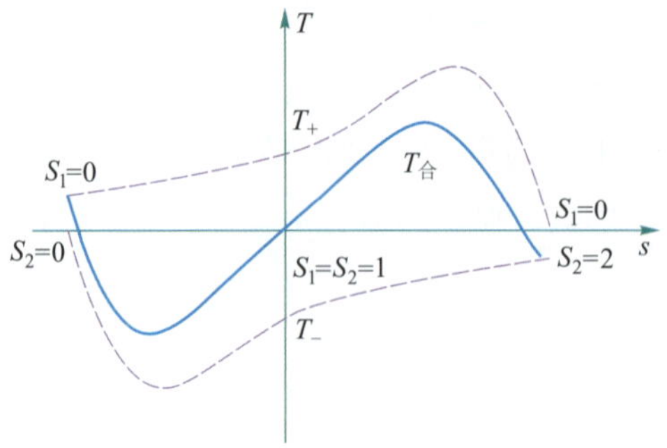

图 3-54
单相绕组通电时的机械特性

1）当转速 n=0 时，电磁转矩 T=0，即电动机无起动转矩，不能自行起动。

2）当 n>0，T>0 时，机械特性在第Ⅰ象限，属拖动性质转矩。换句话说，若由于某种原因使电动机正转后，电磁转矩能使电动机继续正转运行。

3）当 n<0，T<0 时，机械特性在第Ⅲ象限，T 仍为拖动性质的转矩。同样，若电动机已经反转了，则仍能继续反转。

由上述分析可知，单相异步电动机的主要缺点是不能自行起动，解决的方法是必须有两相绕组产生旋转磁场。

（2）两相异步电动机的结构与原理

在两相异步电动机的定子铁心上装有两个绕组，一个是主绕组 A，也称工作绕组；另一个是副绕组 B，也称起动绕组。两个绕组在定子中嵌放的空间位置相差 90° 电角度。当主副绕组通入时间上的相位差为 90° 的电流（称为二相对称电流）时，与三相异步电动机运行情况相似，气隙中也会产生一圆形旋转磁动势，形成圆形的旋转磁场，电动机就能够转起来。但是，如果对称条件被破坏，例如出现两相绕组不垂直、两相电流幅值不相等或两相电流相位差不是 90°，则气隙中的磁场将变为椭圆形旋转磁动势，形成一椭圆形旋转磁场，其平均转速仍为同步速 n_1。

动画：单相异步电动机的拆卸

从理论上可以证明，椭圆形旋转磁动势可以分解为两个放置方向相反、幅值不同的圆形旋转磁动势 $\dot{F}_+$ 加 $\dot{F}_-$，转速的大小均为同步速 n_1。其机械特性仍为两个圆形旋转磁动势电动机机械特性的叠加。不过，由于两个圆形旋转磁动势幅值不等，因此，正、反转的特性曲线并不对称。如图 3-55 所示。从图中可以看出，两相异步电动机 s=1（即 n=0）时，$T_{合} \neq 0$，说明该电机有自行起动能力。

动画：单相异步电动机工作原理

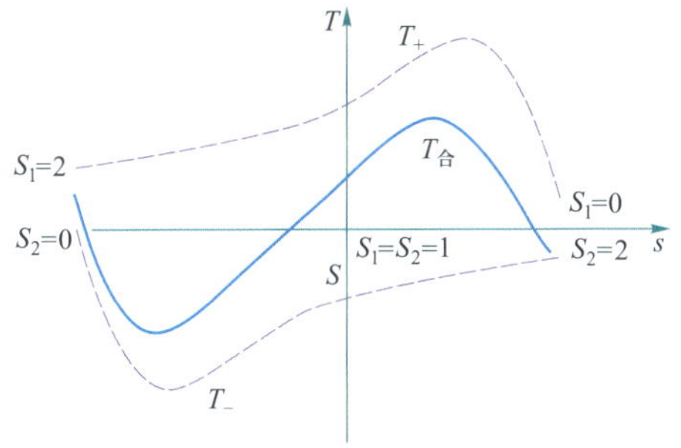

图 3-55
两相绕组通电时的机械特性

（3）单相异步电动机的起动方法

实际使用的单相异步电动机有两套绕组，且两套绕组接同一个电源。为使流入两套绕组中的电流相位不同，需要人为地使它们的阻抗不同，这种方法称为分相。分相的结果使电动机气隙中出现了椭圆形旋转磁场，从而使电动机具有一定的自行起动能力。

1）电容分相的单相异步电动机

图 3-56 所示为电容分相起动的单相异步电动机。起动串接电容 C 和离心开关 S，电容 C 的接入使两相电流分相。起动时，S 处于闭合状态，电动机两相起动。当转速达到一定数

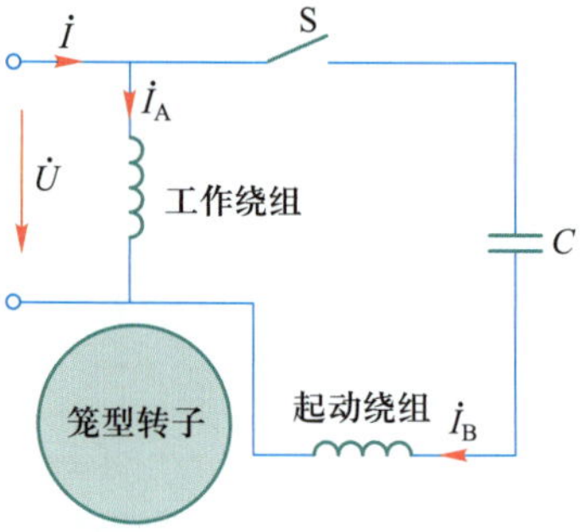

图 3-56
电容分相起动的单相异步电动机

值时，离心开关 S 由于机械离心作用而断开，使电动机进入单相运行。由于起动绕组 B 为短时运行，所以电容可采用交流电解电容。

另一种是在副绕组中只串接电容器，在运行全过程中始终参加工作。这种分相方法称为电容运转的单相异步电动机。

2）电阻分相的单相异步电动机

如果电动机的起动绕组采用较细的导线绕制，则它与工作绕组的电阻值不相等，两套绕组的阻抗值也就不等，流过这两套绕组的电流也就存在着一定的相位差，从而达到分相起动的目的。通常起动绕组按短时运行设计，所以起动绕组要串接离心开关 S。

欲使分相电动机反转，只要将任意一套绕组的两个接线端交换接入电源即可。

3）罩极式单相异步电动机

罩极式单相异步电动机的定子为硅钢片叠成的凸极式，工作绕组套在凸极的极身上。每个极的极靴上开有一个槽，槽内放置有短路铜环，铜环罩住整个极面的三分之一左右，如图 3-57 所示。当工作绕组接入单相交流电源后，磁极内即产生一脉振磁场。脉振磁场的交变使短路环产生感应电动势和感应电流，根据楞次定律可知，环内将出现一个阻碍原来磁场变化的新磁场，从而使短路环内的合磁场变化总是在相位上落后于环外脉振磁场的变化。可以把环内、环外的磁场设想为两相有相位差的电流所形成，这样分相的结果，使气隙中出现椭圆形旋转磁场。由于这种分相方法的相位差并不大，因此，起动转矩也不大。所以，罩极式单相异步电动机一经制造，其转动方向就不能改变，它只适用于负载不大的场所，如电唱机、电风扇、仪表等。

笔 记

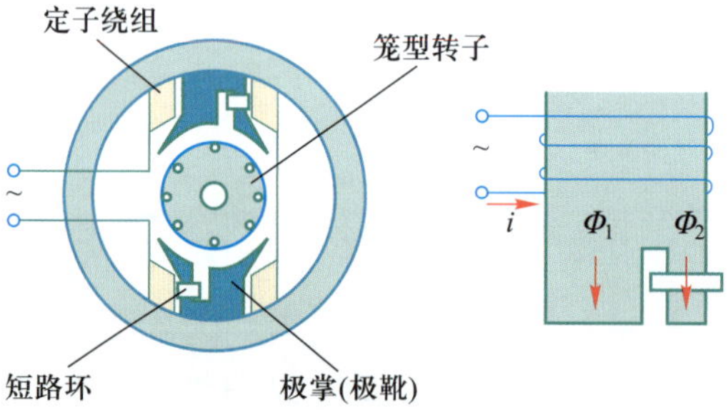

图 3-57
罩极式单相异步电动机

虚拟实训：单相异进电动机的装配

2. 项目实施

对单相电容式异步电动机的常见故障进行分析与排除，并完成表 3-5 的填写。

技能操作视频：洗衣机电机的结构与组装

表 3-5　电容式电动机检修训练记录

拟设故障	故障现象	电源电压/V	转速/(r/min)	转向	空载电流/mA	绕组直流电阻		电容容量	
						主绕组	副绕组	标称容量	漏电阻/kΩ
未设故障时	运转正常								
电容完全失效									

续表

拟设故障	故障现象	电源电压 /V	转速 /(r/min)	转向	空载电流 /mA	绕组直流电阻		电容容量	
						主绕组	副绕组	标称容量	漏电阻 /kΩ
电容击穿									
电容容量过大									
电容与副绕组脱焊									
副绕组引线断									
主绕组引线断									
主绕组引出线两端对调									
副绕组引出线两端对调									
用调压器降低电源电压									
加大负荷									

笔 记

3. 问题研讨——三相异步电动机的单相运行

若三相异步电动机在起动前有一相断路，如图 3-58(a) 所示，在另两相绕组中将通过单相电流，在电动机中产生脉振磁场，无起动转矩，电动机就不能起动，电流很大，时间一长会烧坏电动机。

若在运行过程中有一相断路成单相运行，由于负载不变，单相时电流为三相工作时电流的$\sqrt{3}$倍。负载较轻，单相时可运行；若负载较重，单相时电流大，时间一长就会使电动机过热烧坏。

有时会遇到三相电动机只有单相电源，可以将三相电动机改成单相异步电动机使用。接线如图 3-58(b) 所示，将三相电动机中任意两相绕组反向串起来作为工作绕组，另一相串以适当电容作为起动绕组，接在单相电源上就成为一台分相电动机了，其输出功率约等于三相额定功率的 70%，运行性能较差。

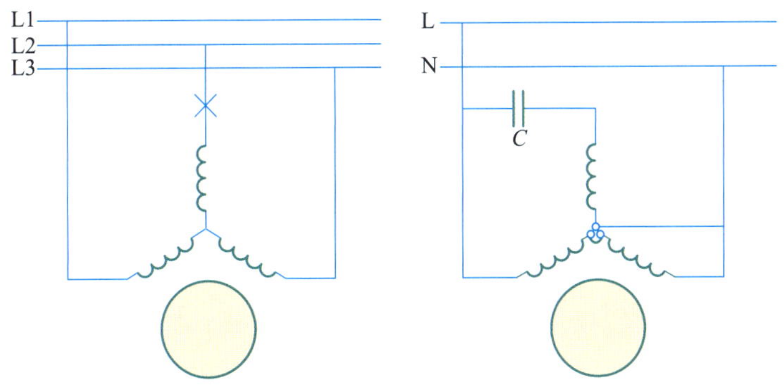

(a) 一相断路　(b) 改成单相运行

图 3-58
三相异步电动机的单相运行

技能操作视频：电风扇电动机的检修

4. 项目拓展

（1）查阅资料了解单相异步电动机的调速方法。

（2）查阅资料总结家用电风扇的常见故障和检修方法。

项目 4 特种电动机及其应用

【知识点】

□ 反应式步进电动机的结构及原理
□ 步进电动机的通电拍数、步距角和转速
□ 伺服电动机的结构及工作原理
□ 交流伺服电动机的“自转”及控制方式
□ 交流测速发电机的结构及工作原理

【技能点】

□ 步进电动机的应用
□ 伺服电动机的应用
□ 交流测速发电机的应用

演示文稿：反应式步进电动机及其应用

任务 1 反应式步进电动机及其应用

【任务描述】

随着控制技术的发展，特种电动机的应用越来越多。特别是步进电动机，被广泛用于数字控制系统中，如数控机床、自动记录仪表、数 - 模变换装置、线切割机等。在认识步进电动机结构的基础上分析其工作原理、通电方式及应用范围等。

步进电动机是将电脉冲信号转换成角位移和线位移的执行元件。每输入一个电脉冲电动机就移动一步，因此，也称为脉冲式同步电动机。这种电动机被广泛用于数字控制系统中，如数控机床、自动记录仪表、数 - 模变换装置、线切割机等。

步进电动机可分为反应式、永磁式和感应式几种。下面以常用的反应式步进电动机为例进行分析。

1. 反应式步进电动机的结构和原理

反应式步进电动机的定子为硅钢片叠成的凸极式，极身上套有控制绕组。定子相数 m 可以是 2、3、4、5、6 相，每相有一对磁极，分别位于内圆直径的两端。转子为软磁材料的叠片叠成。转子外圆为凸出的齿状，均匀分布在转子外圆四周，转子中并无绕组。

图 3-59 是三相反应式步进电动机的外观和剖面图。图 3-60 是一台三相六极反应式步进电动机模型，定子磁极分别是 U_1U_2、V_1V_2、W_1W_2。转子上没有控制绕组，只由四个凸齿构成。

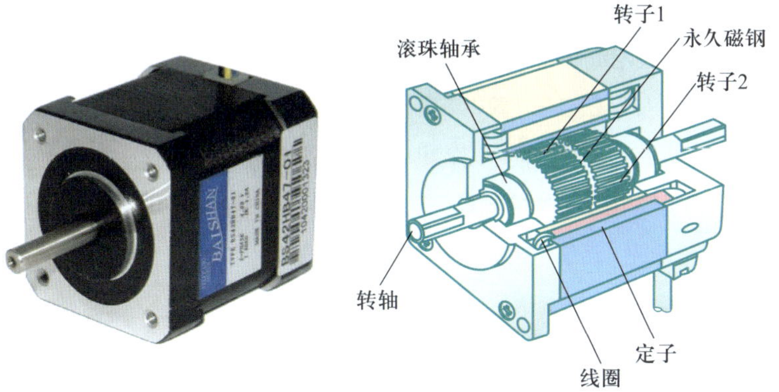

(a) 外观图　(b) 剖面图

图 3-59 三相反应式步进电动机的外观和剖面图

动画：步进电动机的结构认识

工作时，步进电动机的控制绕组不直接接到单相或三相正弦交流电源上，也不能简单的和直流电源接通。它受电脉冲信号控制，使用一种叫环形分配器的电子开关器件通过功率放大后使控制绕组按规定顺序轮流接通直流电源。例如，当 U 相绕组与直流电源接通时，在 U 相磁极建立磁场，由于转子力图以磁路磁导最大的方向来取向，即让转子 1、3 齿与定子 U 相磁极齿相对齐，使定子磁场的磁力线收缩为最短。这时如果断开 U 相绕组而使 V 相绕组与直流电源接通，那么转子便按逆时针方向转过 30°，即让转子 2、4 齿与定子 V 相磁极齿相对齐。依次类推，靠电子开关按 U-V-W-U 顺序接通各相控制绕组，转子就会一步一步地转起来，所以称为步进电动机。我们将转子每次转过的角度称为步距角，用 θ_b 表示。

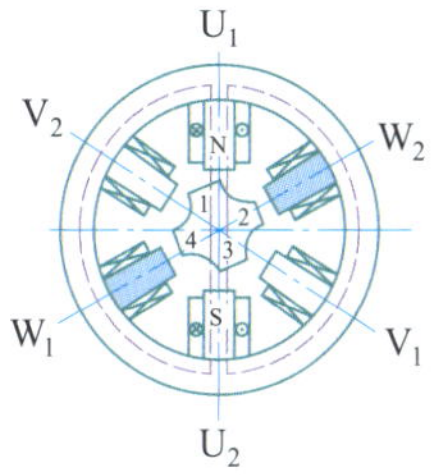

图 3-60 三相反应式步进电动机模型

2. 反应式步进电动机的通电方式——拍

“拍”指通电方式每改变一次，即为一“拍”。例如“三拍”就是通电方式在循序变化一周内改变了三次。“单”指每次只有一相通。上面例子的通电顺序为 U-V-W-U，称为三相单三拍。如果每次有两相通电，则称为“双”。例如，三相双三拍的通电方式为：UV-VW-WU-UV。若将通电方式改为 U-UV-V-VW-W-WU-U，则称为三相六拍。不难理解，转子每一拍所转动的步距角 θ_b 除与转子齿数 Z_r 有关外，还与通电的拍数 N 有关。以机械角度表示为

$$\theta_b=\frac{360^\circ}{Z_r N} \tag{3-38}$$

3. 反应式步进电动机的拖动

根据式 (3-38) 可知，转子每转动一个步距角 θ_b，即转动了 $\frac{1}{Z_r N}$ 周。因此，步进电动机的转速 n(r/min) 为

动画：步进电动机的工作原理

笔 记

$$n=\frac{60f}{Z_r N} \tag{3-39}$$

式中　f——控制电脉冲频率 (Hz)。

1）调速。从式 (3-39) 可知，改变控制电脉冲频率 f，即可实现无级调速。

2）反转。改变通电相序，即可实现反转。例如上述的三相六拍，通电方式改为 U-UW-W-WV-V-VU-U，电动机即反转。

3）停车自锁。将控制电脉冲停止输入，并让最后一个脉冲控制的绕组继续通直流电，则可使电动机保持在固定位置上。

4. 步进电动机的应用范围

（1）应用在电子计算机外围设备中，主要应用在光电阅读机、软盘驱动系统中。

（2）应用在数字程序控制机床的控制系统中。

（3）应用在点位控制的闭环控制系统中，主要用在数控机床上，为了及时掌握工作台实际运行情况，系统中装有位置检测反馈装置。

演示文稿：交流伺服电动机及其应用

任务 2　交流伺服电动机及其应用

【任务描述】

伺服电动机被广泛应用在机床、印刷设备、包装设备、纺织设备、激光加工设备、机器人、自动化生产线等对工艺精度、加工效率和工作可靠性等要求相对较高的设备中。在认识交流伺服电动机的结构基础上分析其工作原理和控制方式。

伺服电动机在自控系统中常被用作执行元件，即将输入的电信号转换为转轴上的机械传动，一般分为交流伺服电动机与直流伺服电动机。

1. 交流伺服电动机的结构

交流伺服电动机结构与两相异步电动机相同。它的定子铁心上放置着空间位置相差 90° 电角度的两相分布绕组，一相称为励磁绕组 L，另一相则为控制绕组 K，如图 3-61 所示。两相绕组通电时，必须保持频率相同。

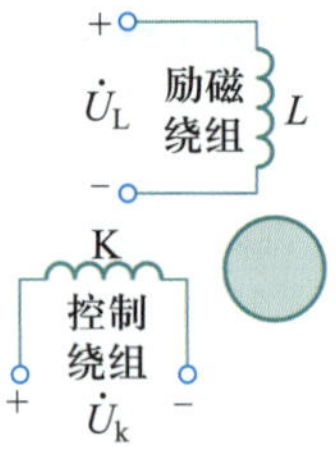

图 3-61
交流伺服电动机线路图

转子采用笼型转子。为了达到快速响应的特点，其笼型转子比普通异步电动机的转子细而长，以减小它的转动惯量。有时笼型转子还做成非磁性薄壁杯形，安放在外定子与内定子所形成的气隙中，如图 3-62 所示。杯形转子可以看成为无数导条并联而成的笼型转子，因此，工作原理与笼型转子相同。该电动机因气隙增大，励磁电流增大，效率降低。

2. 交流伺服电动机的工作原理

交流伺服电动机的工作原理与两相异步电动机工作原理相同。但交流伺服电动机会出现“自转现象”。本来旋转着的交流伺服电动机，当控制信号电压 U_k 为零时，要求伺服电动机的转速相应为零。但是实际上当控制电压为零时，因励磁绕组依然接通交变励磁电压，此时，电动机处于单相运行状态。根据单相异步电动机的运行原理可知，电动机仍能继续运转，这就是“自转现象”。它将严重影响交流伺服电动机工作的准确级。

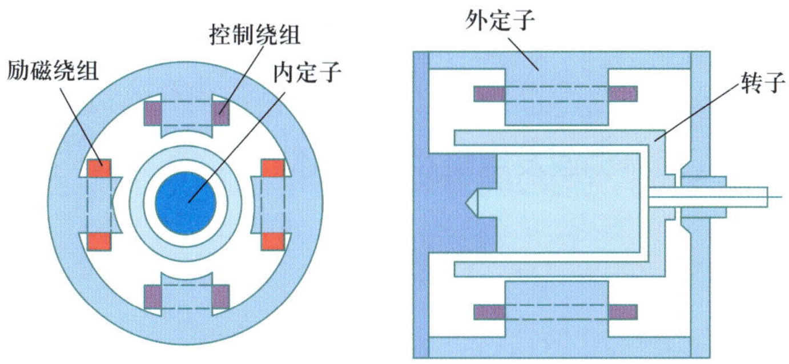

动画：交流伺服电动机的拆卸

图 3-62
薄壁杯形转子交流伺服电动机结构示意图

消除“自转现象”的方法就是减少转子重量，增加转子回路的电阻值，采用高阻薄壁杯形转子即能实现。图 3-63 显示了转子回路电阻值高时，交流伺服电动机单相运行的机械特性。从图中可以看出，因转子回路电阻增加，根据异步电动机机械特性方程的特点可知，T_+ 和 T_- 的临界工作点 S_m 将分别由第Ⅰ、Ⅲ象限移至第Ⅱ、Ⅳ象限，从而使 $T_合$曲线工作在第Ⅱ、Ⅳ象限，则 $T_合$与 n 转向相反，$T_合$对 n 起阻尼作用，使电动机停转，“自转现象”消除。

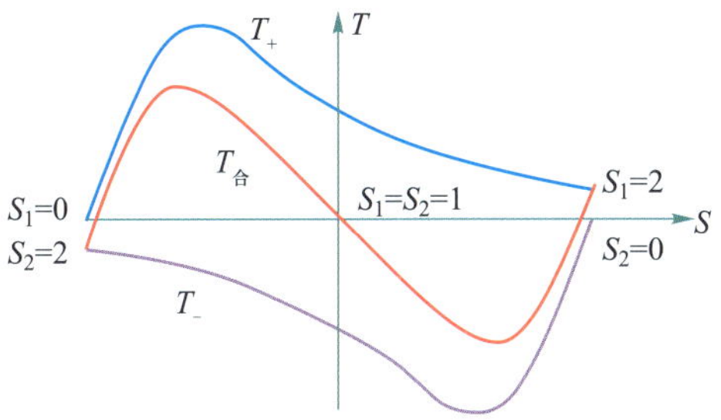

动画：交流伺服电动机的工作原理

图 3-63
转子回路高阻值时的机械特性图

3. 交流伺服电动机的控制方法

当改变交流伺服电动机控制电压的大小或改变控制电压与励磁电压之间的相位角，都能使电动机气隙中的正转磁场、反转磁场及合成转矩发生变化，因而达到改变伺服电动机转速的目的。

交流伺服电动机的控制方式有如下三种：

（1）幅值控制

这种控制方式是通过调节控制电压的大小来调节电动机的转速，进而控制电压与励磁电压的相位保持 90° 电角度不变。当控制电压 U_k=0 时，电动机停转，即 n=0。

（2）相位控制

这种控制方式是通过调节控制电压的相位（即调节控制电压与励磁电压之间的相位角 β）来改变电机的转速，进而控制电压的幅值始终保持不变。当 β=0 时，电动机停转，n=0。

（3）幅相控制

幅相控制也称电容移相控制。这种控制方式是将励磁绕组串电容 C 后接到励磁电源 U_1

笔 记

上。这种方法既通过可变电容 C 来改变控制电压和励磁电压间的相位角 β，同时又通过改变控制电压的大小来共同达到调速的目的，称为幅相控制。虽然这种控制方式的机械特性及调节特性的线性度不如上述两种方法，但它不需要复杂的移相装置，设备简单、成本低，所以它已成为自控系统中常用的一种控制方式。

任务 3 交流测速发电机及其应用

演示文稿：交流测速发电机及其应用

【任务描述】

在控制系统中，交流测速发电机主要用于伺服系统中的校正元件或计算解答装置中作解算元件，在认识交流测速发电机结构、作用的基础上分析其工作原理。

测速发电机在自动控制系统中用作检测元件，它的基本任务是将机械转速转换为电气信号。

测速发电机的电动势与转速成正比，即

$$E=C_1n=C_2\Omega=C_2\frac{\mathrm{d}\alpha}{\mathrm{d}t} \tag{3-40}$$

式中 C_1、C_2——比例常数；

Ω——机械角速度；

α——角位移。

上式说明：测速发电机的输出电压与机械转角对时间的一次导数成正比。因而测速发电机还可以作为计算装置中的微分或积分元件，或在控制系统中作为获得加速和减速信号的元件。

笔 记

测速发电机分直流和交流两类。直流测速发电机的结构复杂，价格也较贵，有滑动接触，刷下火花会引起电磁干扰，但它的特性曲线线性度好，且不受负载影响，应用相当广泛。交流测速发电机结构简单，运行可靠，无滑动接触，输出特性稳定，主要缺点是存在相位误差和剩余电压，输出特性随负载性质而有所不同。在控制系统中，交流测速发电机主要用途有两种：一种是在伺服系统中作校正元件用，以提高系统的精度和稳定性；另一种是在计算解答装置中作解算元件，利用它作微分和积分的运算。其中杯形转子的交流异步测速发电机精度较高，目前应用也比较广泛。

交流测速发电机的结构与交流二相异步电动机相同。它的定子铁心上放置着空间位置相差 90° 电角度的两相绕组，如图 3-64 所示。其中一相为励磁绕组 W_1，另一相为输出绕组 W_2。转子则通常采用非磁性薄壁杯形，以减小转动惯量，并放置在内、外定子间的气隙中。

当杯形转子不转动时（$n=0$），转子不动，仅在直 (d) 轴方向产生一脉振磁场，并在转子中产生相应的感应电动势 E_{rd}。但因输出绕组 W_2 与该磁场（d 轴）垂直，没有交链，所以 W_2 中没有感应电动势。也就是说，当转子转速 $n=0$ 时，输出绕组的输出电压 $u_2=0$。

当转子转动时，转子中除产生上述的 E_{rd} 外，还因转子壁切割直轴磁场而产生一交变的切割电动势 E_{rq} 和电流 I_{rq}。在假定磁场不变的情况下，E_{rq} 的大小与转子转速 n 成正比。同时电流 I_{rq} 使气隙内沿 q 轴方向产生一个交变磁场 ϕ_q。在不考虑磁场饱和的情况下，可知 ϕ_q

的大小也与n成正比。交变磁场ϕ_q与W_2交链，W_2中即产生交变的感应电动势E_2。也就是说，转子转速$n \neq 0$时，输出绕组W_2的输出电压$U_2 \neq 0$，且$U_2 \propto n$。上述所有的交变量的频率都为f_1。由此可见，交流测速发电机的输出特性是一条通过坐标原点的直线，如图 3-65 所示。

笔 记

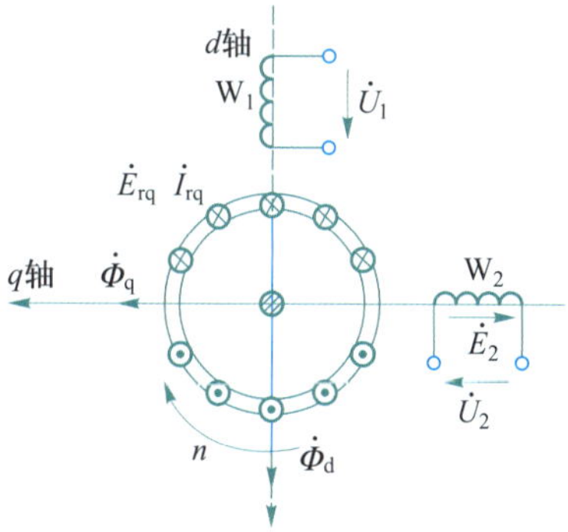

图 3-64
交流测速发电机的结构原理图

实际上当转子旋转时除了切割直轴磁场外，还会对交轴磁场产生切割作用，同样，它将在直轴方向又产生一个与转速n有关的磁场，终使输出电压与转速不能严格遵守正比关系。所以在运行中，为了减少误差，一般都规定测速发电机转速不得超过某一限定值。

当发电机励磁绕组接入交变电源时，即使转子不转动，输出绕组中也会有电压输出，称为“剩余电压”。它将影响测速发电机的工作精度。一般可通过增加电动机极数，使剩余电压值减至最小。所以，杯形转子异步测速发电机通常为四极电动机。

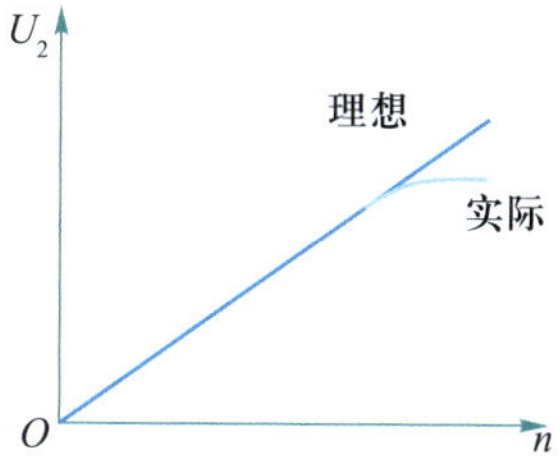

图 3-65
交流测速发电机的输出特性

【练习】

1. 如何判定变压器的同名端?
2. 变压器带负载时，二次电流加大，为什么一次电流也加大?
3. 简述变压器的基本工作原理。
4. 变压器的铁心为什么用硅钢片叠成？用整钢行否，不用铁心行不行？
5. 简述变压器的拆装步骤及相应工艺要求。
6. 三相变压器并联有什么条件? 如果不满足并联条件时，会有什么后果?
7. 何为时钟法? I/I-6、Y/d-11 与 Y/y_n-0 的含义是什么?
8. 使用电流互感器和电压互感器应注意什么?
9. 简述直流电动机的主要结构及各部分作用。
10. 简述直流电动机的工作原理。
11. 写出直流电动机的机械特性方程，分析图 3-66 所示曲线 1、2、3 的含义，指出哪些是固有机械特性曲线、哪些是人为机械特性曲线，分析直流电动机调速方法。

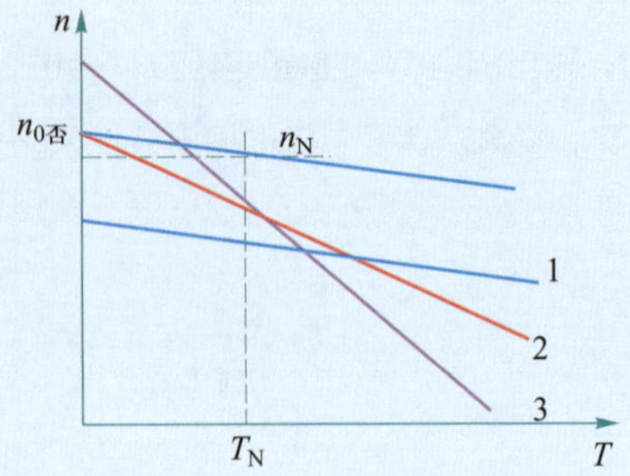

图 3-66
练习题 11 图

12. 较大容量的直流电动机为什么不能直接起动？采用什么方法起动？

13. 直流电动机的调速性能指标是什么？他励直流电动机有几种调速方法？它们的特点如何？

14. 他励直流电动机各种制动方法如何实现？各有什么特点？分别使用于什么场合？

15. 直流电动机的常见故障有哪些？处理故障的方法是什么？

16. 单相异步电动机机械特性的特点是什么？其起动方法有哪几种？

17. 绘出电容分相式单相异步电动机的接线图，并说明如何改变其转向？

18. 三相异步电动机起动前一相断路会产生什么样的磁场，能否起动？

19. 三相异步电动机运转过程中断一相，能否继续运转，为什么？

20. 简述步进电动机的工作原理。

21. 步进电动机的步距角含义是什么？一台步进电动机可以有两个步距角，例如3°/1.5°，这是什么意思？什么是单三拍、单双六拍和双六拍？

22. 交流伺服电动机如何消除“自转”？ 交流伺服电动机的控制方式有几种？

23. 测速发电机一般在自动控制系统中的基本任务是什么？简述交流测速发电机的结构。

模块四

电气控制电路图的绘制

Pcschematic Elautomaiton 是用于电气和电子类设计的专业电气绘图软件。本软件非常适合于自动化项目或电气工程的设计绘图，有单机版和网络版两个版本，可同时满足单个用户或大型用户的不同需求。本模块通过两个项目来培养学习者使之具备基本的用计算机绘制电气图的能力。项目 1 “典型电气控制电路的绘制” 介绍标准方案的建立、电气原理图的绘制、各类清单和装配图的生成方法；项目 2 “高级绘图功能的使用” 介绍层、高度的设置，参考指示、符号的创建，布置接线端子和电缆符号的方法等。

项目 1　典型电气控制电路的绘制

【知识点】

□ Pcschematic Elautomaiton 专业电气绘图软件的工作界面

□ Pcschematic Elautomaiton 软件菜单中具体命令的作用和含义

□ 编辑栏工具的功能及使用方法

【技能点】

□ 建立标准方案

□ 利用 Pcschematic Elautomaiton 软件完成点动和连动控制电路的绘制以及相关清单的生成

□ 利用 Pcschematic Elautomaiton 软件完成正反转控制电路的绘制以及相关清单的生成

演示文稿：
标准方案的建立

任务 1　标准方案的建立

【任务描述】

熟悉 Pcschematic Elautomaiton 专业电气绘图软件的工作界面，在理解主要菜单、编辑栏工具的功能及使用方法的基础上建立一个标准方案。

微课：Pcschematic 标准方案的建立

笔 记

1. 知识学习——工具栏的认识

Pcschematic Elautomaiton 是用于电气和电子类设计的专业电气绘图软件。它是基于 Windows 环境平台的 CAD 软件，由丹麦的软件开发小组 DPS CAD-center Aps 历经十多年开发而成。软件程序中使用了 DPS CAD-center Aps 自己的图形文件格式 Pro 和 Sym。不过它也可以输入其他 CAD 应用程序格式的文件，比如 DWG 和 DXF 格式的文件；也可以把 Pro 格式的文件输出为 DWG 或 DXF 格式的文件。

（1）工作界面

启动 Pcschematic Elautomaiton 后，便进入了软件的主界面，为了便于介绍软件的功能，打开一个已有的设计方案，工作界面布局如图 4-1 所示。

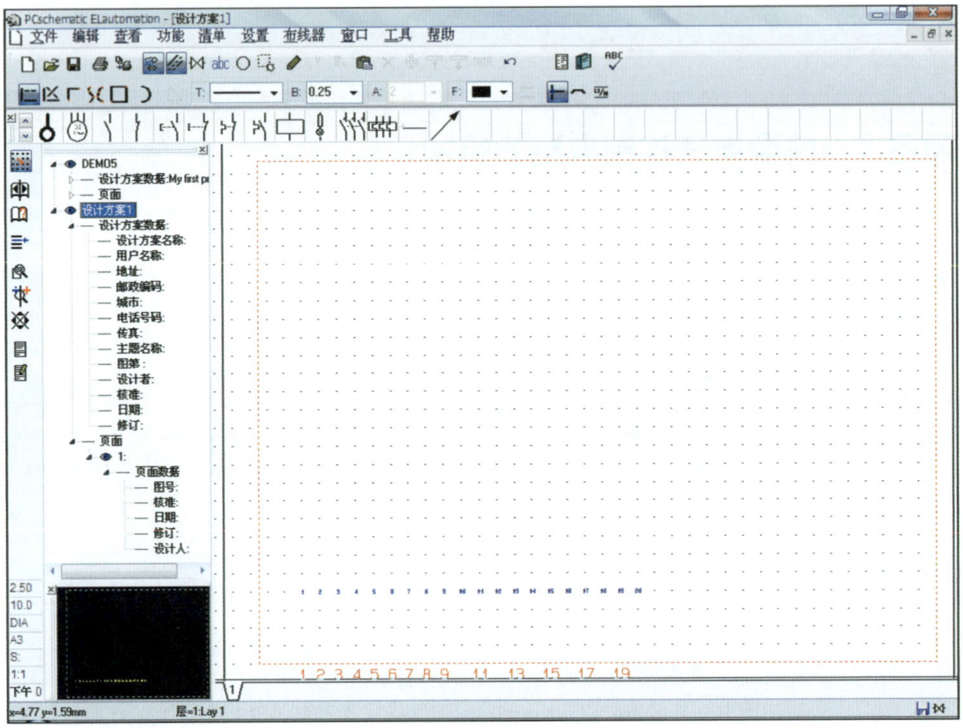

图 4-1
软件主界面

（2）菜单栏

Pcschematic Elautomaiton “文件菜单”、“编辑菜单”中的命令、功能与大部分软件相似，下面介绍主要的绘图菜单命令及其基本功能。

1）“查看”菜单

“查看”菜单主要用于页面间的切换及更新显示等，“查看”菜单下的具体命令如图 4-2 所示。

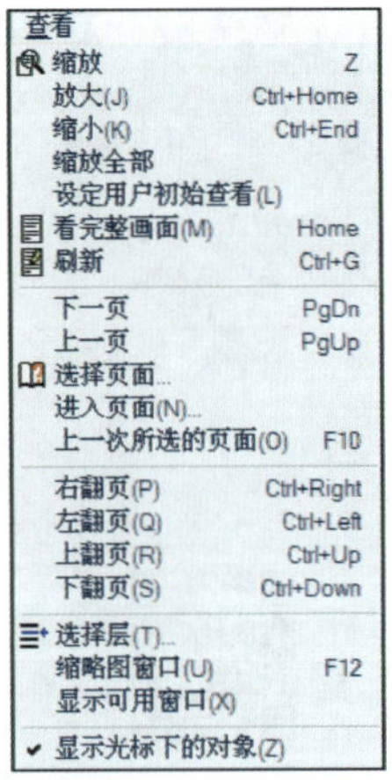

图 4-2
“查看”菜单

- 缩放。对选中的区域或对象进行放大或缩小。
- 放大。以光标所在置为中心对工作区域进行放大。
- 缩小。以光标所在位置为中心对工作区域进行缩小。
- 缩放全部。将工作区缩放到最适合当前屏幕的显示状态。
- 设定用户初始查看。设定用户初始查看的属性。

- 看完整画面。显示当前工作区内的所有内容。
- 刷新。更新工作区内的内容。
- 下一页。以当前页为基准向后翻一页。
- 上一页。以当前页为基准向前翻一页。
- 选择页面。选中并进入所需要的页面。
- 进入页面。输入页码进入所需要的页面。
- 上一次所选的页面。返回到最近一次所选的页面上。
- 右、左、上、下翻页。以当前页为基准进行翻页。
- 选择层。选择当前文件所显示的层。
- 缩略图窗口。显示或关闭缩略图窗口。
- 显示可用窗口。显示当前窗口中对象的名称、项目、类型和功能等。
- 显示光标下的对象。选中后当光标经过工作区上的对象时显示相关信息。

2）“功能”菜单

“功能”菜单是一个非常重要的组成部分，其中包含了许多 Pcschematic Elautomaiton 软件所独有的功能，功能菜单下的具体命令如图 4-3 所示。

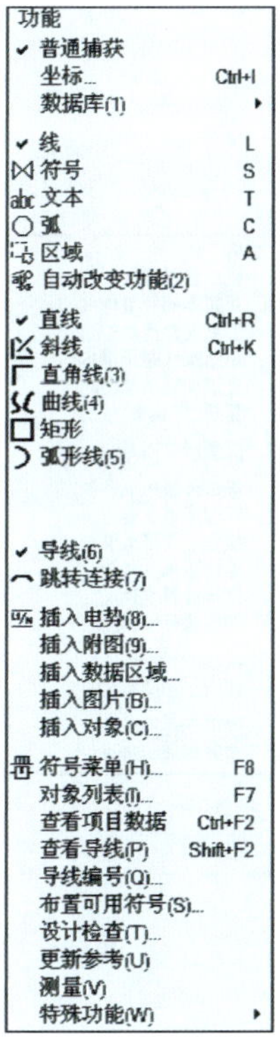

图 4-3
“功能”菜单

- 普通捕获。对象可以在屏幕上每次移动的距离分 2.50 mm 和 0.50 mm 两种，其中 2.50 mm 是电气图中标准的普通捕获尺寸。
- 坐标。显示鼠标最后一点的 X 和 Y 位置，共有绝对坐标、相对坐标和极坐标三种显示方法。
- 数据库。打开当前选中的数据库文件。
- 线。用于绘制电源线和电气符号间的连接导线。
- 符号。用于布置电气符号。
- 文本。编辑在设计方案中显示的自由文本，符号所代表的元件信息及其连接点自身的文本等。
- 弧。在创建符号中用于绘制电气符号。
- 区域。选中当前页面中的一个区域，选中后可以进行复制、删除等操作。
- 自动改变功能。针对线、符号、文本等不同对象，在查看及编辑过程中可以自动改变功能。
- 直线。选中后所画的线为直线。
- 斜线。选中后所画的线为斜线。
- 直角线。选中后所画的线为直角折线。
- 曲线。选中后所画的线为曲线。
- 矩形。选中后所画的图形为矩形。
- 弧形线。选中后所画的线为弧形。
- 延长线。在画线时被自动选中用来实现动作的连续性。
- 填充区域。在画出的圆形、矩形和椭圆中填充颜色。
- 导线。选中后表示为导线。

笔 记

● 跳转连接。电气连接点之间选择跳转，不交叉相连。

● 插入电动势、附图、数据区域、图片和对象。主要针对外部数据的导入，在后面作详细讲解。

● 符号菜单。选中后打开电气符号库文件，便于从中选择需要的符号。

● 对象列表。显示符号、信号、文本等信息。

● 查看项目数据。选中后导线呈红色显示，电气符号呈绿色显示，易于观察和比较。

● 查看导线。检查导线的连接情况，主要观察有无断线、连接错误等问题。

● 导线编号。对主电路和控制电路导线进行编号。

● 布置可用符号。布置一个元件所有没有布置的符号。

● 设计检查。可以帮助检查自己的设计，如出现问题会出现警告信息。

● 更新参考。在设置中更改参考十字后选择这个命令，整个设计方案都以新参考更新。

● 测量。标注电气图中任意两点之间的距离，单位为 mm。

● 特殊功能。可以改变页面功能、电路号、项目号、为符号添加前缀等功能，建议初学者暂不接触。

3）“清单”菜单

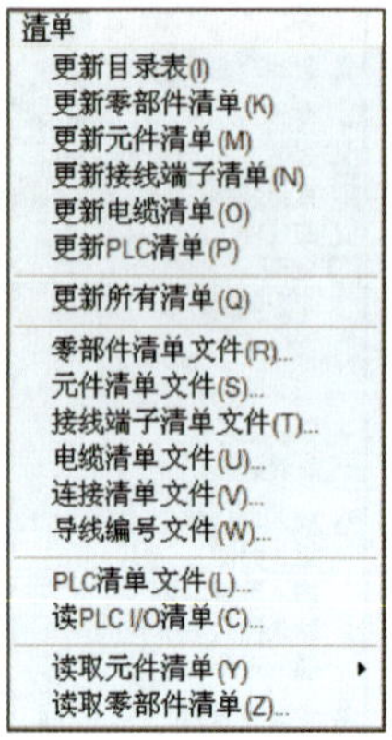

图 4-4
“清单”菜单

“清单”菜单中的许多命令主要针对设计方案中的清单更新，如图 4-4 所示。根据需要，在文件中有的清单是不需要的，因此在每个设计方案中不一定包含所有的清单。

● 更新目录表。在目录参数更改后更新目录中的内容。

● 更新零部件清单。当电气图中的零部件数据发生更改时更新清单内容。

● 更新元件清单。变更元件参数和类型等数据时更新历史数据。

● 更新接线端子清单。变更接线端子参数时更新清单数据。

● 更新电缆清单。变更电缆参数时更新清单数据。

● 更新 PLC 清单。变更 PLC 数据时更新清单数据。

● 更新所有清单。对上述的所有清单同时更新。

● 零部件清单文件、元件清单文件、接线端子清单文件、电缆清单文件、连接清单文件和导线编号文件。

● PLC 清单文件。为设计方案创建 PLC 输入 / 输出文件，可被用于 PLC 程序。

● 读 PLC I/O 清单。从一个 PLC 工具读取 PLC 输入 / 输出文件时，在每个对话框内只能确定一种 PLC 类型，这是为了防止出错。

● 读取元件清单。可从外部文件（如 *.xls）或外观图界面进行读取元件数据信息。

● 读取零部件清单。从文件生成的 XLS 文件进行读取零部件数据信息。

4）“设置”菜单

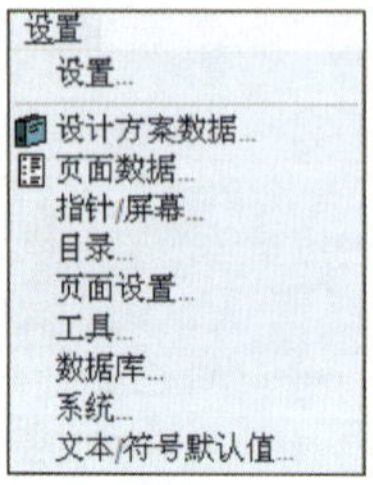

图 4-5
“设置”菜单

“设置”菜单包含页面数据、页面设置、数据库设置等信息，主要完成设计方案中的外环境编辑，便于操作和打印，如图 4-5 所示。

● 设置。这是一个总目录，以横线相隔，下放的是每个具体的子菜单。

● 设计方案数据。用来更改当前设计方案的名称、设计日期、设计者及添加参考指示等内容，见后面详细讲解。

笔 记

● 页面数据。打开当前页的详细信息，包括页面标题、图纸模板等。

● 指针 / 屏幕。在这里可以定义设计页面上栅格的显示情况、测量单位及一些可调整的选项，主要用于设计页面的调整、修改等，建议初学者对于这个菜单中的命令暂不做修改。

● 目录。显示当前设计方案的符号、清单、单元部件等所采用的模板及数据库的类型。

● 页面设置。设定设计方案页面的大小、页面类型、页面功能等数据信息。注意，此项数据关系到设计方案中模板的选择及打印情况，可暂不做修改。

● 工具。显示当前程序的菜单名及程序名的完整路径，主要用于帮助初学者学习如何使用该软件。

● 数据库。这是数据库的更改菜单，在设计方案打开时，一般系统会以自带的数据库作为默认的数据库，如需要更改，可通过选择数据库文件按钮来进行操作，如图 4-6 所示。

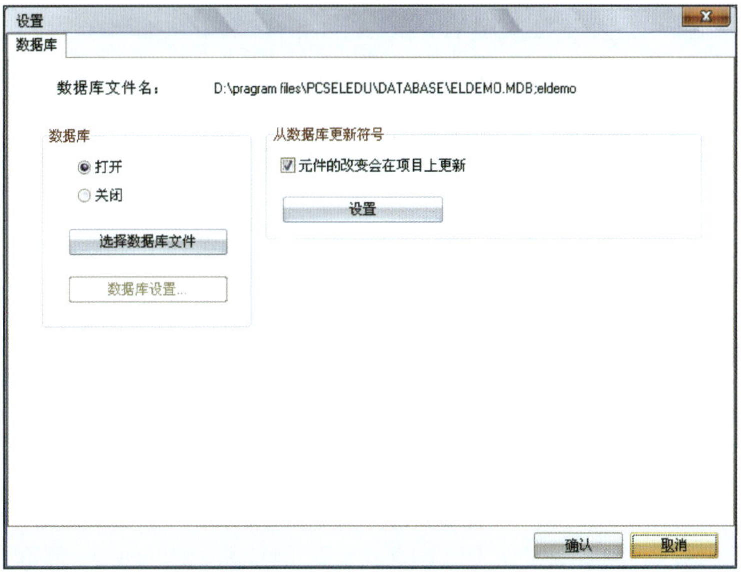

图 4-6
数据库设置对话框

● 系统。显示当前系统的基本信息，如公司名称、用户名称等。此外，还可以通过选择一些复选框的形式决定系统存储文件的间隔时间、程序在下次启动时是否打开上一次的设计方案等信息。

● 文本 / 符号默认值。设定文本及符号的显示方法，其中文本的默认值为自由文本，符号的默认值为图纸模板，还可以设定水平及垂直电缆的排列方向。

（3）编辑栏

编辑栏包含一些页面功能和缩放功能，还包含页面设置方面的信息，如图 4-7 所示。

图 4-7
编辑栏

捕捉：可以在普通捕捉 2.50mm 和精确捕捉 0.50mm 间切换。如果使用精确捕捉，则编辑栏下放的捕捉按钮会有红色的背景。

页面切换：以当前页面为基准，向前一页或向后一页，快捷方式为 Pageup 和

笔 记

Pagedown。

页面菜单：显示当前设计方案中存在的内容，可以通过相关命令进行添加或删除相关页面，并且可以对页面的页码、参考指示、名称等进行修改。

层：设置工作层和指定哪些层需要在屏幕上进行显示，具体内容后续有详细讲解。

缩放：对设计方案页面上的局部进行放大，单击此按钮后，按住鼠标左键，选中需要放大的区域，即可对页面进行局部放大。

放大或缩小：以当前页面为中心对图纸进行放大或缩小，缩小的快捷方式为 Ctrl+End，放大的快捷方式为 Ctrl+Home。

滑动：滑动按钮可以使窗口按照箭头的方向移动，按下 Ctrl 键，也可以使用箭头键移动窗口。放大一个区域后，也可以使用屏幕右侧和下边的滑动条来移动窗口，并把它拖动到另一个位置，则显示的窗口就会相应地移动。

缩放到页面：记忆当前页面所处的状态，在这种状态改变后，按下此按钮或快捷键 Home 可以回到原来的这个状态。

刷新：要刷新屏幕上的图像，可以单击刷新按钮，或快捷方式 Ctrl+G 进行，这样来更新屏幕上的图像以及缩略图窗口。

技能操作视频：标准方案的建立

2. 任务实施

（1）建立方案的捷径操作

Pcschematic Elautomaiton 程序是一个面向设计方案的程序。这就意味着设计方案中的所有信息都集中在一个文件夹中。因此，不需要转换到其他应用程序中去创建零部件清单或部件图。一个标准的设计方案包括扉页、目录表、原理图页面以及不同类型清单的页面。另外，设计方案也包含了所用元件的外观符号布置页面。由于程序中并没有给予一个适当的标准方案模板，因此首先需要建立一个标准方案。为了方便起见，以软件中存在的一个例子为基础，对其进行修改，从而完成标准方案的建立。

笔 记

在软件安装完毕后，打开已存在的方案 DEMO4.PRO，如图 4-8 所示。在这个存在的设计方案中已经存在了扉页、目录表、原理图页面、清单页面和装配图页面等。在此基础上，删除方案中页码为 1、2、3 中的内容，然后进行清单→更新全部清单命令，消除原方案中存在的一些信息，最后进行保存，例如命名为“模板 .PRO”，即可得到一个标准方案。

（2）基本实现方法

上述讲解的方案建立是一个捷径，比较容易实现。此外，也可以按照程序命令自己来制作完成一个标准方案。

1）进入文件→新建，进入新建菜单命令，如图 4-9 所示，选择其中的 DEMOSTART 设计方案进行编辑。

2）进入之后，首先需要对“设置”属性进行编辑，如图 4-10 所示，按照相关项目内容进行填写即可；如现在不需要填写，可以单击取消命令，暂不编辑。

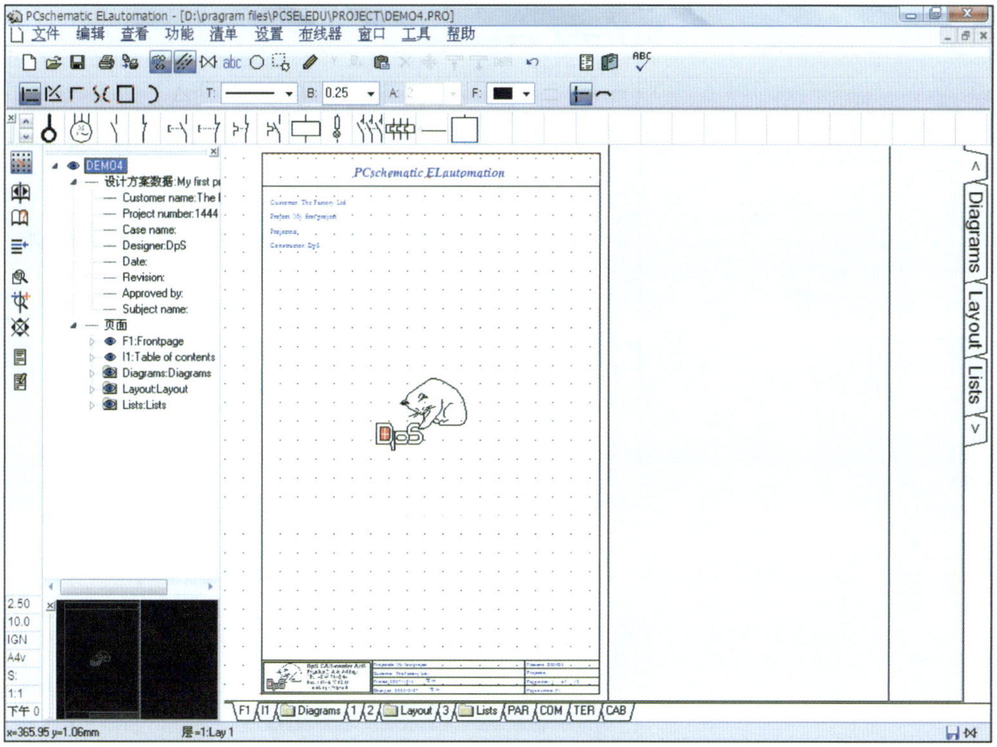

图 4-8
已存在的设计方案

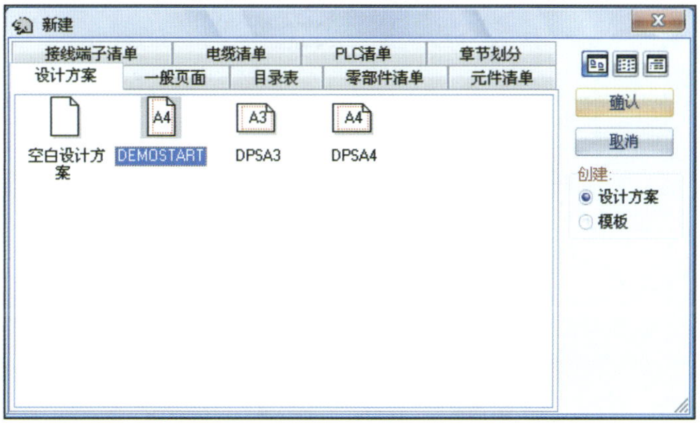

图 4-9
“新建菜单”对话框

3）打开的设计方案中已经存在了一些页面，如扉页、目录页、原理图页面等，但其中还缺少一些页面，而且页面中的设置属性也需要修改。下面来分项单独介绍一下修改的步骤。

第一步：页面的添加。一个标准的设计方案应该包含两个原理图页面和一个装配图页面，从图 4-9 中可以看到其中缺少了一个原理图页面和一个装配图页面，需要进行添加，如图 4-11 所示。打开页面属性对话框，选中页码为 Layout 的页面，单击命令“插入新的”，选择其中的页面功能为“一般”，在一般页面中选择“DPSA4H”，单击确认，如图 4-12 所示。

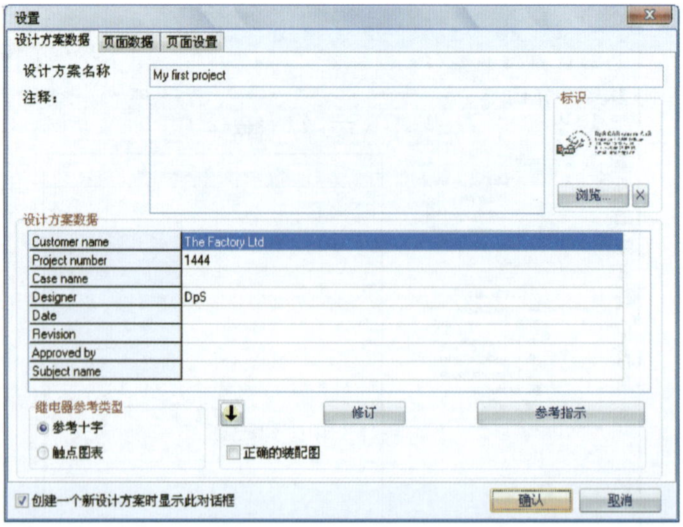

图 4-10
“设置”对话框

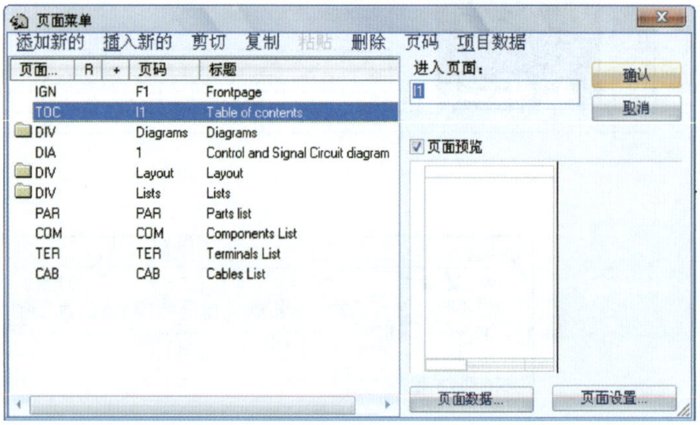

图 4-11
“页面菜单”对话框

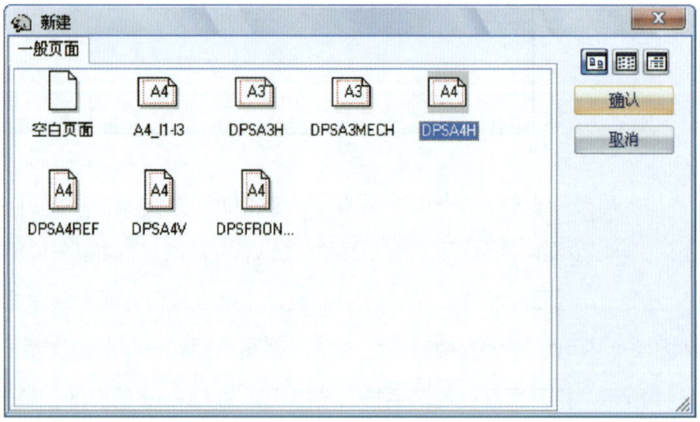

图 4-12
“新建”对话框

与上面所讲的步骤相似，添加一个装配图页面，只是在一般页面中选择的是“DPSA3MECH”。由于方案中所采用的都是 A4 图纸，因此要对装配图的页面大小进行重新设置。进入装配图页面的页面数据，将图纸模板选择为“A4VDPS”即可，如图 4-13 所示。

第二步：参考的修改。在两个原理图页面中需要对其存在的参考进行修改，选择页码为

1 的原理图页面，进入页面属性，单击参考按钮，修改其中的坐标参数，如图 4-14 所示。然后进入第二张原理图页面，步骤类似，不再赘述。

笔 记

图 4-13
“页面数据”选项卡

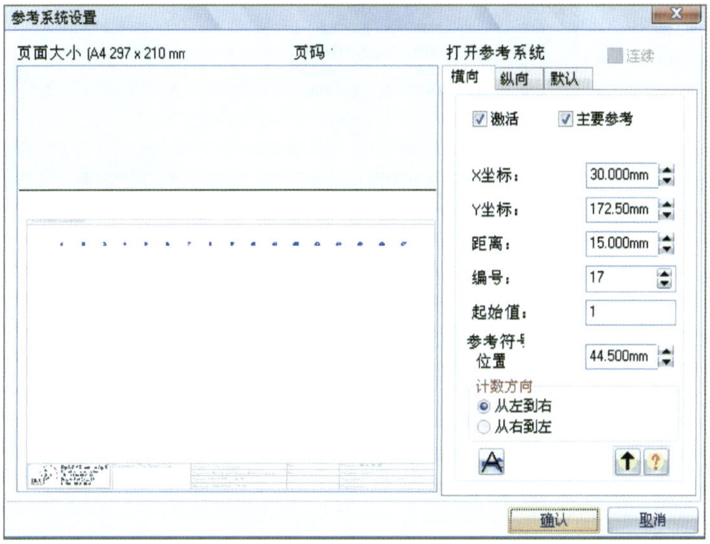

图 4-14
“参考系统设置”对话框

第三步：页面菜单数据的修改。为了便于以后的页面识别，有必要对页面菜单中的数据进行修改，刚才编辑完的页面菜单如图 4-15 所示。

如前所讲，可以对每个页面的页码和标题进行编辑，以便识别，具体方法是选中需要修改的页面，选中页码功能进行编辑；对标题的修改可以打开对应的页面数据对话框进行修改，如图 4-16 所示。最后保存这个设计方案即可。

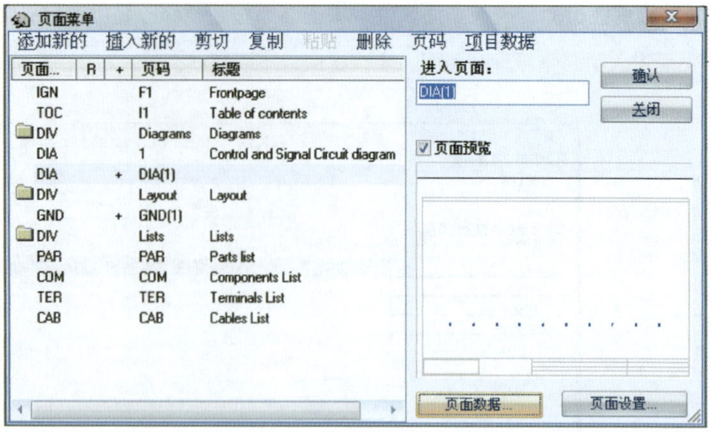

图 4-15
“页面菜单”数据

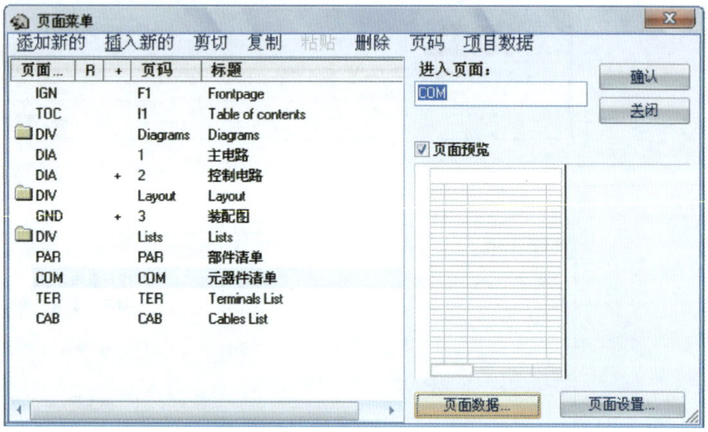

图 4-16
修改的页面菜单

任务 2 点动、连续控制电路绘制

【任务描述】

演示文稿：点动、连续控制电路绘制

点动、连续控制是电气控制中最基础也最典型的一种控制电路，主要用于机床刀架、横梁、立柱的快速移动，机床的调整对刀等。利用 Pcschematic Elautomaiton 软件完成点动和连动控制电路的绘制以及相关清单的生成。

1. 设计方案信息的添加

首先按照任务 1 打开一个编辑好的设计方案，选中设置命令，可以对其中的基本信息进行填写，如图 4-17 所示。

2. 主电路的绘制

在基本信息添加完成之后，打开页码为 1 的页面进行主电路的绘制。

（1）电源和元器件的放置

首先应该把电源线绘制上，选中快捷方式中的线和绘图笔按钮，进行电源的绘制工作。

技能操作视频：绘制点动控制电路

在工作页面的左上角单击一下鼠标左键，弹出一个如图 4-18 所示的对话框。其中的参考文本为page，动作选择位信号，信号名称为L1，在结束点时取消绘图笔状态，弹出相同的对话框，单击确认即可。接着可以依次绘制 L2 和 L3，绘制完成后如图 4-18 所示。

笔 记

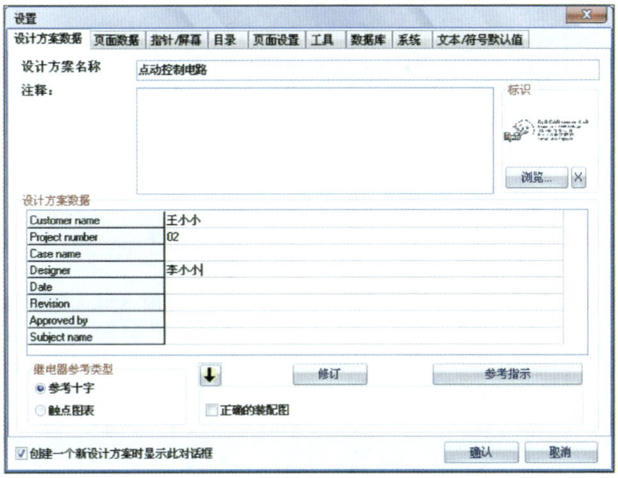

图 4-17
添加设置信息

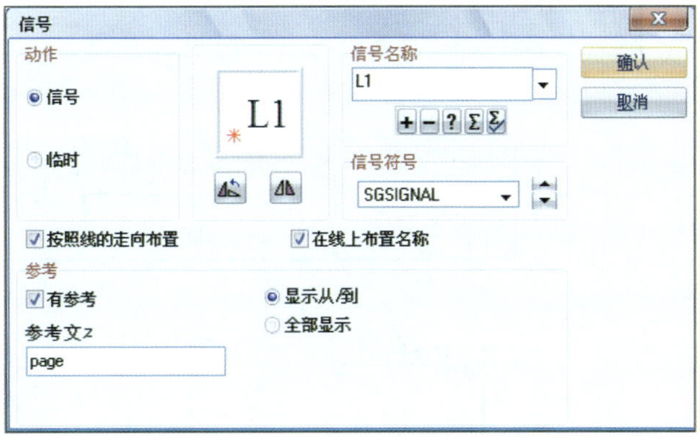

图 4-18
信号设置对话框

（2）符号的添加

为了和后面的清单数据进行统一，避免错误的产生，符号的添加一般选择直接从数据库中进行添加。首先打开数据库，在英文状态下按下键盘上的 <D> 即可，打开界面如图 4-19 所示。

从数据库中选择型号为 CJX1-9/22 的交流接触器，如图 4-20 所示。其中包含了一个常规的交流接触器所具有的电气符号：一个主触点、四个辅助触点和一个线圈。选中主触点的电气符号，在页面合适的位置单击左键即可放置，在弹出的对话框中填写好这个交流接触器的名称即可，如图 4-21 所示。

笔 记

其他的元器件放置依此类推，在此不再赘述，最后完成的主电路元器件放置情况如图 4-22 所示。

（3）线的连接

在电气符号放置完毕后，下面进行符号间的线路连接。选中线和绘图笔按钮后，在电气符号的电气连接点上单击一下鼠标左键，然后在结束点上单击一下鼠标左键，此时线路自动完成连接，完成后如图 4-23 所示。

笔 记

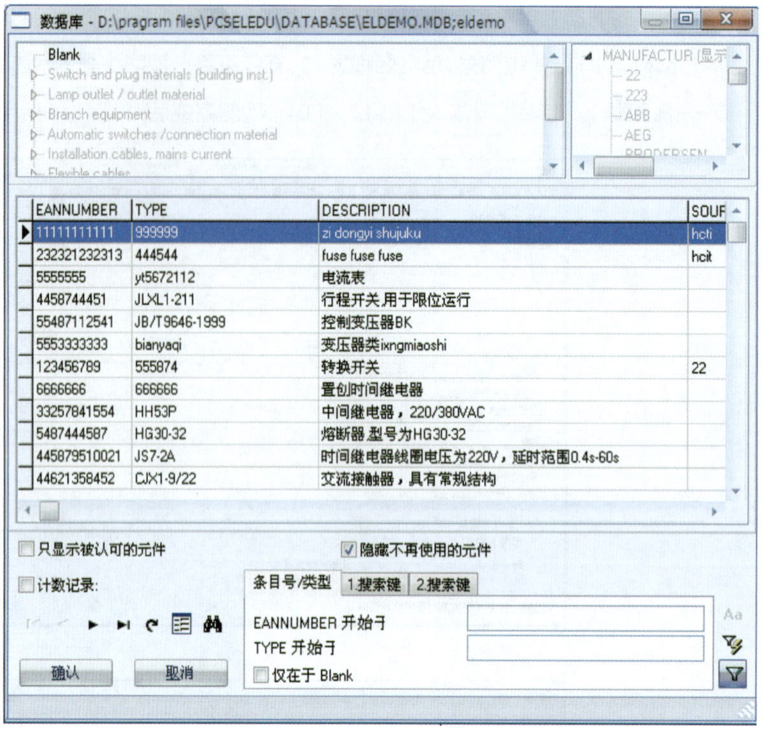

图 4-19
“数据库”对话框

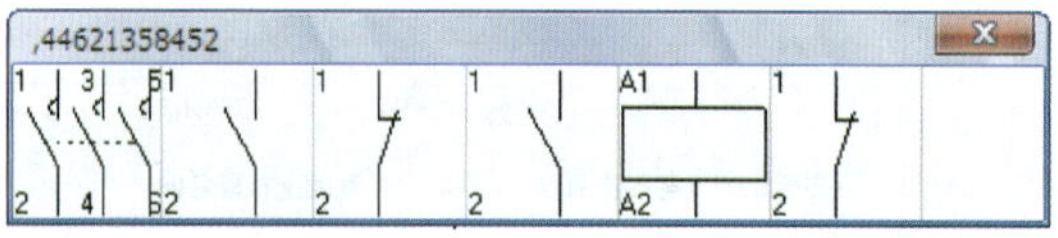

图 4-20
交流接触器电气符号

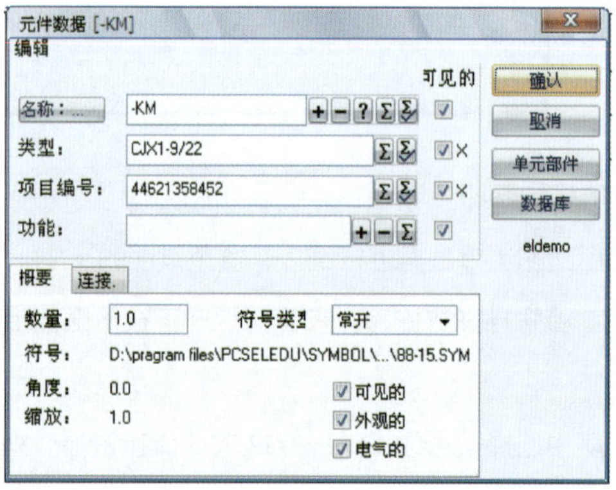

图 4-21
“元件数据”对话框

3. 控制电路的绘制

在主电路绘制完成后，可以进行控制电路的绘制工作。在控制电路中同样需要绘制电源线，方法和步骤如前所讲。

（1）电气符号的放置

控制电路中部分电气符号一定与主电路相关联。例如交流接触器 KM 的相关触点，此时就可以选中主电路中的电气符号，在右键菜单中选择“显示可用的”，即可看到这个交流接触器还有哪些可以使用的电气符号。选中线圈后，放置在控制电路图上即可。热继电器的辅助触点放置方法类似。按钮符号的放置方法同样是从数据库中进行选择，型号为 XB2BA42

和 XB2BA21，如图 4-24 所示。

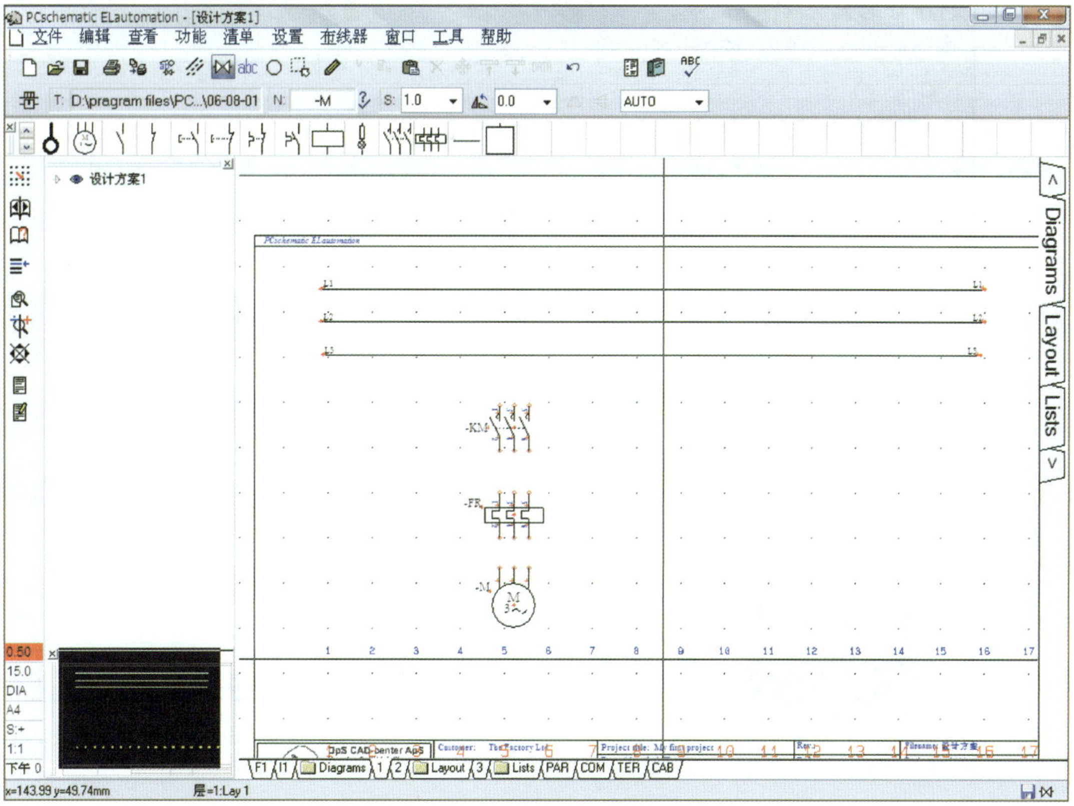

图 4-22
主电路元器件放置图

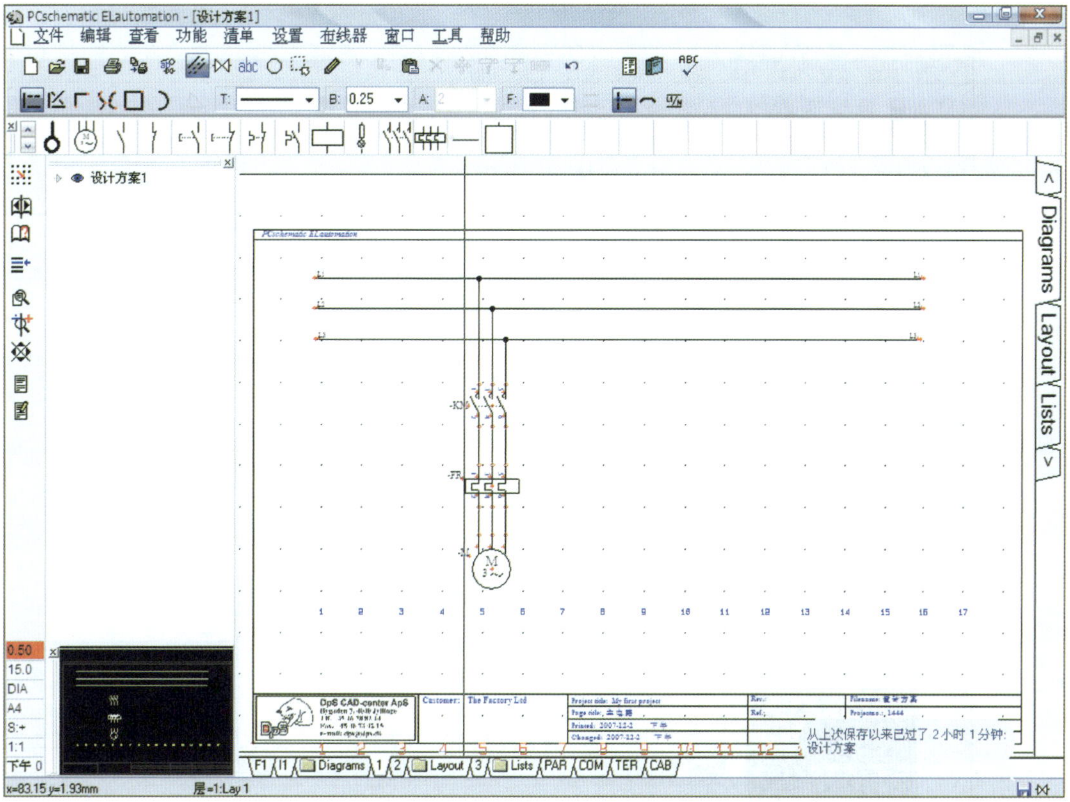

图 4-23
绘制完成的主电路

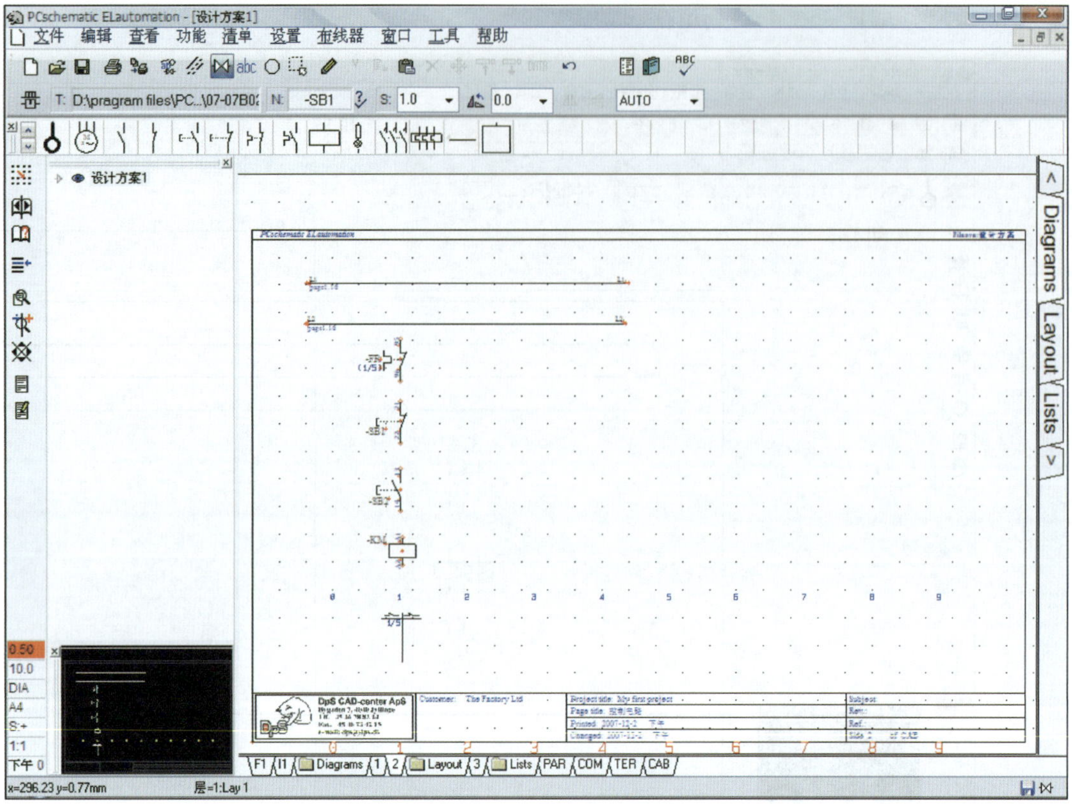

图 4-24
控制电路元器件布置图

（2）线的连接

在符号放置完成后就可以进行符号间的连接，方法同上，如图 4-25 所示。

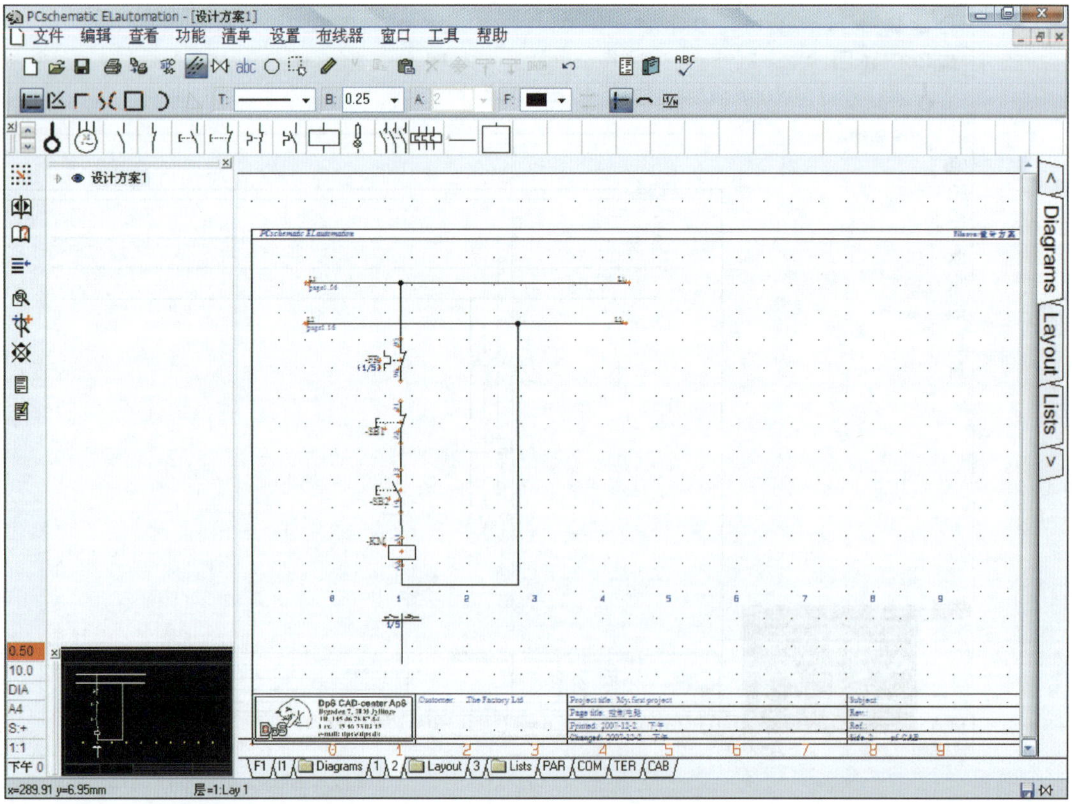

图 4-25
绘制完成的控制电路

4. 各类清单和装配图的生成

（1）更新全部菜单

在完成主电路和控制电路的绘制工作后，选择“清单→更新全部清单”，和数据库相连的清单都得到了更新，如图 4-26 所示。

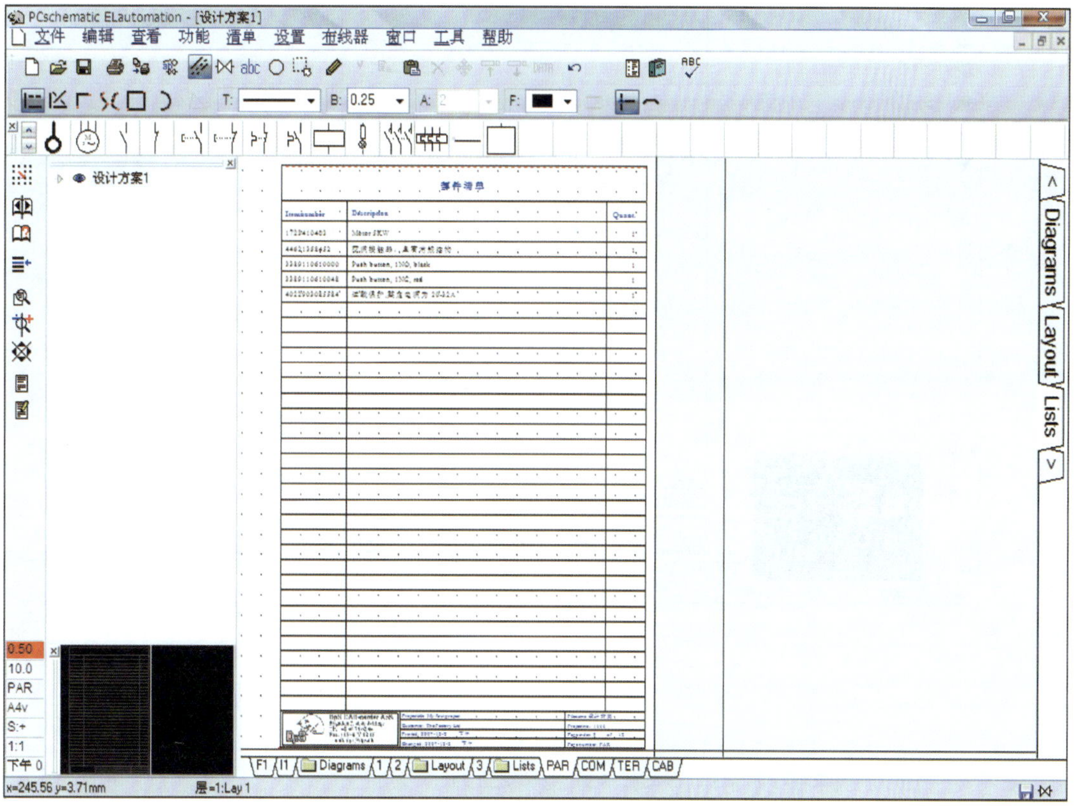

图 4-26
与数据库相连的清单

（2）装配图的生成

首先需要对完成的主电路和控制电路进行布线，选择“功能→导线编号”，对主电路和控制电路进行编号。然后进入装配图页面，选择“功能→布置元件”，弹出的对话框如图 4-27 所示。单击全部加入后，在页面的中心处单击鼠标左键，将主电路和控制电路中对应的外观符号导入到页面中，只不过此时所有的外观符号是重叠在一起的。将这些外观符号选中后，在右键菜单中选择间距命令，将外观符号依次平铺开来，如图 4-28 所示。上述所讲为点动控制电路的绘制步骤，在此图上稍作修改，加入交流接触器的一个辅助触点即可形成连续控制，留给读者自己完成。

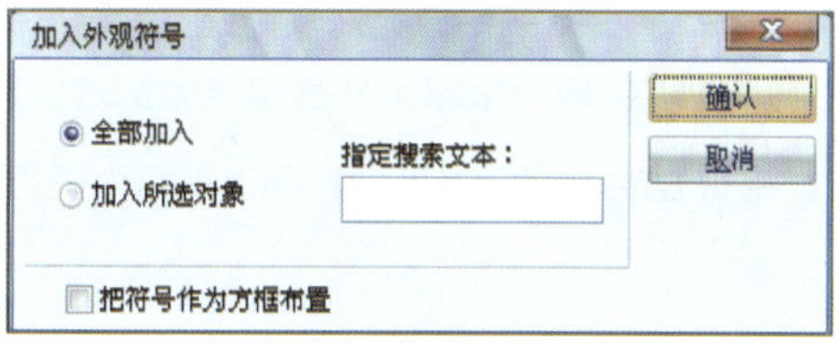

图 4-27
布置元件对话框

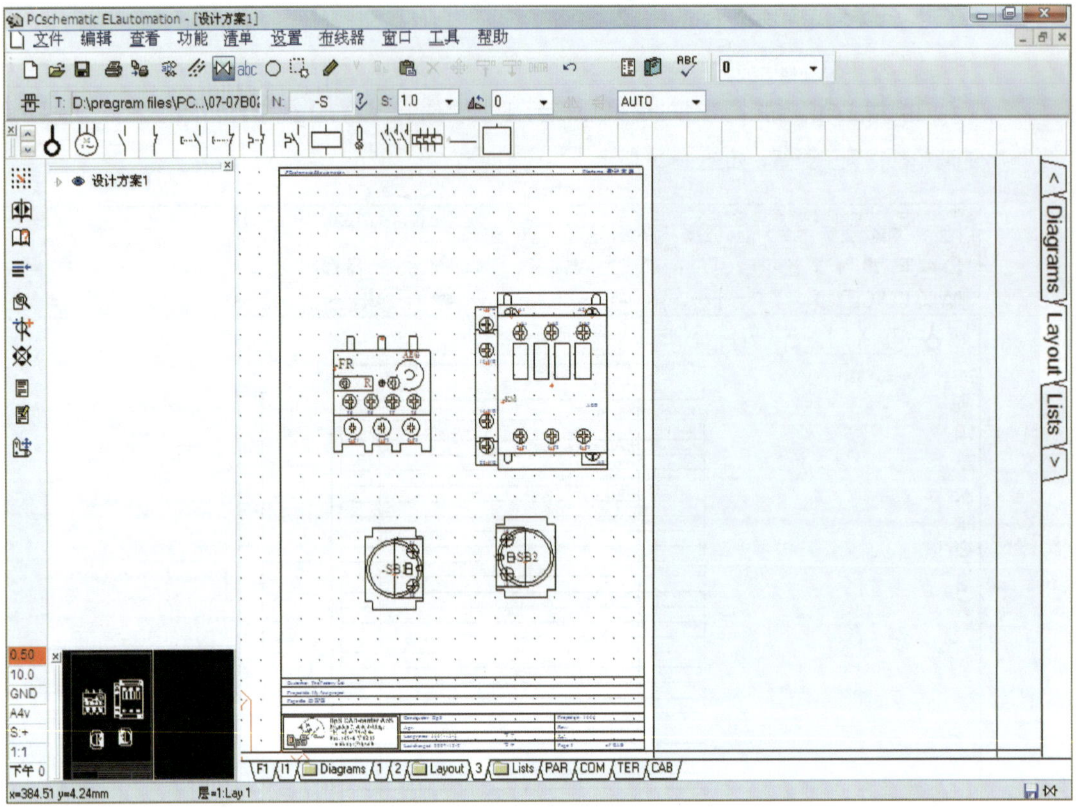

图 4-28
控制电路装配图

任务 3 正反转控制电路绘制

演示文稿：正反转控制电路绘制

技能操作视频：绘制正反转控制电路

【任务描述】

利用 Pcschematic Elautomaiton 软件完成正反转控制电路的绘制以及相关清单的生成。

1. 主电路的绘制

与模块四项目 1 任务 2 方法类似，只是在完成数据库添加时要加入两个交流接触器的符号，依次命名为 KM1 和 KM2 即可，如图 4-29 所示。

2. 控制电路的绘制

正反转控制用到的电气符号比较多，在放置时应注意所摆放的位置，要合理布局。需要注意的是此时所采用的按钮是复合按钮，从数据库中选择类型为 HYP12 的数据即可，放置时采用的方法类似。将需要的电气符号合理布局后就可以进行导线的连接，如图 4-30 所示。

需要注意的地方有：

（1）在控制电路中同样需要画入电源线，主要目的是为了和主电路中的电源线相对应；

（2）在选择电气符号的时候应尽量从数据库中进行选择添加，同一个电气元件的多个部件可以通过上述所讲的办法进行选择使用，直至所有的部件都放置完；

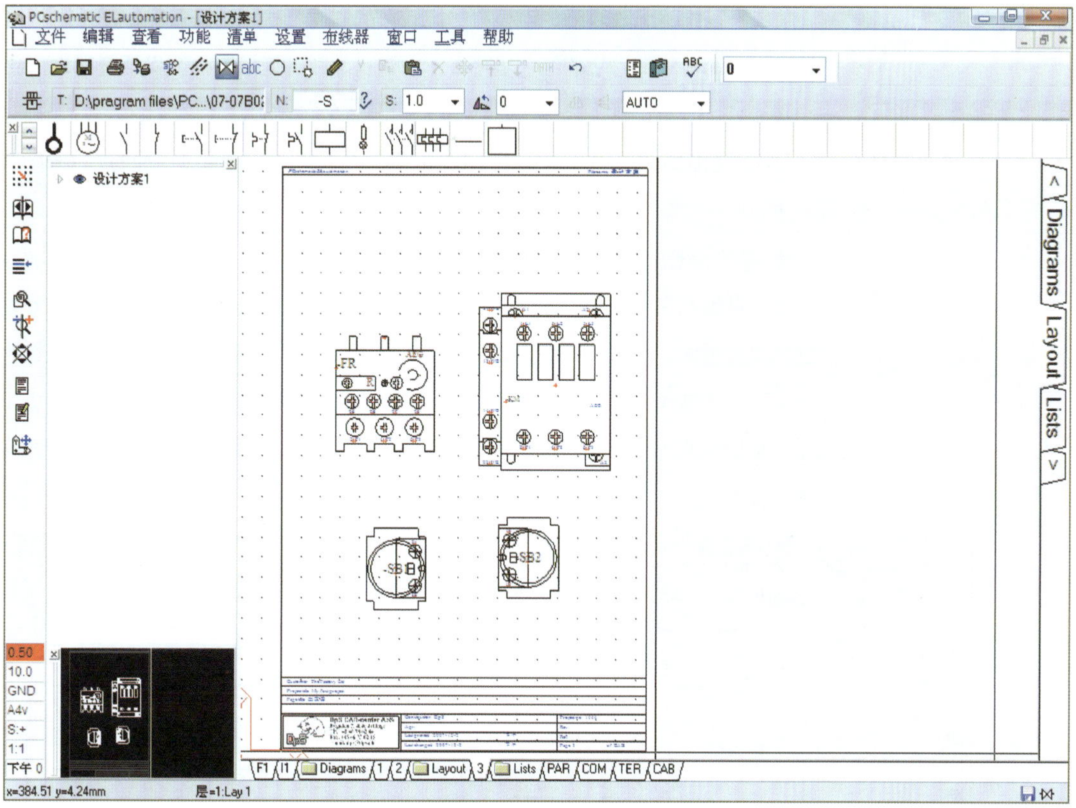

图 4-29
正反转控制的主电路

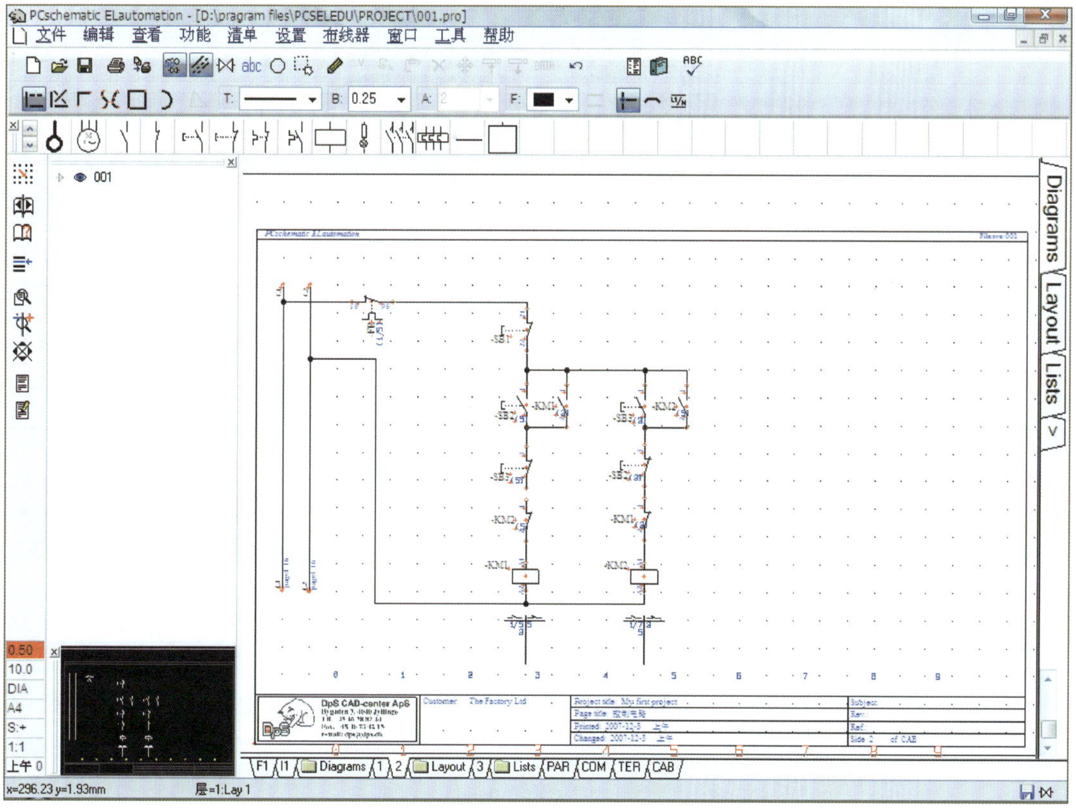

图 4-30
正反转控制电路

笔 记

（3）在线路比较复杂、电气符号比较多的时候，导线的连接应尽量从电气符号上的电气连接点（即电气符号上的红色菱形）出发进行导线的连接，在交叉相连的地方会自动出现一个黑点；

（4）在编辑过程中如出现工作界面显示不清楚，可以通过快捷方式 Ctrl+G 进行工作界面更新。

3. 各类清单和装配图的生成

由于在绘制主电路和控制电路时已将相关数据信息填入符号中，此时利用数据库和清单间的内部数据联系即可快速地更新清单中的数据信息，选择“清单→更新全部清单”，如图 4-31 所示。清单生成后，可以根据清单来检查数据填写的正确与否，当在清单中出现了重名、无名、数据混乱等现象时，需要对前面所填入的数据库信息进行修改，然后再更新清单，直至无错误出现。

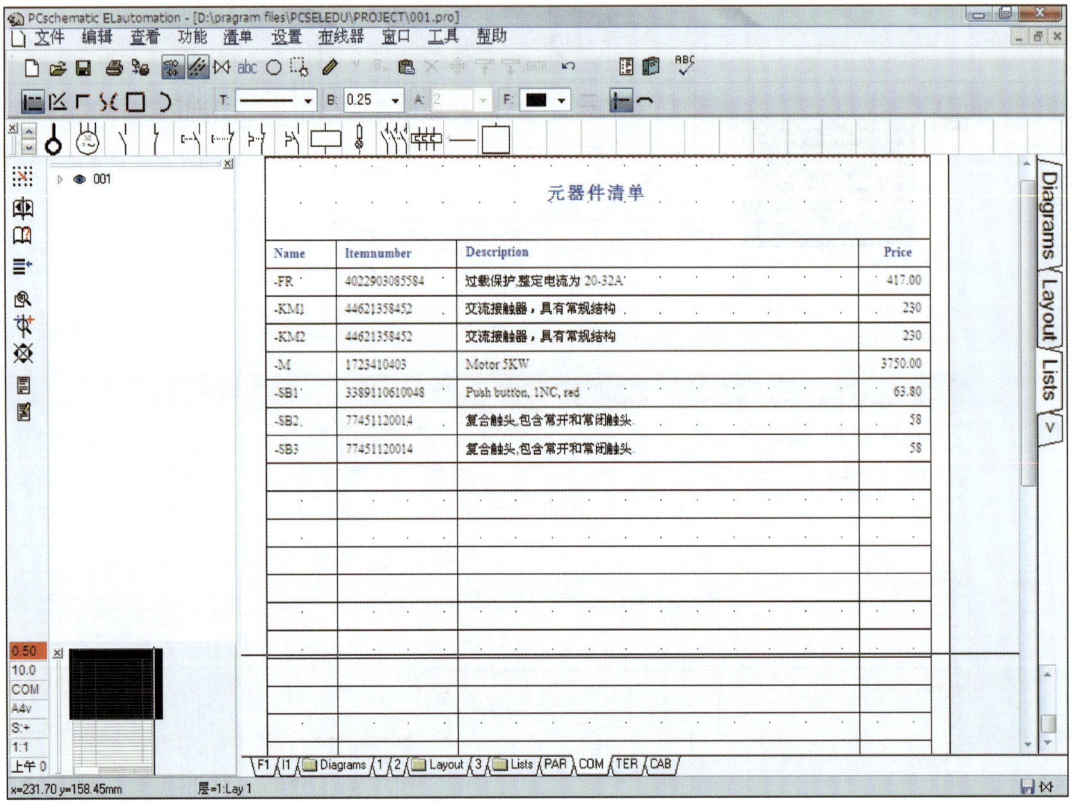

图 4-31
元器件清单

采用和前一个例子相似的操作步骤，首先需要对导线进行编号。进入页码为 3 的装配图页面，选择“设置→布置元件”命令，在弹出的对话框中选择“全部加入”命令，将外观符号布置在图中，如图 4-32 所示。

此时可以注意到，当线路较复杂时装配图中外观符号就比较多，显得工作页面难以将所有的符号都布置在页面中，这时可以通过修改系统参数来实现外观符号的缩放，从而能够布置更多的外观符号。具体方法为：选择“设置→页面设置”命令，将其中的缩放比例由默认的 1 : 1 调整为 1 : 2 或 1 : 5 等，如图 4-33 所示。

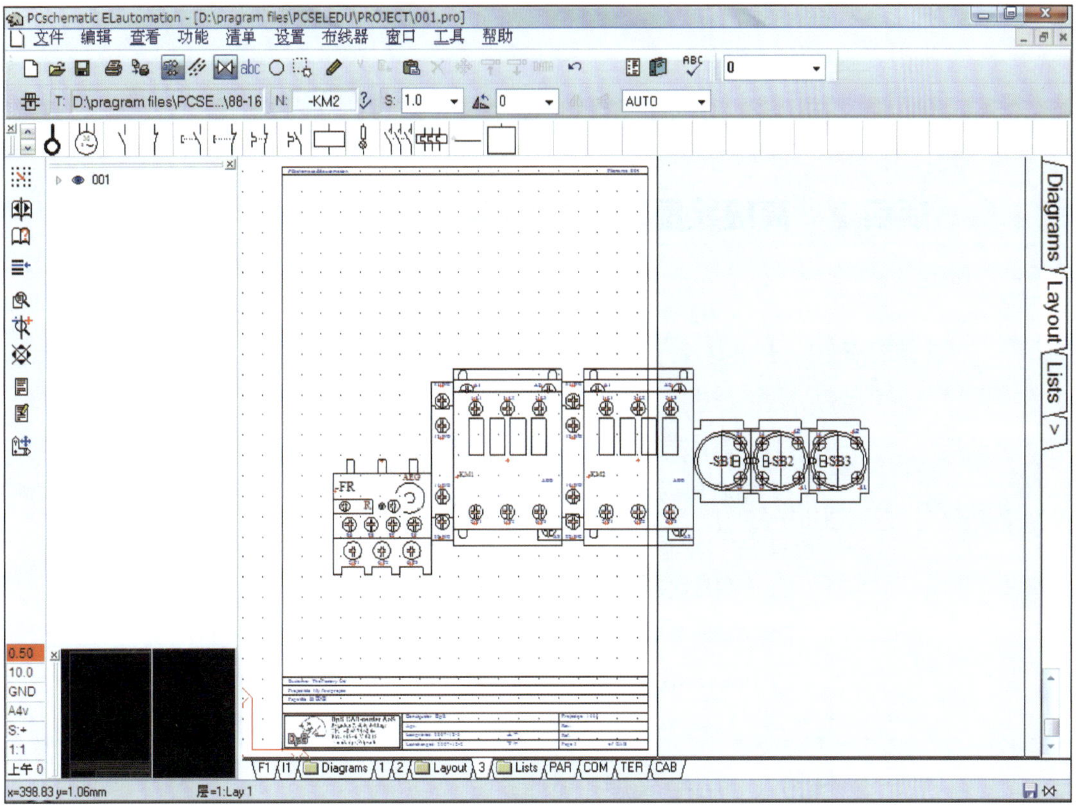

图 4-32
生成的装配图

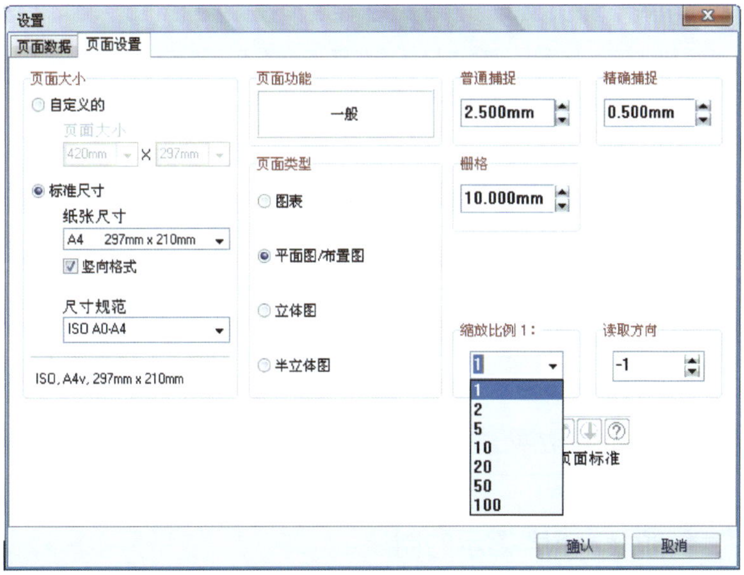

图 4-33
设置缩放比例对话框

4. 任务拓展

上述所讲的是一个典型的正反转控制电路，在实际工作中有着比较广泛的应用，例如自动往复行程控制电路，加入两个行程开关即可，行程开关的类型为 JXL1-22；Y—△降压起动控制电路用到了时间继电器，类型为 JS7-2A，这些电路具体的绘图过程不再赘述，留给读者自己完成。注意这里所讲的电气符号类型都是根据实际工作中所用到的一些器件进行编辑的，如有不同的符号、类型以及规格，需要自行编写，具体方法在模块四项目 2 任务 6 中进行讲解。

项目 2 高级绘图功能的使用

演示文稿：
高级绘图功能
的使用

技能操作视频：高级绘图功能——创建符号

【技能点】

- ☐ 布置元件在不同的层或高度
- ☐ 创建参考指示
- ☐ 在设计方案插入图片
- ☐ 布置接线端子和电缆符号
- ☐ 创建新符号
- ☐ Pcschematic Elautomaiton 软件布置 PLC 符号、读取 I/O 清单

任务 1 层与高度的设置

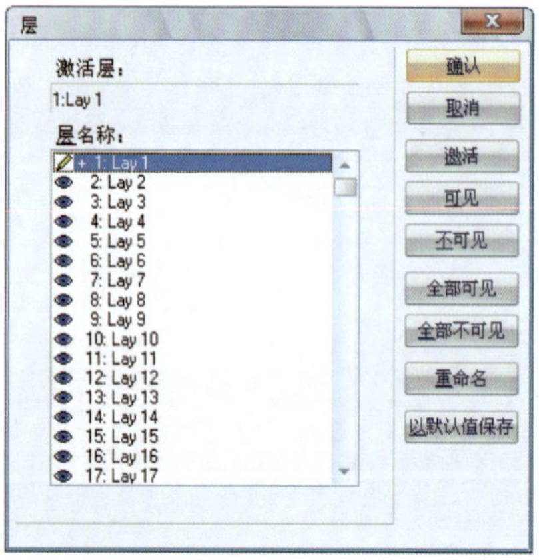

图 4-34
层的属性对话框

在绘图时，如果想查看开关柜的柜面布局和柜内布置，则可以把柜面布局和柜内布置分别放在不同的层上，通过显示或关闭相应的层，就可以查看需要的内容，在层间复制或移动对象，也可以决定要打印哪些层中的对象。当前工作的界面总是可见的，也可以指定哪些层需要在屏幕上显示。在设计方案中的每一个页面，最多都可以设置 255 层。

要查看和改变层设置，首先必须进入层菜单，单击左边工具栏中的层按钮即可，如图 4-34 所示，图中的铅笔表明层 1 是激活层。当一个层激活时，就意味着可以在这个层上绘图和操作对象，但是不能在没激活的层上作任何改动。

在平面图上布置对象时，如果要用不同的高度表示相应的对象，则会出现高度窗口，可以使用不同的高度。注意，只有工作在平面图页面时，才会出现高度窗口，才可以选择使用不同的高度。程序会记忆最近的五个高度值，可以单击窗口中的下拉箭头进行选择。

任务 2 参考指示的创建

参考指示可以被自由定义，因此不拘泥于一定的标准，这样就既可以符合设计者内部标准，又可以符合国际标准。如果需要可以用参考标准，这也是一个选择。参考指示是一些文本，可以被添加到符号名中，表明符号是哪个部件的一部分，或者符号所处的位置。

要在设计方案中创建参考指示，可以进入设置→设计方案数据，在其中定义参考指示。注意，只有在这个窗口中才能创建参考指示，不过创建完毕后，可以在设置→页面数据中选择参考指示，如图 4-35 所示。

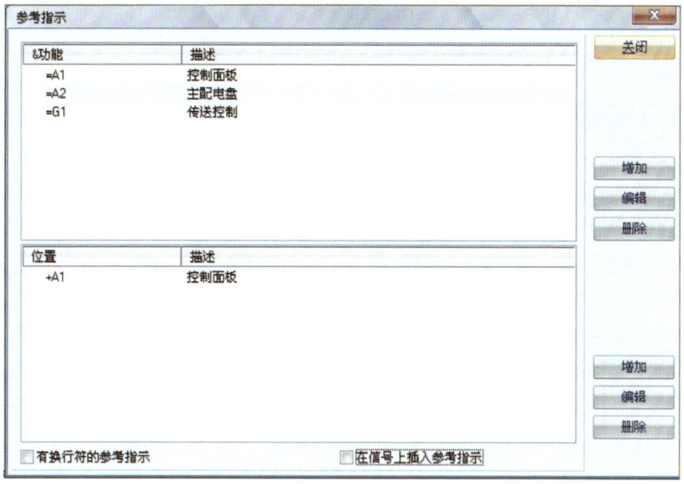

图 4-35
“参考指示”对话框

在设计方案数据对话框中激活参考指示后，就可以在设计方案中布置符号时使用参考指示，如图 4-36 所示。如果对话框中的参考指示部分不存在，是因为没有在设计方案数据对话框中定义参考指示。

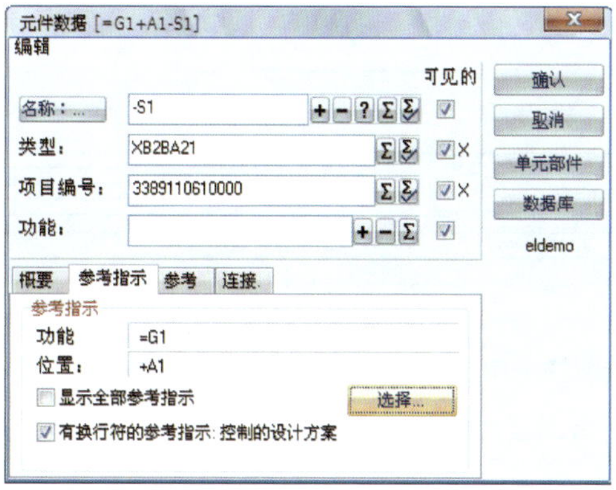

图 4-36
元器件的参考指示

任务 3 插入图片

如果想在设计方案的页面上插入一幅图片，选择“功能→插入图片”，在设计方案中随时可以使用此功能。在插入图片时，可以选择源文件进入或只是链接到该文件，可以输入扩展名为 .bmp，.emf，.wmf 格式的文件。

在设计方案页面上，如果要选中一个图片，单击区域按钮，再单击图片的参考点，在选中的图片上单击鼠标右键，弹出快捷菜单，在这里可以移动、复制或删除该图片。注意，图片不能被旋转。

笔 记

任务 4 布置接线端子和电缆符号

（1）布置接线端子符号。

接线端子是连接控制电路板和电动机的一个重要组成部分，因此在绘制主电路的时候需要加入接线端子的电气符号并形成相关的清单数据。此时选取一个前面讲过的主电路，按下 <Z> 键，拖动鼠标左键放大热继电器和电动机之间的区域，如图 4-37 所示。

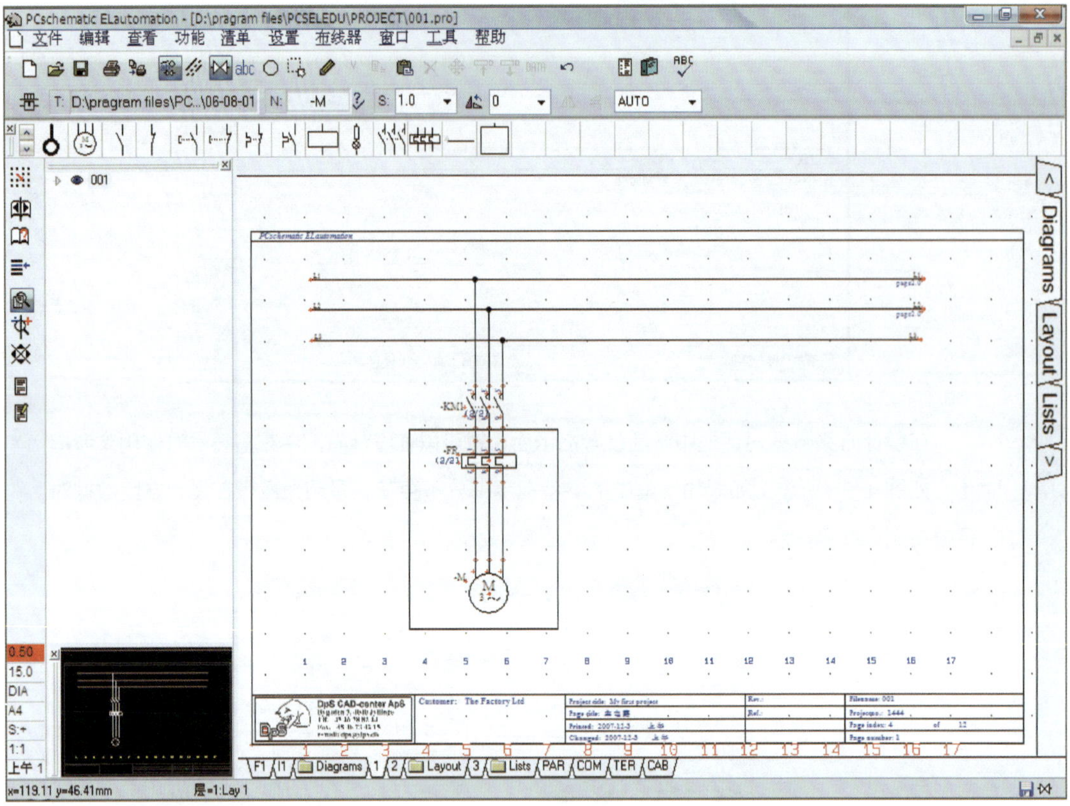

图 4-37
缩放局部电路

在符号选取栏中单击接线端子符号（选取栏中的第一个符号），把符号布置在最左边的线上。在符号项目数据对话框中，单击数据库，在“数据库”菜单中，选中 EAN 号为 3389110586435，单击确认。在“符号项目数据”对话框中，输入符号名为 -X1：1U2，把符号命名为 -X1，连接名（连接端子名）设为 1U2，布置其余两个接线端子，分别输入符号名为 -X1：1V2 和 -X1：1W2，如图 4-38 所示。

笔 记

接线端子周围的文本使图看上去有点杂乱，需要进行一定的修改，选中连接名为 1V2 和 1W2 的两个接线端子，在右键菜单中选择“元件数据”选项，将名称中的可见性取消，使页面显示得更为清楚，如图 4-39 所示。当生成接线端子清单时，接线端子的方向必须是正确的，接线端子下部的连接点用红色表示出来，此时它的外部连接生成的接线端子清单如图 4-40 所示。

（2）布置电缆。

将热继电器和电动机之间的区域进行局部放大后，按下 <Ctrl> 键，单击符号选区栏中的“电缆符号”，进入数据库菜单，选中 EAN 号为 5702950410537 的电缆，单击确认。现在仍有电缆被选中，表明导线是电缆的一部分，单击左边的线，进入连接数据对话框，输入名称为“棕色”，把其余两条线命名为“黑色”和“蓝色”，如图 4-41 所示。请注意，电缆符号中的箭头表明了电缆的方向。当产生电缆清单时，方向性是非常重要的，它表明电缆是从接线端子输出到电机。如果电缆方向和图中所示的不一样，那么选中电缆符号，然后单击横向镜像符号按钮，也可以在电缆符号上单击鼠标右键，选改变方向，生成的电缆清单如图 4-42 所示。

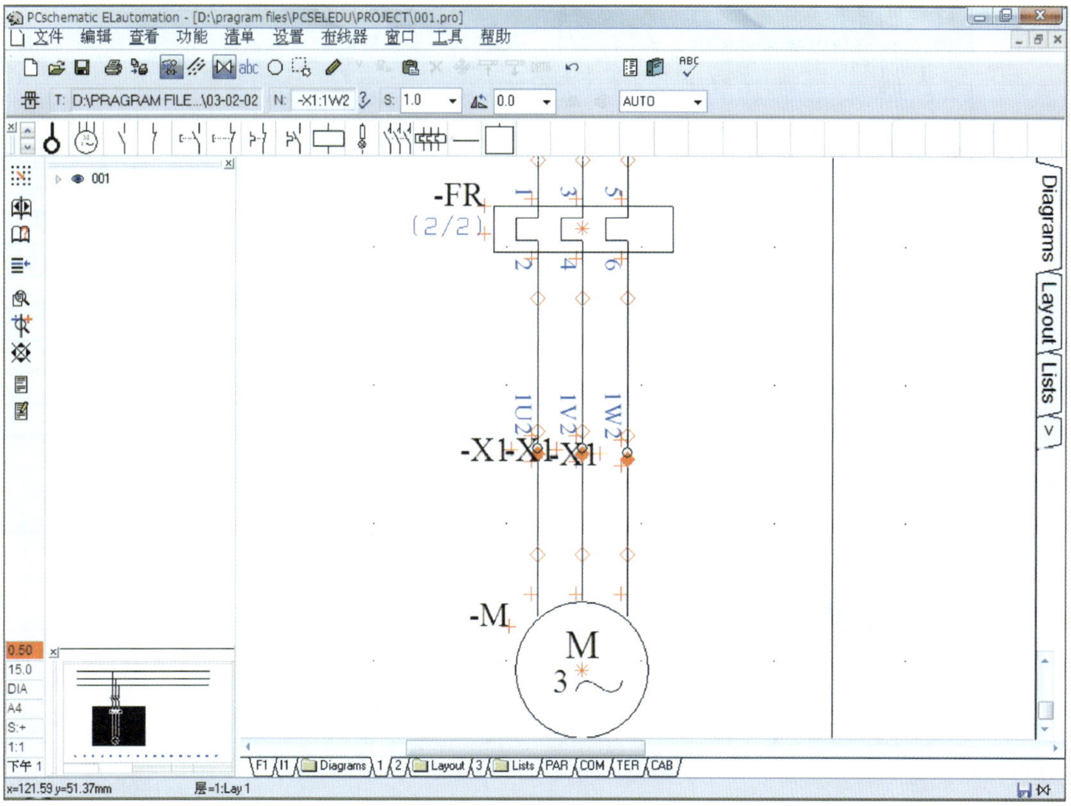

图 4-38
接线端子画法

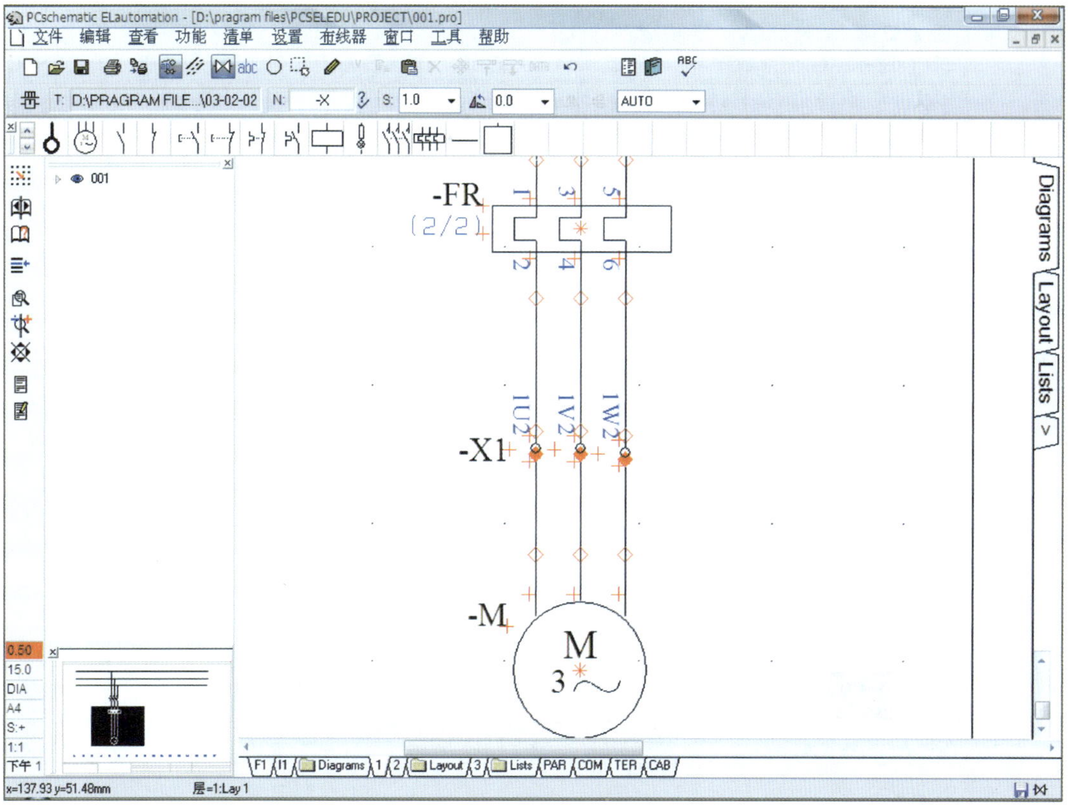

图 4-39
修改后的接线端子

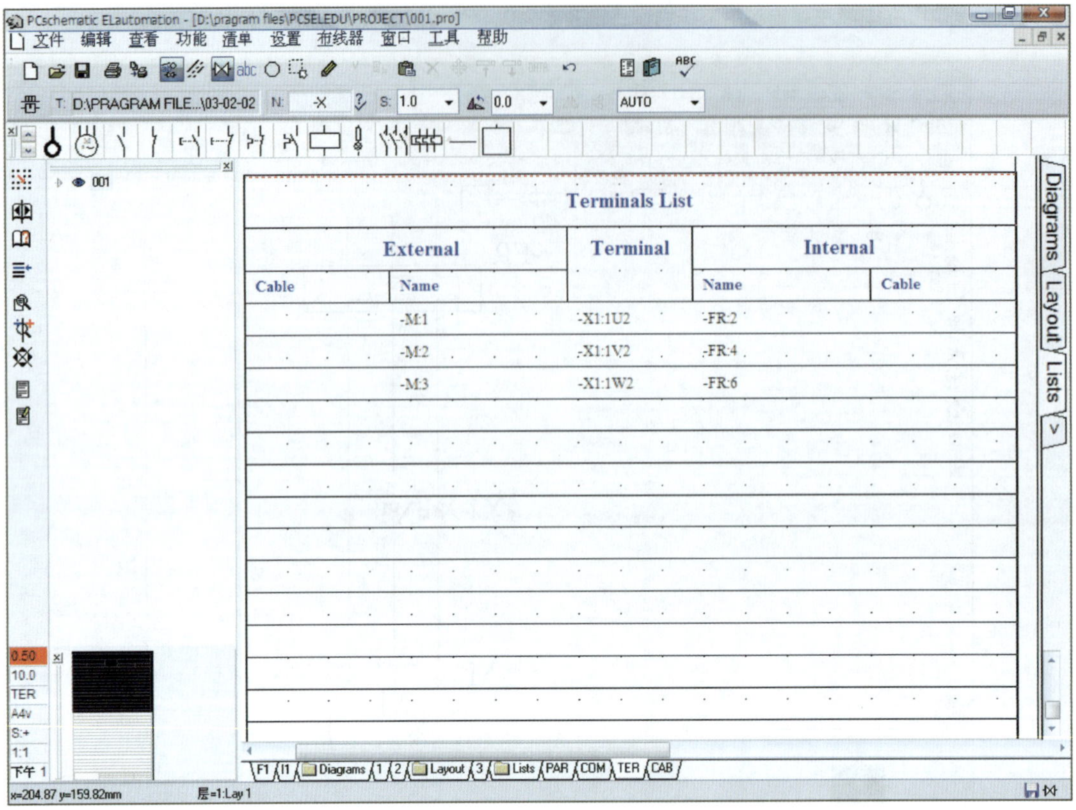

图 4-40
接线端子清单

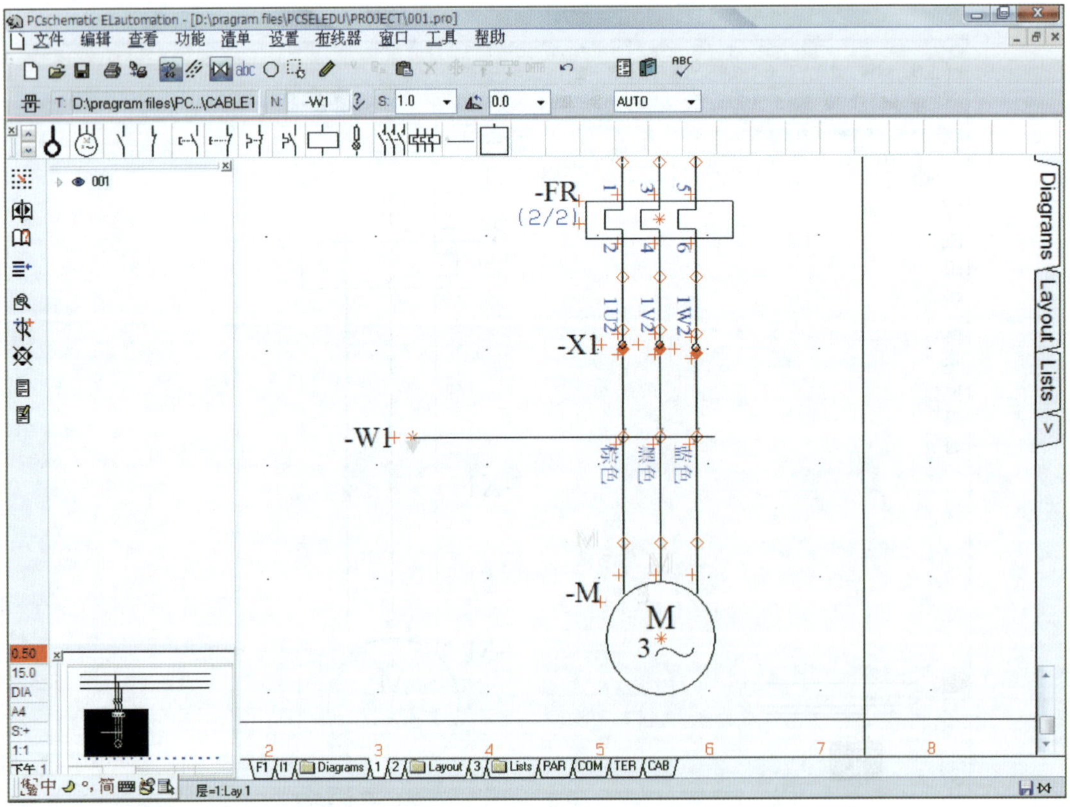

图 4-41
绘制电缆

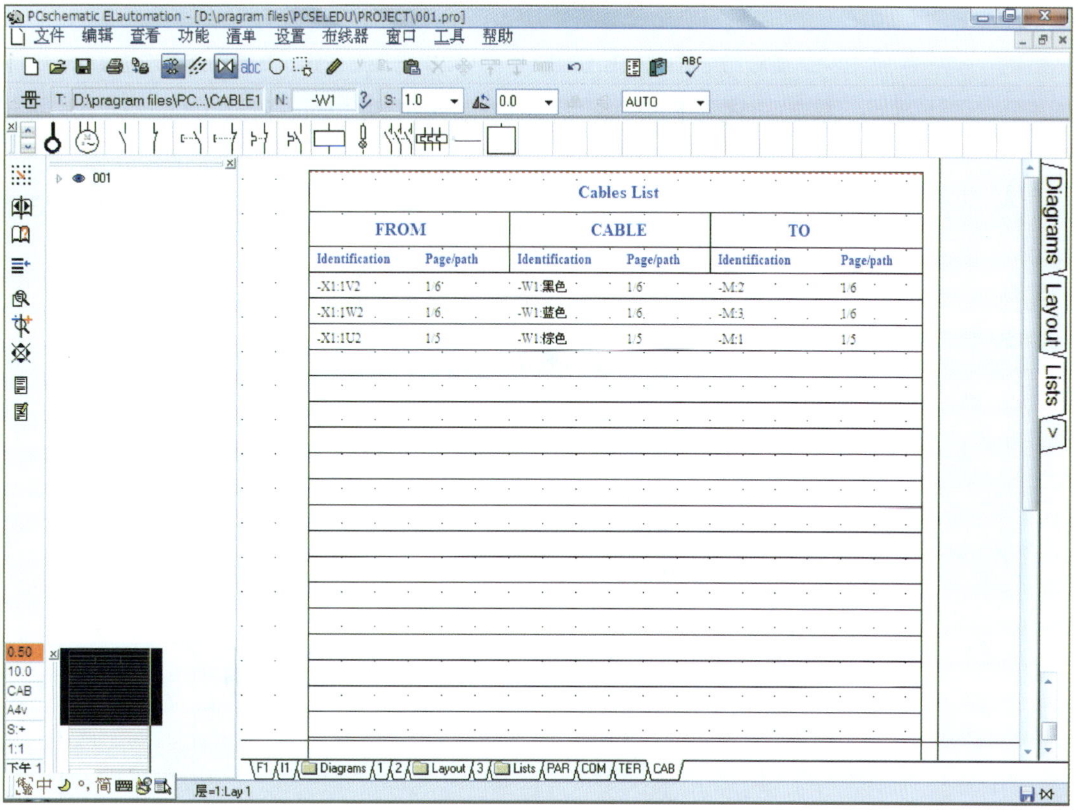

图 4-42
电缆清单

（3）布置文本。

要在图表中布置自由文本，按 <T> 键或单击文本按钮，输入文本，单击文本数据按钮，指定文本的显示，如图 4-43 所示。为了使设计方案图纸更清晰明了，可以设定文本以何种方式显示在图纸上以及以适当的方式来布置显示的文本。

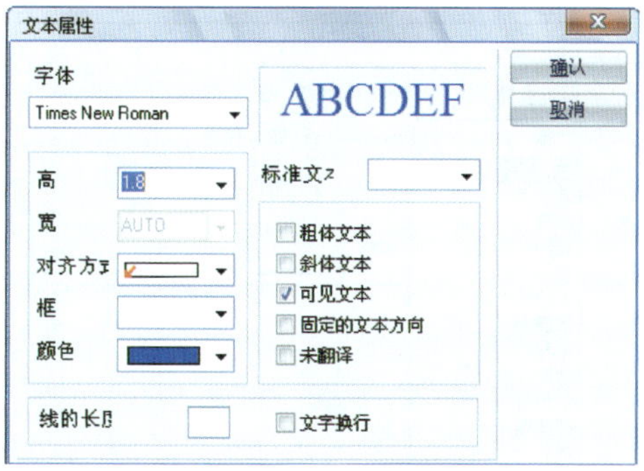

图 4-43
“文件属性”对话框

任务 5　创建符号

在数据库中已经存在了许多厂家所编辑的数据，但在实际的设计工作中还是会遇到很多新的电气符号，下面以创建一个普通类型的交流接触器为例讲解如何创建自己所需要的电气符号。

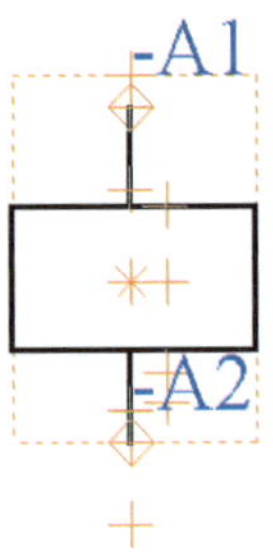

图 4-44
线圈

1. 线圈的画法

要在符号的周围画出矩形框，可以单击矩形按钮。在参考点的左边 10mm、下边 10mm 指定矩形的左下对角点，然后在参考点的右边 10mm、上边 10mm 处单击，指定矩形的右上对角点。现在已经在参考点周围画出了一个 20mm × 20mm 的矩形。

要使符号具有电气特性，符号上必须要有一些点，可以用来连接电线。单击符号按钮、连接点按钮和铅笔按钮，如图 4-44 所示。

布置连接点时，需要填写连接点数据，如图 4-45 所示。

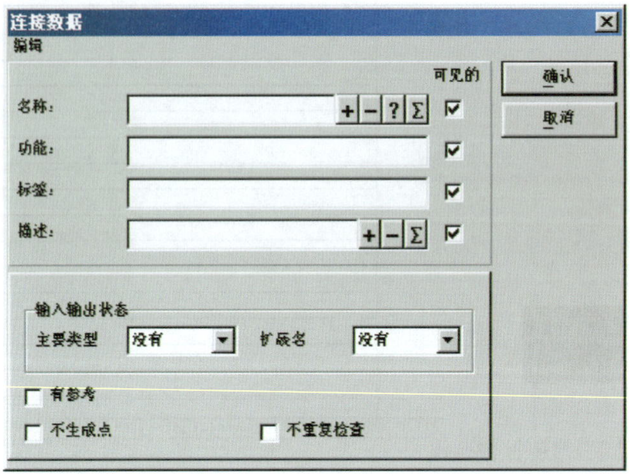

图 4-45
“连接数据”对话框

最后单击保存按钮，在标题一栏中填入说明，符号类型为继电器，如图 4-46 所示。

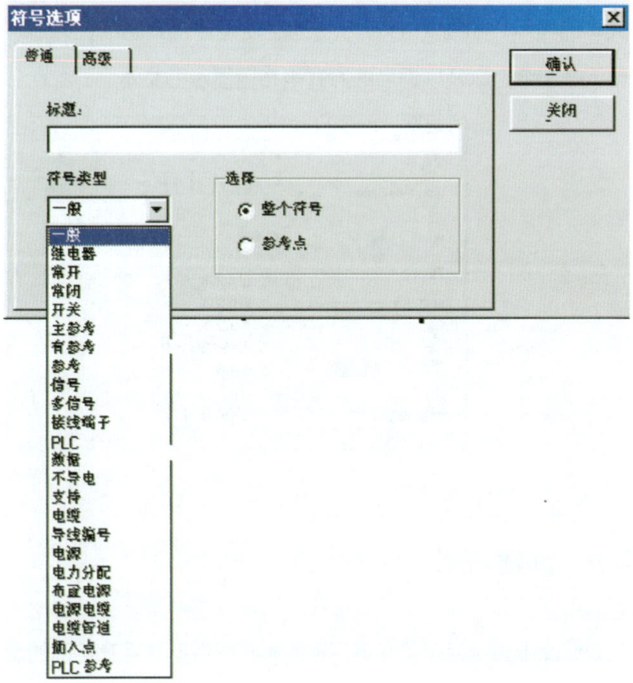

图 4-46
“符号选项”对话框

其中符号类型及其作用为：

- 一般：没有特殊状态的符号。

笔 记

- 继电器：布置在一个原理图页面上时，符号下有一个参考十字。
- 常开：表示一个常开（动合）触点。
- 常闭：表示一个常闭（动断）触点。
- 开关：表示一个开关，作为元件的一部分，符号的位置会在参考十字中。
- 主参考：具有同一个符号名的其他所有符号的参考。
- 有参考：指向一个有主参考的符号，或者指向同一个元件的上一个或下一个符号。
- 参考：参考十字符号。
- 信号：作为从一个电气点到另一个电气点的信号参考。
- 多信号：用于标记到信号母线的多个符号。
- 接线端子：表示接线端子符号。
- PLC：PLC 符号。
- 数据：用于向布置到原理图中的元件添加信息，这些信息会显示在清单中。
- 非传导：表示为非导线。

此时，把这个编辑好的符号文件名保存为“88 – 01.sym”，如图 4-47 所示。保存后可以看到所编辑的符号所在的位置，如图 4-48 所示。

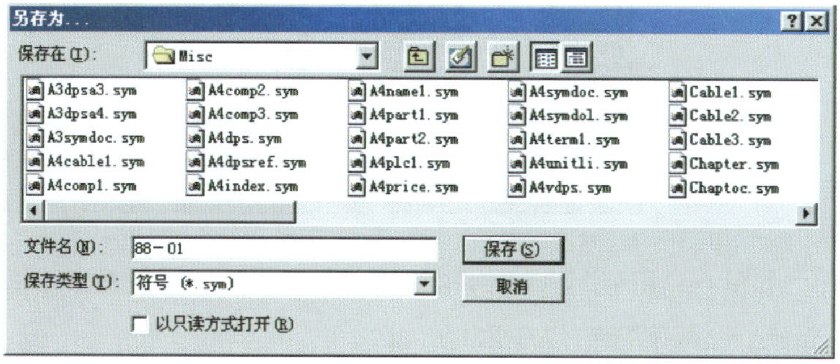

图 4-47
保存符号对话框

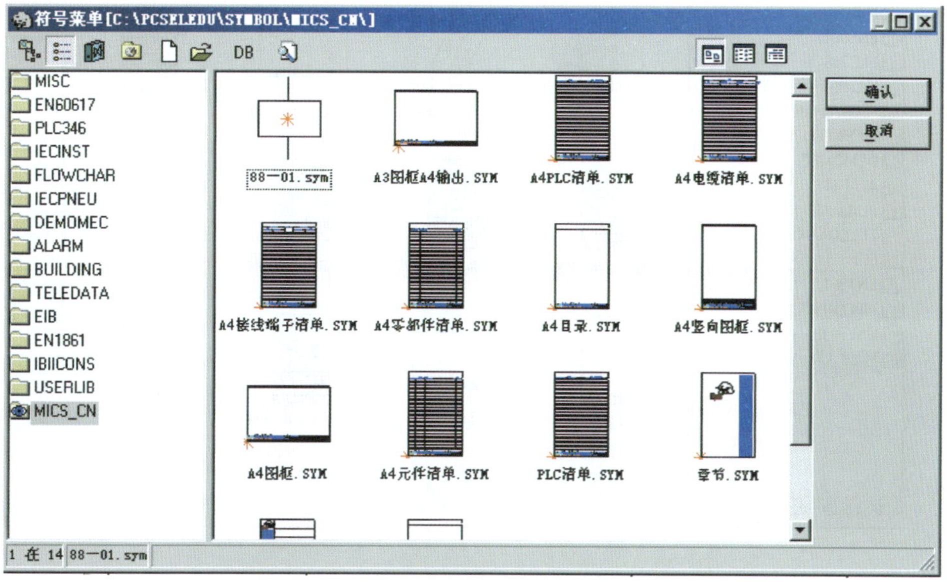

图 4-48
编辑符号所在位置

2. 触点的画法

采用与前面相同的方法，进入编辑符号窗口，画出如图 4-49 所示的符号。

保存时，将标题命名为“主触点”，符号类型为常开，如图 4-50 所示。

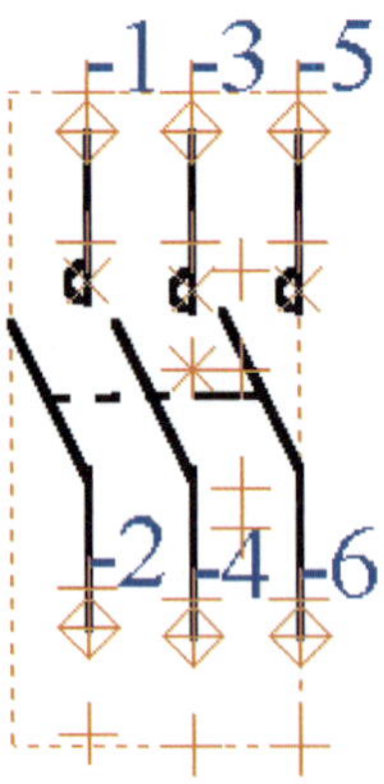

图 4-49
主触点画法

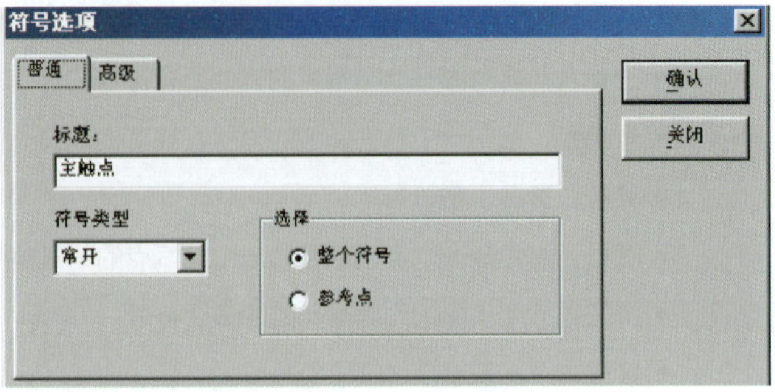

图 4-50
“符号选项”对话框

同样的方法，将这个符号保存在和上一个符号相同的文件夹内，命名为“88-02.sym”，如图 4-51 所示。

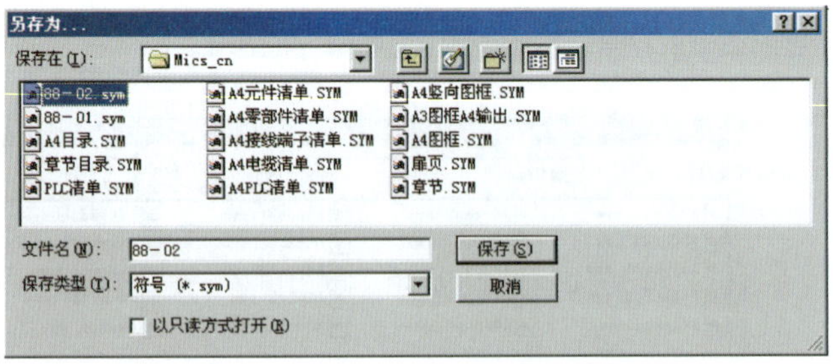

图 4-51
“另存为”对话框

如图 4-52 所示，可以看到编辑后的符号所在的位置，这是默认的路径。当然也可以自己设定一些保存路径，以方便为宜。

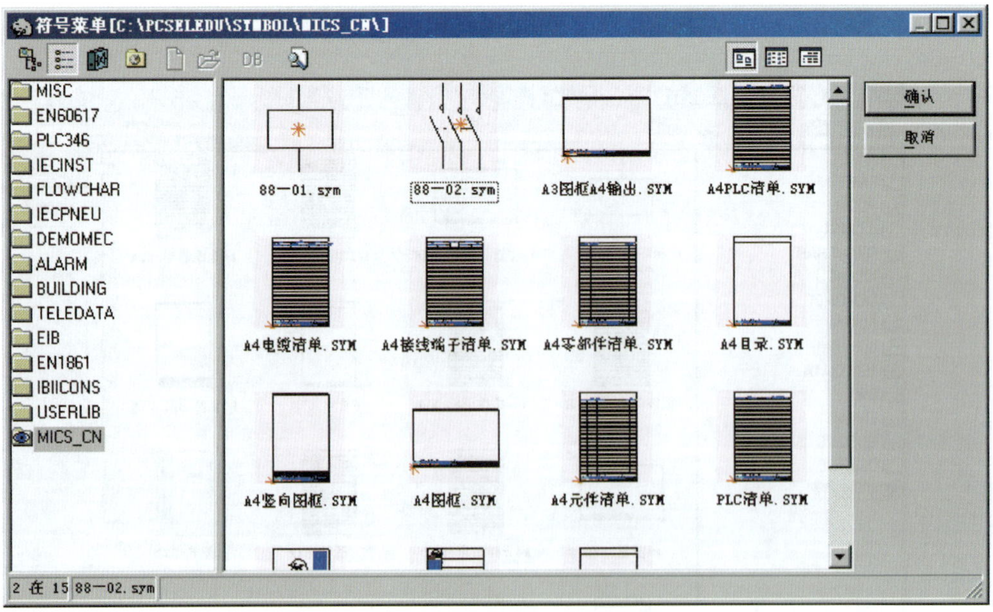

图 4-52
符号所在位置

采用同样的办法，可以画出辅助常开触点和辅助常闭触点。此时应注意：电气连接点的名称要做更改，否则后续的符号整合会出现重名的现象。当把需要创建的符号都做好以后，将鼠标放在任意一个符号上就可以看到前面所写的标题和类型，如图 4-53 所示。

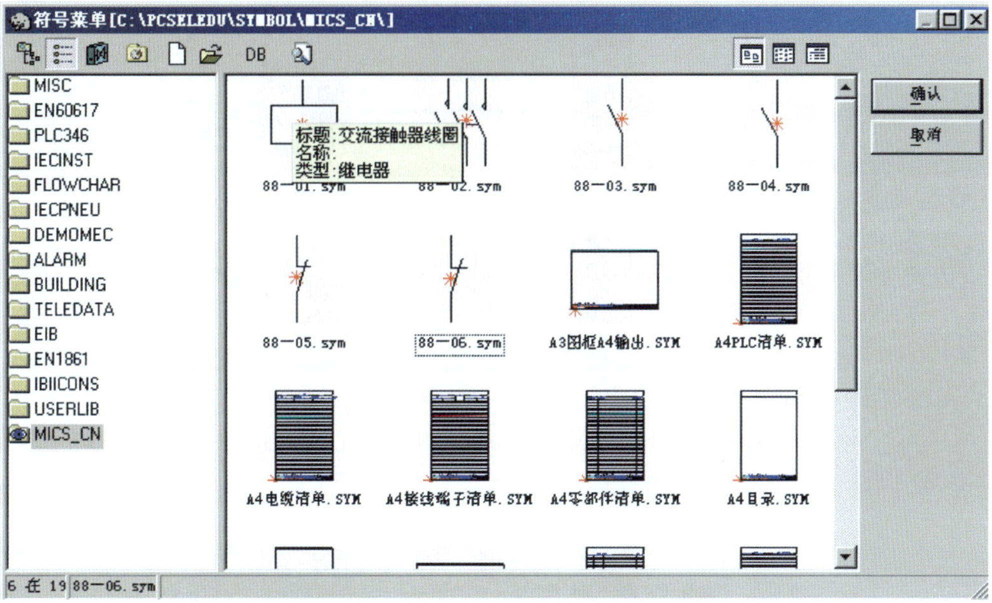

图 4-53
绘制完成的电气符号

3. 创建的新符号与数据库相连

（1）进入一个新的设计方案，将所创建的新符号都放进去，并且将所放入的符号都采用同一个名字来进行命名，如图 4-54 所示。

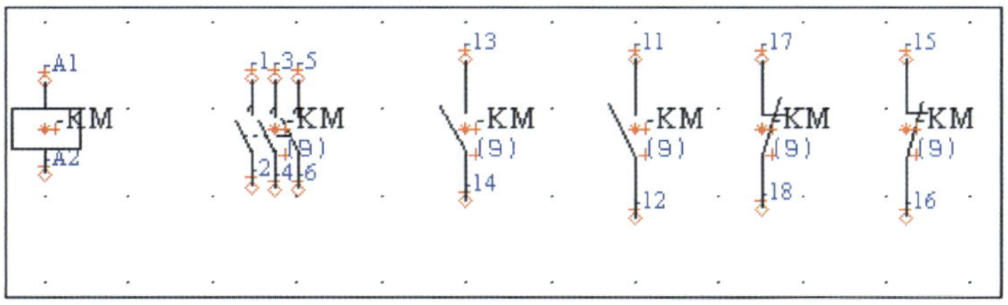

图 4-54
同一名字命名的新符号

（2）选中全部的符号，单击右键，进入“选择元件”对话框，如图 4-55 所示。

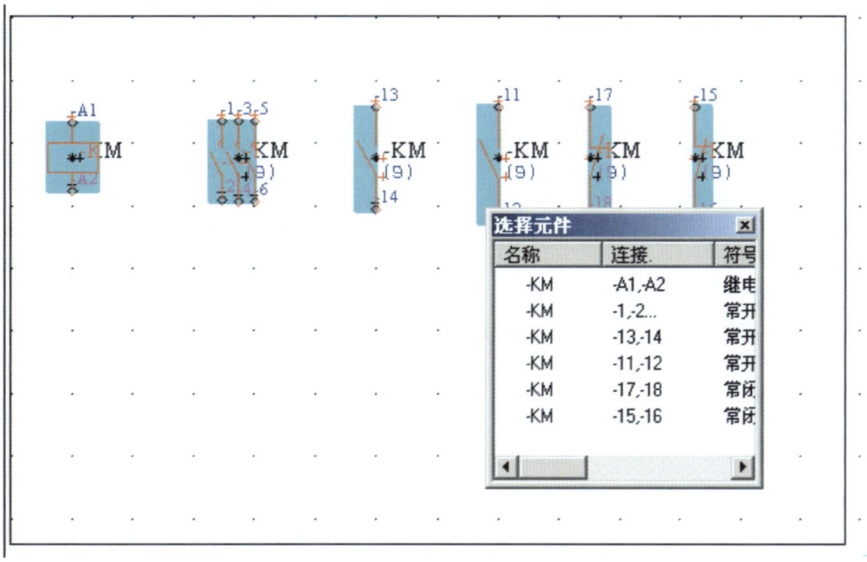

图 4-55
“选择元件”对话框

（3）单击对象数据按钮，进入符号数据填写。其中的“类型”为实际采用元件铭牌数据上的数据，“项目编号”为厂家提供的参数，输入完成后单击“确认”，如图 4-56 所示。

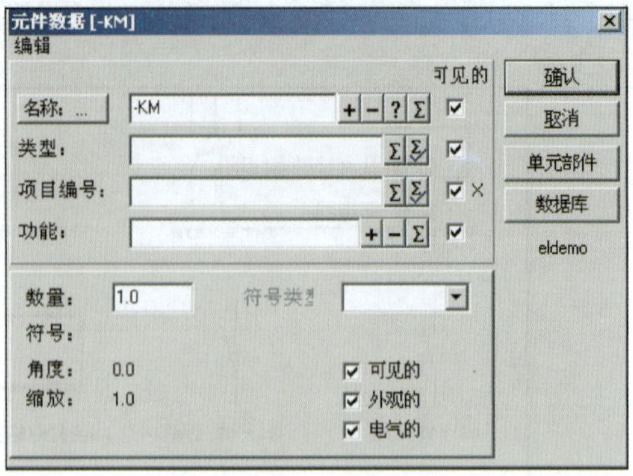

图 4-56
电气符号数据录入对话框

（4）同时按住 <Ctrl> 键和 <Shift> 键，单击对象数据按钮，进入编辑记录窗口，如图 4-57 所示，完成其中内容的填写。

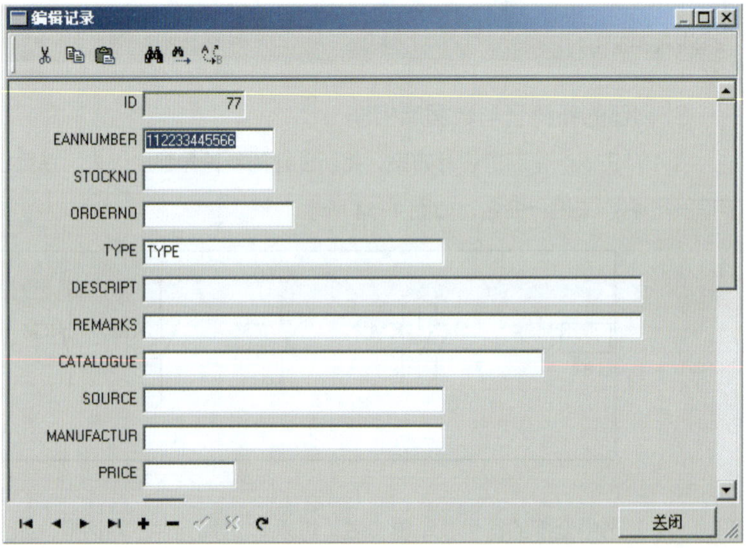

图 4-57
“编辑记录”对话框

对外观符号要求不高的时候，可以在 MECTYPE 一栏中输入 “#X20mmY20mmR8L8”，即外观符号为宽 20mm、长 20mm、左边有 8 个电气连接点、右边有 8 个电气连接点，单击确认，关闭窗口。

（5）在数据库中的体现。按下快捷键 <D>，进入数据库窗口，可以看到所编辑过的数据，如图 4-58 所示。

选中后，就可以使用所编辑的这个电气符号了，如图 4-59 所示。

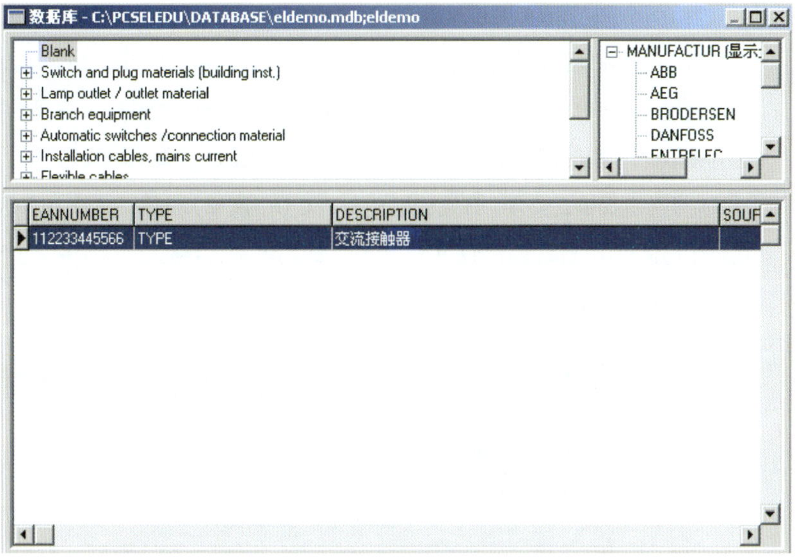

图 4-58
更新的数据库内容

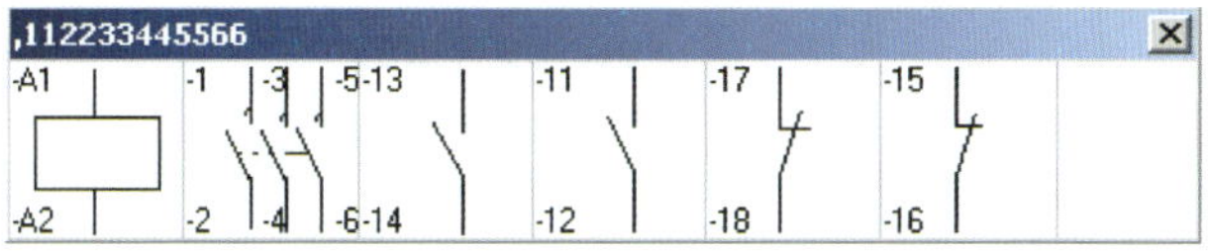

图 4-59
创建的电气符号

任务 6　PLC 功能的使用

1. 自动 PLC 功能

在设计方案中布置 PLC 符号时，系统可以自动填写 PLC 的 I/O 地址。选择符号项目输入，进入相应的对话框，单击标签 I/O 地址，在其中指定如何填写 I/O 地址，如图 4-60 所示。

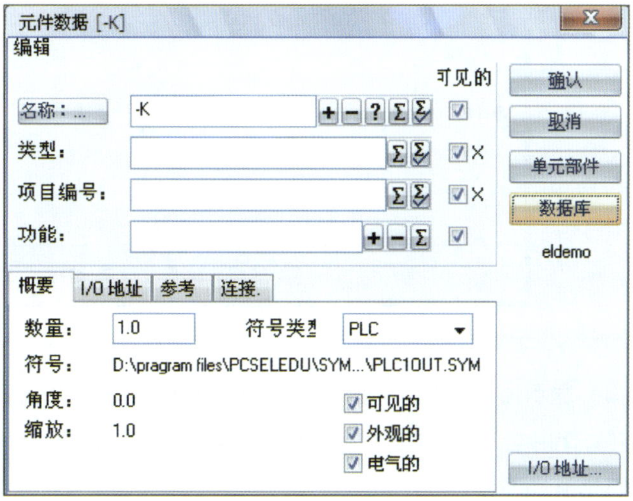

图 4-60
I/O 地址

笔 记

2. 读取 PLCI/O 清单

可以从 PLC 程序工具读取 PLC I/O 清单，相应的改动会自动传送到设计方案中。读取的过程是一步一步地，这样只能在每一个对话框中做出一个决定，这是为了避免出现错误，因为读取时产生的错误影响会非常严重。读取 PLCI/O 清单的步骤如下：

（1）选择格式文件。开始读取一个 PLC I/O 清单，选择“清单→读 PLC I/O 清单”，在第一个对话框中选择读取 PLC I/O 清单时要使用的文件格式。这个格式文件包含了 PLC I/O 文件的内容如何转换方面的信息，如图 4-61 所示。

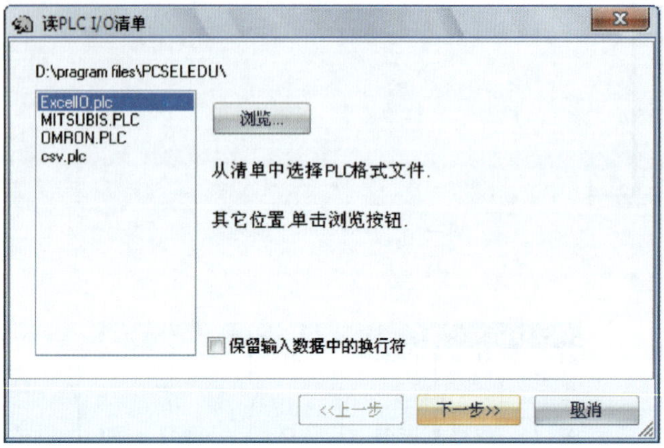

图 4-61
I/O 导入窗口

（2）指定 PLC I/O 文件名。为了清楚起见，可以使文件和设计方案同名，如果需要查找下一个文件，可以单击浏览，如图 4-62 所示。这时会看到要读取的文件内容，检查一下是否选择了正确的文件，文件的内容会显示在列中，拖动对话框中的滑动条可以查看文件的全部内容，如图 4-63 所示。

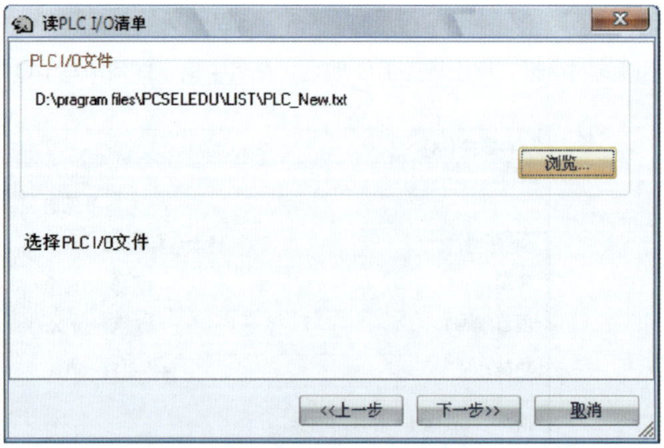

图 4-62
I/O 清单数据

（3）显示出 PLC 程序与设计方案中的信息相比，有哪些改动。如果符号“^”被用作换行符，程序会计算相应的列宽，如图 4-64 所示。全部完成后单击“执行”，程序读取 PLC I/O 清单。

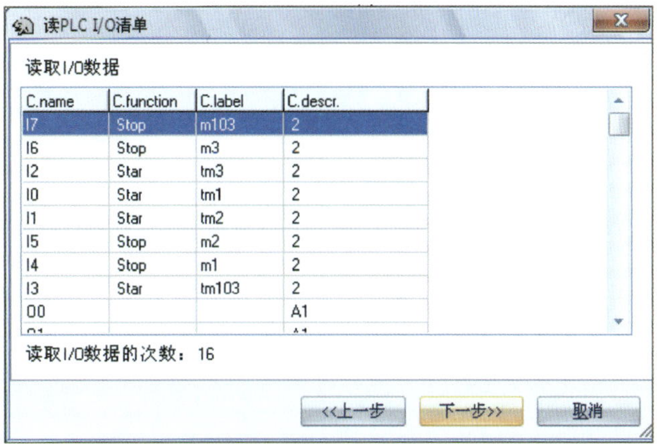

图 4-63
读入的 I/O 数据

图 4-64
导入结果显示

【练习】

1. 利用 Pcschematic Elautomaiton 软件完成正反转电气控制电路的绘制。

2. 设计搅动泵自动控制系统的电气原理图，并利用 Pcschematic Elautomaiton 软件绘制相应的电气图。

3. 搅动泵自动控制系统设备简介：很多铁质零件在涂漆前其表面都涂有一层电泳漆，这样既能防止氧化生锈又能牢固地吸附涂在其表面上的油漆。而在铁质零件涂电泳漆时，电泳槽内有一搅动泵时而运转时而停止，这样既经济又节能，还可以达到搅动电泳漆使之不沉淀的目的。

设备设计要求：

(1) 电动机功率为 7.5 kW，全压起动且为正反方向旋转；

(2) 每次起动时先正转 2 min 然后再反转 2 min，连续工作 20 min 后停止工作，停止搅动 15 min 后再次起动电动机进行搅动工作；

(3) 电动机应有相应的保护措施及总停控制；

(4) 系统要求有电源指示、运行指示、电流指示及电压指示。

参考文献

[1] 徐建俊. 电机与电气控制项目教程[M]. 北京：机械工业出版社，2008.

[2] 徐建俊，居海清. 电机与电气控制项目教程第二版[M]. 北京：机械工业出版社，2015.

[3] 徐建俊，史宜巧. 设备电气控制与维修[M]. 2版.北京：电子工业出版社，2012.

[4] 廖晓梅，江永富. 机床电气控制与PLC应用[M]. 北京：中国电力出版社，2013.

[5] 刘利宏. 电机与电气控制[M]. 2版. 北京：机械工业出版社，2011.